工贸行业
危险化学品安全技术

刘柏清　梁　峻　等编

化学工业出版社

·北京·

内 容 简 介

本书依据《危险化学品安全管理条例》及相关法律法规编写，主要内容包括：工贸行业危险化学品基础知识、分类与安全性评价、重大危险源、包装安全、运输安全、储存安全、使用安全、废物处理、危险源与事故应急、隐患排查治理与风险分级管控等。本书可使数量众多的工贸行业从业者对危险化学品的知识得到全面的认识，同时也能帮助工贸行业企业的管理者提高安全管理的水平。

本书适用于危险化学品尤其是工贸行业危险化学品从业人员、管理人员和负责人员等，也可作为高等院校等安全专业相关人员培训教材。

图书在版编目（CIP）数据

工贸行业危险化学品安全技术/刘柏清等编. —北京：化学工业出版社，2022.1（2025.2重印）
ISBN 978-7-122-40085-7

Ⅰ.①工… Ⅱ.①刘… Ⅲ.①工业企业-化工产品-危险物品管理-安全管理 Ⅳ.①TQ086.5

中国版本图书馆 CIP 数据核字（2021）第 208600 号

责任编辑：李玉晖　　　　　　　　文字编辑：向　东
责任校对：宋　玮　　　　　　　　装帧设计：韩　飞

出版发行：化学工业出版社（北京市东城区青年湖南街 13 号　邮政编码 100011）
印　　装：北京建宏印刷有限公司
787mm×1092mm　1/16　印张 19　彩插 1　字数 468 千字　2025 年 2 月北京第 1 版第 2 次印刷

购书咨询：010-64518888　　　　　售后服务：010-64518899
网　　址：http://www.cip.com.cn
凡购买本书，如有缺损质量问题，本社销售中心负责调换。

定　　价：89.00 元

危险化学品是指具有毒害、腐蚀、爆炸、燃烧、助燃等性质，对人体、设施、环境具有危害的剧毒化学品和其他化学品。工贸行业包括冶金、有色、建材、机械、轻工、纺织、烟草、商贸八大行业。由于生产或环保的需要，在设备的清洗、产品的生产及包装、废物的处理等过程中经常使用到危险化学品，这给工业安全带来诸多隐患。

《第四次全国经济普查公报》显示，截至 2018 年末，我国工贸行业企业已达到一千多万个，从业人员超过一亿人。随着工贸行业的快速发展，危险化学品使用的种类和数量越来越多，由此导致相关事故的报道也越来越多。事故的发生与企业安全生产主体责任落实不到位、安全管理水平低下、从业人员文化素质较低等因素导致的企业及从业人员对危险化学品危害性认识不足有很强关联。本书目的在于让广大的工贸行业从业者对危险化学品安全知识有更为全面的认识，同时帮助工贸行业管理者提高企业安全管理的水平。

本书共 9 章，第 1 章详细介绍了工贸行业使用危险化学品的基本情况，以及与危险化学品有关的法律、法规及标准。第 2～9 章则详细介绍了危险化学品的分类与试验、包装安全、运输安全、储存安全、使用安全、废物处理、危险源与事故应急、安全风险分级管控与隐患排查治理。

本书由广州特种机电设备检测研究院/国家防爆设备质量检验监督中心（广东）组织编写，刘柏清、梁峻负责全书的架构、编写及统稿工作，参与本书编写的人员还有：张金进、欧阳刚、刘韦光、叶亚明、闫侠、郑日有、高恒志。本书的编写得到了化学工业出版社的鼎力支持，在此表示诚挚的感谢。

由于编者能力有限，书中有些内容难免不够妥善，希望读者、同行提出批评和改进意见，以便日后修订完善。

编者

2021.10.

第1章　工贸行业危险化学品安全概述　　**1**

1.1　概述 ··· 1
　1.1.1　工贸行业 ··· 1
　1.1.2　危险化学品定义 ····································· 4
　1.1.3　危险化学品危险特性 ····························· 5
1.2　工贸行业危险化学品使用概况 ················· 9
　1.2.1　使用现状分析 ·· 9
　1.2.2　工贸行业危险化学品使用的管理体系 ····· 11
1.3　危险化学品管理法律规范 ······················· 13
　1.3.1　我国危险化学品法律法规 ···················· 13
　1.3.2　地方性危险化学品管理规范 ················· 13
　1.3.3　我国危险化学品标准 ··························· 15
1.4　危险化学品管理体制机制 ······················· 18
　1.4.1　我国危险化学品管理体制 ···················· 18
　1.4.2　企业危险化学品管理机制 ···················· 19
1.5　工贸行业危险化学品安全技术趋势 ··········· 20

第2章　危险化学品类型分类与试验　　**22**

2.1　物质危险类型分类 ································· 22
　2.1.1　化学品分类 ··· 22
　2.1.2　危险货物分类 ······································ 22
　2.1.3　危险废物分类 ······································ 23
2.2　危险化学品分类依据及鉴定程序 ············· 23
　2.2.1　爆炸物 ··· 24
　2.2.2　易燃气体 ·· 29
　2.2.3　气溶胶 ··· 31
　2.2.4　氧化性气体 ··· 33
　2.2.5　加压气体 ·· 36
　2.2.6　易燃液体 ·· 37
　2.2.7　易燃固体 ·· 39
　2.2.8　自反应物质和混合物 ··························· 41

2.2.9 自燃液体 ———————————————————— 42

2.2.10 自燃固体 ———————————————————— 45

2.2.11 自热物质和混合物 ———————————————— 45

2.2.12 遇水放出易燃气体的物质和混合物 ——————— 47

2.2.13 氧化性液体 —————————————————— 49

2.2.14 氧化性固体 —————————————————— 51

2.2.15 有机过氧化物 ————————————————— 53

2.2.16 金属腐蚀物 —————————————————— 55

2.3 危险化学品典型分类试验 ————————————— 57

2.3.1 易燃液体分类试验 ——————————————— 58

2.3.2 易燃固体分类试验 ——————————————— 59

第3章 危险化学品包装安全   61

3.1 危险化学品包装概况 ——————————————— 61

3.1.1 国际概况 ——————————————————— 61

3.1.2 国内概况 ——————————————————— 62

3.1.3 管理机构和管理法规 —————————————— 63

3.1.4 包装分类 ——————————————————— 64

3.2 危险化学品包装容器 ——————————————— 66

3.2.1 危险化学品包装容器要求 ———————————— 66

3.2.2 包装容器的分类 ———————————————— 68

3.3 包装标志及标记代号 ——————————————— 75

3.3.1 标记与标签 —————————————————— 75

3.3.2 包装的代号 —————————————————— 77

3.3.3 危险化学品安全标签 —————————————— 79

3.3.4 危险化学品安全技术说明书 ——————————— 85

第4章 危险化学品运输安全   90

4.1 危险化学品运输概述 ——————————————— 90

4.1.1 法律法规基本要求 ——————————————— 90

4.1.2 危险化学品运输一般安全规定 —————————— 92

4.2 危险化学品道路运输安全 ————————————— 94

4.2.1 运输许可 ——————————————————— 94

4.2.2 专用车辆、设备管理 —————————————— 98

4.2.3 道路危险货物运输 ——————————————— 98

4.2.4 危险化学品汽车运输安全 ———————————— 100

4.2.5 危险化学品槽车运输安全 ———————————— 103

4.3 危险化学品管道输送安全 ————————————— 108

4.3.1 管道输送的基本要求 —————————————— 108

4.3.2 分类分级 ——————————————————— 109

4.3.3　管理规则 ———————————————— 112

4.3.4　事故应急处理 ————————————— 112

第5章　危险化学品储存安全　114

5.1　危险化学品储存安全概述 ——————————— 114

5.1.1　危险化学品储存安全基本要求 ——————— 114

5.1.2　危险化学品储存事故原因 ———————— 119

5.2　危险化学品仓库储存安全 ——————————— 121

5.2.1　仓库消防要求 ————————————— 121

5.2.2　仓库建筑及安全设施要求 ———————— 122

5.2.3　中间仓库 —————————————— 125

5.3　危险化学品气瓶储存安全 ——————————— 126

5.3.1　定义 ——————————————— 126

5.3.2　分类 ——————————————— 127

5.3.3　安全储存管理规则 —————————— 128

5.4　危险化学品储罐储存安全 ——————————— 130

5.4.1　危险化学品储罐储存建筑布局要求 ———— 130

5.4.2　危险化学品储罐储存消防要求 —————— 130

5.4.3　危险化学品储罐储存设施要求 —————— 131

5.5　易燃易爆物质储存安全 ———————————— 136

5.5.1　储存要求 —————————————— 136

5.5.2　安全管理 —————————————— 137

5.5.3　应急处理 —————————————— 138

5.6　腐蚀性物质储存安全 ————————————— 139

5.6.1　储存要求 —————————————— 139

5.6.2　安全管理 —————————————— 140

5.6.3　应急处理 —————————————— 140

5.7　毒性物质储存安全 —————————————— 141

5.7.1　储存要求 —————————————— 141

5.7.2　安全管理 —————————————— 142

5.7.3　应急处理 —————————————— 142

第6章　工贸行业危险化学品使用安全及典型工艺　144

6.1　工贸行业危险化学品使用情况 ————————— 144

6.1.1　工贸行业危险化学品使用用途 —————— 144

6.1.2　危险化学品使用相关术语 ———————— 145

6.2　工贸行业危险化学品使用安全 ————————— 146

6.2.1　危险有害因素辨识 —————————— 146

6.2.2　危险化学品安全使用许可证 ——————— 146

6.2.3　危险化学品使用人员要求 ———————— 149

6.2.4 危险化学品档案 ———————————————— 152

6.2.5 典型危险化学品使用安全基本原则———————— 156

6.2.6 使用易燃、易爆危险品的安全控制措施 ———— 157

6.2.7 使用有毒类危险化学品的安全控制措施 ———— 157

6.3 危险化学品使用场所安全要求 ———————————— 157

6.3.1 安全色 ———————————————————— 157

6.3.2 安全标志及其使用 ——————————————— 159

6.3.3 危险化学品使用场所静电控制 ————————— 163

6.3.4 危险化学品使用场所人体静电控制———————— 164

6.3.5 危险化学品使用场所防雷电要求———————— 164

6.3.6 危险化学品使用场所防火防爆 ————————— 166

6.4 工贸行业使用危险化学品典型工艺——涉氨工艺 ——— 169

6.4.1 氨的理化特性 ————————————————— 169

6.4.2 液氨制冷工艺 ————————————————— 169

6.4.3 氨分解制氢工艺 ———————————————— 171

6.4.4 安全管理制度及安全操作规程 ————————— 172

6.4.5 涉氨制冷企业的安全管理规定 ————————— 172

6.4.6 液氨中毒处置 ————————————————— 176

6.4.7 液氨泄漏处置 ————————————————— 177

6.5 工贸行业使用危险化学品典型工艺——涂装工艺 ——— 180

6.5.1 涂装的发展 —————————————————— 180

6.5.2 涂装的应用 —————————————————— 180

6.5.3 典型涂装工艺流程及其安全技术————————— 182

第7章 危险化学品废物处理 **188**

7.1 危险化学品废物处理概述 ————————————— 188

7.2 危险化学品废物处理方式 ————————————— 189

7.2.1 物理方法 ——————————————————— 189

7.2.2 化学方法 ——————————————————— 192

7.2.3 生物方法 ——————————————————— 194

7.3 危险化学品废物的分类处理 ———————————— 195

7.3.1 固态危险化学品废物的处理 —————————— 195

7.3.2 液态危险化学品废物的处理 —————————— 198

7.3.3 气态危险化学品废物的处理 —————————— 198

7.4 典型危险化学品废物的处理 ———————————— 202

7.4.1 易燃化学品废物的处理 ————————————— 202

7.4.2 腐蚀性危险化学品废物的处理 ————————— 203

第8章 危险化学品危险源与事故应急 **205**

8.1 危险化学品危险源 ———————————————— 205

8.1.1　危险化学品危险源辨识 ------------------------------ 205
8.1.2　国家重点监管的危险化学品 ------------------------ 205
8.1.3　国家重点监管的危险化工工艺 ---------------------- 206
8.2　危险化学品重大危险源 --------------------------------- 207
8.2.1　重大危险源辨识 ------------------------------------- 207
8.2.2　重大危险源分级 ------------------------------------- 209
8.2.3　重大危险源管理 ------------------------------------- 211
8.2.4　隐患风险的判定 ------------------------------------- 214
8.3　危险化学品事故 --- 218
8.3.1　危险化学品事故特征 -------------------------------- 218
8.3.2　危险化学品事故危害 -------------------------------- 218
8.3.3　工贸行业危险化学品事故分类与等级划分 ---------- 219
8.3.4　工贸行业危险化学品事故现场防护 ---------------- 220
8.3.5　危险化学品储存及使用消防安全 ------------------- 222
8.3.6　工贸行业危险化学品事故处理 --------------------- 231
8.4　应急管理 --- 236
8.4.1　应急体系 --- 236
8.4.2　应急预案 --- 240
8.4.3　应急演练 --- 242
8.5　典型危险化学品事故应急处置 ------------------------- 243
8.5.1　爆炸物品应急处置 ---------------------------------- 243
8.5.2　压缩或液化气体应急处置 -------------------------- 244
8.5.3　易燃液体应急处置 ---------------------------------- 245
8.5.4　易燃固体应急处置 ---------------------------------- 246
8.5.5　遇水放出易燃气体的物质应急处置 ---------------- 247
8.5.6　氧化性物质和有机过氧化物应急处置 ------------- 247
8.5.7　毒害品、腐蚀品应急处置 -------------------------- 248

第9章　安全风险分级管控与隐患排查治理　　**249**

9.1　双重预防机制概述 -------------------------------------- 249
9.1.1　双重预防机制含义与来源 -------------------------- 249
9.1.2　双重预防机制工作思路 ----------------------------- 249
9.1.3　双重预防机制目标 ---------------------------------- 250
9.2　风险分级管控体系建设 --------------------------------- 251
9.2.1　安全风险辨识 --------------------------------------- 251
9.2.2　安全风险等级评定 ---------------------------------- 254
9.2.3　安全风险管控 --------------------------------------- 258
9.2.4　风险分级管控常态化 -------------------------------- 262
9.2.5　实施安全风险公告警示 ----------------------------- 263
9.3　隐患排查治理体系建设 --------------------------------- 264

9.3.1　隐患排查治理基本要求 ──────────── 264

9.3.2　隐患排查治理实施程序 ──────────── 265

9.3.3　隐患排查治理常态化 ───────────── 267

9.4　双重预防体系实施程序与构建框架 ─────── 267

9.4.1　双重预防机制工作构建原则 ───────── 268

9.4.2　双重预防机制的实施程序 ───────── 268

9.4.3　双重预防机制常态化 ───────────── 269

> **附录**　271

附录A　我国危险化学品相关法律法规及部门规章等文件
　　　　清单 ─────────────────── 271

附录B　常见的危险货物运输包装及包装组合代号 ───── 273

附录C　危险化学品安全技术说明书示例（氢氧化钾）─── 276

附录D　工矿商贸行业涉及危险化学品及危害性统计 ──── 278

附录E　危险化学品安全使用许可适用行业目录
　　　　（2013年版）─────────────── 281

附录F　危险化学品使用量的数量标准 ─────── 282

附录G　重点监管的危险化学品名录 ──────── 284

附录H　危险化学品名称、类别及其临界量 ───── 286

附录I　危险化学品重大危险源辨识校正系数 β 和 α
　　　　的取值 ────────────────── 289

> **参考文献**　290

第 1 章

工贸行业危险化学品安全概述

1.1 概述

化学品在工业、农业、国防、科技等领域得到了广泛的应用，尤其在工业生产中更是必不可少。据美国化学文摘可知，全球现有化学品种类多达 700 万种，已作为商品上市的有 10 万多种，经常使用的有 7 万多种，当前全球每年新产生的化学品有 1000 多种。危险化学品作为具有特有属性的化学品，在工贸行业生产中被广泛用于原料生产、辅助添加、污水处理、清洁消毒等，在工贸行业生产中具有不可替代的重要作用。危险化学品多种类、多类型、多周期、多危险特性的特点给工贸行业的危险化学品安全储存与使用带来挑战，无数危险化学品安全生产事故也为我们敲响警钟。加强危险化学品安全管理是工贸行业安全生产的重要内容，对保障企业、社会安全生产良好形势具有十分重要的作用。

1.1.1 工贸行业

工贸行业是可以同时兼做生产及贸易的工业与贸易公司的统称。工贸公司从事产品（项目）开发、设计、生产或加工，同时兼做营销，内部都有明确的产、销构架，有自己的产品供应链条，可以自产自销，也可以定牌生产合作（代工）。经贸公司即经营贸易的公司，不具备设计、生产、开发产品的资质，只能进货出货做贸易。两种公司注册资金及工商管理都有很大差距，经贸公司门槛要低很多。

（1）企业安全生产管理现状

工贸行业包括冶金、有色、建材、机械、轻工、纺织、烟草、商贸八大行业，2019 年应急管理部依据《国民经济行业分类》（GB/T 4754），对冶金、有色、建材、机械、轻工、纺织、烟草、商贸行业安全监管做出分类。

① 冶金行业。主要包括：31 黑色金属冶炼和压延加工业大类所包含的全部企业。

② 有色行业。主要包括：32 有色金属冶炼和压延加工业大类所包含的全部企业。

③ 建材行业。主要包括：30 非金属矿物制品业大类企业。不包括：305 玻璃制品制造中类所包含的全部企业；3073 特种陶瓷制品制造，3074 日用陶瓷制品制造，3075 陈设艺术陶瓷制造，3076 园艺陶瓷制品制造，3079 其他陶瓷制品制造等 5 个小类的企业。

④ 机械行业。主要包括：33 金属制品业，34 通用设备制造业，35 专用设备制造业，36 汽车制造业，37 铁路、船舶、航空航天和其他运输设备制造业，38 电气机械和器材制造业，39 计算机、通信和其他电子设备制造业，40 仪器仪表制造业，43 金属制品、机械和设备修理业等 9 大类企业。不包括：338 金属制日用品制造，373 船舶及相关装置制造，374 航空、航天器及设备制造，376 自行车和残疾人座车制造，384 电池制造，385 家用电力器具制造，387 照明器具制造，403 钟表与计时仪器制造，405 衡器制造等 9 个中类所包含的全部企业；3322 手工具制造，3324 刀剪及类似日用金属工具制造，3351 建筑、家具用金属配件制造，3379 搪瓷日用品及其他搪瓷制品制造，3473 照相机及器材制造，3587 眼镜制造等 6 个小类的企业；3399 其他未列明金属制品制造小类中武器弹药制造的企业；特种设备目录中的特种设备制造企业。

⑤ 轻工行业。主要包括：13 农副食品加工业，14 食品制造业，15 酒、饮料和精制茶制造业，19 皮革、毛皮、羽毛及其制品和制鞋业，20 木材加工和木、竹、藤、棕、草制品业，21 家具制造业，22 造纸和纸制品业，23 印刷和记录媒介复制业，24 文教、工美、体育和娱乐用品制造业，29 橡胶和塑料制品业等 10 大类的企业；305 玻璃制品制造，307 陶瓷制品制造（除 3071 建筑陶瓷制品制造，3072 卫生陶瓷制品制造），338 金属制日用品制造，376 自行车和残疾人座车制造，384 电池制造，385 家用电力器具制造，387 照明器具制造，403 钟表与计时仪器制造，405 衡器制造，411 日用杂品制造等 10 个中类所包含的全部企业；3322 手工具制造，3324 刀剪及类似日用金属工具制造，3351 建筑、家具用金属配件制造，3379 搪瓷日用品及其他搪瓷制品制造，3473 照相机及器材制造，3587 眼镜制造等 6 个小类的企业。不包括：131 谷物磨制 1 个中类所包含的全部企业；1351 牲畜屠宰，1352 禽类屠宰，1511 酒精制造等 3 个小类的企业；从种植、养殖、捕捞等环节进入批发、零售市场或者生产加工企业前的农、林、牧、渔业产品初加工服务的企业。

⑥ 纺织行业。主要包括：17 纺织业，18 纺织服装、服饰等 2 大类所包含的全部企业。

⑦ 烟草行业。主要包括：16 烟草制品业大类所包含的全部企业及 5128 烟草制品批发 1 个小类的企业。

⑧ 商贸行业。主要包括：51 批发业，52 零售业，59 装卸搬运和仓储业，61 住宿业，62 餐饮业等 5 大类的企业（不含消防、燃气的监管）。不包括：515 医药及医疗器材批发，518 贸易经纪与代理，525 医药及医疗器材专门零售，529 货摊、无店铺及其他零售业，591 装卸搬运，594 危险品仓储，596 中药材仓储，624 餐饮配送及外卖送餐服务等 8 个中类所包含的全部企业；5112 种子批发，5128 烟草制品批发，5162 石油及制品批发，5166 化肥批发，5167 农药批发，5168 农业薄膜批发，5169 其他化工产品批发，5191 再生物资回收与批发，5265 机动车燃油零售，5266 机动车燃气零售，5267 机动车充电销售，5951 谷物仓储等 12 个小类的企业。

在"安全第一、预防为主、综合治理"安全生产方针的指引下，我国工贸企业不断总结安全生产管理经验，提升安全生产技术水平，发展安全工程专业学科，也在享受安全生产给社会经济带来的效益与红利。历年来，在党中央、国务院的重视与领导下，我国工贸企业安全生产工作地位正在逐步提高，2017年，习近平总书记更是创造性地将安全生产"59字方针"列入党的十九大报告当中，安全发展理念以及生命至上、安全第一的思想正随着时代的进步成为当下安全生产的主旋律。

通过逐步吸收发展事故致因理论、系统化的企业安全生产风险管理理论等现代化风险管理理论，我国工贸行业安全生产也跟上了国际与时代的步伐。多数工贸企业摆脱了贫穷落后的生产局面，从思想上也改变了重效益、轻安全的认知。我国包括工贸行业在内的全行业企业，安全生产越来越得到普遍重视，安全投入逐步得到保障、落实，安全生产技术水平和管理水平取得显著进步，但同时，工贸企业的安全状况仍普遍停留在被动式层面，离真正主动式安全生产还有很长一段路要走，体现在：①疏于管理，以文件材料应付监管部门的监督检查；②只关注结果——等级，过于将注意力集中在企业自身标准化的等级、风险隐患的风险级别等；③依赖于行政力量被动行动，行政监管主体督促一步，企业行动一步，缺乏主动作为的原动力和积极性。

（2）安全生产监管

形成了由应急管理部门主要监管、其他负有安全生产职责的职能部门共同监管的成熟的体制机制，主导我国工贸企业安全生产发生了翻天覆地的变化，促进我国安全生产知识学科实现了跨越式的发展。近年来，通过系列重要举措逐步推动我国整体工贸行业安全生产状况上升到更高水平。主要做法有：

① 安全生产标准化——2004年，《国务院关于进一步加强安全生产工作的决定》（国发〔2004〕2号）提出了在全国所有的工矿、商贸、交通、建筑施工等企业开展安全质量标准化活动的要求。2010年，国家安全生产监督管理总局制定了安全生产行业标准《企业安全生产标准化基本规范》（AQ/T 9006—2010，现行GB/T 33000—2016），全面规范各行业安全生产标准化建设工作，对开展安全生产标准化建设的核心思想、基本内容、形式要求、考评办法等方面进行了统一规定，此后国务院安委办、国家安全生产监督管理总局相继出台了标准化建设工作等指导文件，截至2015年底，全国工贸行业企业基本实现了标准化评审达标要求。

② 风险分级管控——2015年12月，习近平总书记在127次中央政治局常委会上指出"对易发重特大事故的行业领域采取风险分级管控、隐患排查治理双重预防性工作机制，推动安全生产关口前移"。2016年1月，国务院全国安全生产电视电话会议明确要求，要在高危行业领域推行风险分级管控和隐患排查治理双重预防性工作机制。2016年12月9日印发的《中共中央国务院关于推进安全生产领域改革发展的意见》、国务院安委办2016年4月28日印发的《标本兼治遏制重特大事故工作指南》、国务院安委办2016年10月9日印发的《实施遏制重特大事故工作指南构建双重预防机制的意见》，标志着风险分级管控正式拉开帷幕。

③ 安全生产事故隐患排查治理体系——2012年，国务院安委办发布通知《国务院安委会办公室关于建立安全隐患排查治理体系的通知》，从北京顺义区向全国辐射，部署建立先进适用的安全隐患排查治理体系工作，促进我国安全生产监管由企业被动接受安全监管向企业主动开展安全管理转变（安全风险分级管控机制和隐患排查治理机制合称为"双重预防机制"）。

④ 安全预防控制体系——2013年11月，党的十八届三中全会提出，建立隐患排查治理

体系和安全预防控制体系，遏制重特大安全事故。2019 年 10 月，党的十九届四中全会专门指出"完善和落实安全生产责任和管理制度，建立公共安全隐患排查和安全预防控制体系"。同时，应急管理部在全国范围内选取工矿商贸重点企业进行安全预防控制体系建设试点，作为安全生产标准化的补充及双重预防机制的延续。在总结试点经验与成果的基础上，下一步在全国范围内生产企业进行推广，旨在建立一套方法论，引导企业建立与自身安全生产相适宜的安全风险管控长效机制。

工贸行业安全生产虽然在企业自身与政府监管的共同努力下取得了十足的进步，但总结全国成千上万工贸行业企业安全生产共性与特性，工贸行业具有涉及面极广、企业基数巨大、从业人员众多、监管复杂等共性状况。

① 工贸行业领域宽。工贸行业涉及冶金、有色、建材、机械、轻工、纺织、烟草、商贸八大行业，各行业企业类型、生产工艺、设备设施、安全设施等方面千差万别。

② 企业数量大。根据《第四次全国经济普查公报》，2018 年末全国工贸行业企业共1006.23 万个。

③ 从业人员多。根据《第四次全国经济普查公报》，2018 年末工贸行业从业人员14348.8 万人。

④ 安全基础薄弱。部分企业安全主体责任落实不到位、管理水平低、设施设备陈旧老化、安全投入不足、从业人员文化素质较低，违章违规行为时有发生，安全隐患比较突出。近年来，工贸行业企业中涉尘防爆、涉氨制冷、有限空间、金属高温熔融等高危险高风险作业场所中存在的较大危险因素成为诱发各类安全生产事故的主要根源。从事故统计来看，易燃易爆粉尘、高温熔融金属、冶金煤气、液氨等引发的重特大事故时有发生。

⑤ 行业主管部门多。工贸行业涉及的主管部门有生态环境、工信、商务、交通运输、农业农村、自然资源、住建、林草、市政、水务、工商、文旅、食品药品等多个部门。

⑥ 监管模式不统一。工贸行业监管当前存在两种模式：一种是由有关行业主要部门直接监管，安监部门实施综合监管；另一种是由安监部门直接监管。这两种模式存在交叉，对企业的监管侧重点不一样，同样的问题相互间可能存在矛盾，《中华人民共和国安全生产法》（2021 年修订）提出的"管业务必须管安全、管行业必须管安全、管生产经营必须管安全"，在一定程度上缓解了这一矛盾，但仍未彻底解决这一问题。

1.1.2　危险化学品定义

化学品是指各种化学元素组成的单质、化合物和混合物，无论是天然的还是人造的。

根据《危险化学品安全管理条例》《危险化学品目录》（2015 版）定义，危险化学品是指具有毒害、腐蚀、爆炸、燃烧、助燃等性质，对人体、设施、环境具有危害的剧毒化学品和其他化学品。对于列入《危险化学品目录》（2015 版）中的已知物质确认为危险化学品，对于未知物质或者新产生的化学品，依据化学品分类和标签规范标准，从下列危险和危害特性类别中进行确定。

（1）物理危险

爆炸物：不稳定爆炸物、1.1、1.2、1.3、1.4；

易燃气体：类别 1、类别 2、化学不稳定性气体类别 A、化学不稳定性气体类别 B；

气溶胶（又称气雾剂）：类别 1；

氧化性气体：类别 1；

加压气体：压缩气体、液化气体、冷冻液化气体、溶解气体；

易燃液体：类别 1、类别 2、类别 3；

易燃固体：类别 1、类别 2；

自反应物质和混合物：A 型、B 型、C 型、D 型、E 型；

自燃液体：类别 1；

自燃固体：类别 1；

自热物质和混合物：类别 1、类别 2；

遇水放出易燃气体的物质和混合物：类别 1、类别 2、类别 3；

氧化性液体：类别 1、类别 2、类别 3；

氧化性固体：类别 1、类别 2、类别 3；

有机过氧化物：A 型、B 型、C 型、D 型、E 型、F 型；

金属腐蚀物：类别 1。

（2）健康危害

急性毒性：类别 1、类别 2、类别 3；

皮肤腐蚀/刺激：类别 1A、类别 1B、类别 1C、类别 2；

严重眼损伤/眼刺激：类别 1、类别 2A、类别 2B；

呼吸道或皮肤致敏：呼吸道致敏物 1A、呼吸道致敏物 1B、皮肤致敏物 1A、皮肤致敏物 1B；

生殖细胞致突变性：类别 1A、类别 1B、类别 2；

致癌性：类别 1A、类别 1B、类别 2；

生殖毒性：类别 1A、类别 1B、类别 2、附加类别；

特异性靶器官毒性——一次接触：类别 1、类别 2、类别 3；

特异性靶器官毒性——反复接触：类别 1、类别 2；

吸入危害：类别 1。

（3）环境危害

危害水生环境——急性危害：类别 1、类别 2；

危害水生环境——长期危害：类别 1、类别 2、类别 3；

危害臭氧层：类别 1。

1.1.3　危险化学品危险特性

1.1.3.1　理化危害

（1）火灾

当可燃物与助燃剂、点火源同时存在并且每一个条件都具备一定量且发生相互作用时，能发生强烈的氧化反应，同时发出热和光的反应现象。物质的燃烧形式包括氧化分解、着火、燃烧三个过程。危险化学品的燃烧形式根据物质状态、燃烧过程的不同而呈现多种多样：按参加燃烧反应相态不同可分为均一系燃烧和非均一系燃烧。均一系燃烧是指燃烧反应在同一相中进行，如氢气、乙炔在空气中燃烧；非均一系燃烧指在不同相内进行的燃烧，如乙醇、油漆的燃烧。按照可燃气体的燃烧过程可分为混合燃烧和扩散燃烧，火灾事故发生初期基本为混合燃烧，火灾发生过程中可能存在可燃物一边燃烧一边扩散，形成扩散燃烧。根据燃烧反应的程度分为完全燃烧和不完全燃烧；燃烧过程还存在蒸发燃烧、分解燃烧两种形式，蒸发燃烧指可燃液体产生蒸发进行燃烧的现象，多数可燃液体的危险化学品属于此类，分解燃烧指可燃物本身由于热分解而产生可燃气体发生的燃烧，很多固体和不挥发性液体属于此类。

危险化学品引起火灾的燃烧因起因不同分为闪燃、着火和自燃。

① 闪燃。可燃液体表面上的蒸气和空气混合物与火焰接触时，能闪出火花，但随即熄灭，这种瞬间燃烧的过程称为闪燃。闪燃往往是着火的先兆，能使可燃液体发生闪燃的最低温度称为液体的闪点。闪点是评价液态危险化学品燃烧危险度的重要参数，闪点越低，火灾危险性越大。《危险化学品目录》（2015 版）第 2828 条（类属条目）规定含易燃溶剂的合成树脂、油漆、辅助材料、涂料等制品（闭杯闪点≤60℃）为危险化学品。常见液态危险化学品的闪点见表 1-1 所示。

表 1-1 常见液态危险化学品的闪点

液体名称	闪点/℃	液体名称	闪点/℃
汽油	<−21	二硫化碳	−30
甲醇	12	氯苯	27
乙醇	13	丙烯酸	54
丙酮	−18	环戊烷	−37
苯	−11	松节油	30~46
甲苯	4	异丙醇	11.7
丁醇	35	异丁醇	28
甲酸甲酯	−19	乙酸乙酯	−4
甲酸乙酯	−20	乙酸正戊酯(天那水)	25

② 着火。可燃物在有足够的助燃剂情况下，遇点火源作用产生的持续可燃现象。使可燃物发生持续燃烧的最低温度称为着火点（燃点），物质燃点越低越容易着火。通常，可燃物达到一定量并且发生燃烧都能产生着火的显著现象。

③ 自燃。可燃物在助燃剂中无外界明火直接作用下，因受热或自行发热能引燃并持续燃烧的现象。自燃不需要点火源，在一定条件下，可燃物产生自燃的最低温度为自燃点。自燃点是衡量可燃物火灾危险性的又一个重要参数，自燃点越低，越容易引起自燃，火灾危险性越大。

根据 GB 30000 系列标准，危险化学品物理危害分类中可能产生火灾的种类有：

a. 爆炸物；

b. 易燃气体；

c. 气溶胶；

d. 氧化性气体

e. 加压气体；

f. 易燃液体；

g. 易燃固体；

h. 自反应物质和混合物；

i. 自燃液体；

j. 自燃固体；

k. 自热物质和混合物；

l. 遇水放出易燃气体的物质和混合物；

m. 氧化性液体；

n. 氧化性固体；

o. 有机过氧化物。

（2）爆炸

爆炸是指物质在瞬间以机械功的形式释放大量气体和能量的现象，它是一种极为迅速的物理或化学的能量释放过程。爆炸通常具有特征为：爆炸过程进行得很快、产生冲击波、发出声响、具有破坏力。危险化学品的爆炸根据爆炸发生的原因不同可分为物理爆炸、化学爆炸。

① 物理爆炸。因状态或压力等物理因素发生变化导致爆炸，爆炸前后物质的化学成分及化学性质均不发生变化。例如，压缩气体、液化气体、过热液体在压力容器内，由于外界因素导致压力容器超压破裂，容器内物质迅速膨胀并释放大量热量，危险化学品的压缩气瓶、液化气瓶容易发生物理爆炸。

② 化学爆炸。因物质发生化学反应，产生爆炸现象，化学爆炸前后，物质的化学成分及化学性质都发生了变化。按爆炸时发生的化学变化可分为简单分解爆炸、复杂分解爆炸、爆炸性混合物爆炸，工贸企业危险化学品爆炸较容易发生爆炸性混合物爆炸，所有可燃气体、可燃液体蒸气、可燃性粉尘与空气形成的混合物发生的爆炸均属于爆炸性混合物爆炸。

可燃物与空气混合达到一定浓度时，在点火源作用下会发生爆炸。可燃物在空气中形成爆炸性混合物的最低浓度叫爆炸下限，最高浓度叫爆炸上限，可燃气体和可燃蒸气用体积分数来表示，可燃粉尘用 g/m³ 表示（可燃粉尘爆炸上限通常数值较大，大多数场合不会出现，没有实际意义，故可燃粉尘通常只用爆炸下限来衡量物质的爆炸危险性）。可燃物的爆炸极限范围越宽，爆炸危险性越大，工贸企业常见危险化学品的爆炸极限见表 1-2。

表 1-2　工贸企业常见危险化学品的爆炸极限

可燃物名称	爆炸下限/%	爆炸上限/%	可燃物名称	爆炸下限/%	爆炸上限/%
氢气	4.0	75.0	一氧化碳	12.5	74.2
甲烷	5.3	15.4	甲醇	5.5	44.0
乙炔	2.5	82.0	乙醇	3.3	19.0
乙烯	2.7	36.0	丙酮	2.2	13.0
丙烷	2.1	9.5	苯	1.2	8.0
氨	15.7	27.4			

（3）助燃

助燃是指加剧另一种物质的燃烧。燃烧实际上就是一种发光、放热的氧化还原反应，危险化学品的助燃性主要体现在具有氧化性的危险化学品。氧化性危险化学品普遍具有较强的得电子能力，在加热等条件下，化学性质不稳定，会加剧燃烧的链式反应。根据 GB 30000 系列标准，危险化学品物理危害中具有助燃性的种类有氧化性气体、氧化性液体、氧化性固体、有机过氧化物。

（4）腐蚀

腐蚀是指物质与环境相互作用而失去它原有的性质的变化。危险化学品的腐蚀性是通过化学反应严重损坏或毁坏金属。根据 GB 30000 系列标准，危险化学品物理危害中具有腐蚀性的种类有金属腐蚀物。

1.1.3.2 健康危害

化学品对健康的影响既有轻微的皮疹，也有急、慢性伤害甚至致癌，同时可能导致职业病。通常，较小剂量的化学物质在一般条件下就能够对生物体产生损害作用或使生物体出现异常反应的称为毒物。毒物可以是固体、液体和气体，与机体接触或进入机体后，能与机体相互作用，发生物理化学或生物化学反应，引起机体功能或器质性的损害，严重的甚至危及生命。理论上，任何化学物质只要给足剂量，都可引起生物体的不同程度损害，也就是说，任何化学品都是有毒的。

（1）危害类型

① 急性毒性 急性中毒是指经口或经皮肤给予物质的单次剂量或在 24h 内给予的多次剂量，或者 4h 的吸入接触发生的急性有害影响。

② 皮肤腐蚀/刺激 皮肤腐蚀是指对皮肤造成不可逆损害的结果，即施用试验物质 4h 内，可观察到表皮和真皮坏死。典型的腐蚀反应具有溃疡、出血、血痂的特征，而且在 14d 观察期结束后，皮肤、完全脱发区域和结痂处由于漂白而褪色。应通过组织病理学检查来评估可疑的病变。

皮肤刺激是指施用试验物质达到 4h 后对皮肤造成可逆损害的结果。

③ 严重眼损伤/眼刺激 严重眼损伤是指将受试物施用于眼睛前部表面进行暴露接触，引起了眼部组织损伤，或出现严重的视觉衰退，且在暴露后的 21d 内尚不能完全恢复。

眼刺激指将受试物施用于眼睛前部表面进行暴露接触后，眼睛发生的改变，且在暴露后的 21d 内出现的改变可完全消失，恢复正常。

④ 呼吸道或皮肤致敏 呼吸道致敏物指吸入后会导致呼吸道过敏的物质。

皮肤致敏物指皮肤接触后会导致过敏的物质。

致敏包括两个阶段：第一个阶段是个体因接触某种过敏原而诱发特定免疫记忆，第二个阶段是引发，即某一过敏个体因接触某种过敏原而产生细胞介导或抗体介导的过敏反应。

⑤ 生殖细胞致突变性 生殖细胞致突变性是指化学品引起人类生殖细胞发生可遗传给后代的突变。"突变"定义为细胞中遗传物质的数量或结构发生永久性改变。

⑥ 致癌性 致癌物指可导致癌症或增加癌症发病率的物质或混合物。在实施良好的动物实验性研究中诱发良性和恶性肿瘤的物质或混合物，也被认为是假定的或可疑的人类致癌物，除非有确凿证据显示肿瘤形成机制与人类无关。

⑦ 生殖毒性 生殖毒性指对成年雄性和雌性的性功能和生育能力的有害影响，以及对子代的发育毒性。

⑧ 特异性靶器官毒性——一次接触 特异性靶器官毒性一次接触指一次接触物质和混合物引起的特异性、非致死性的靶器官毒性作用，包括所有明显的健康效应，可逆的和不可逆的、即时的和迟发的功能损害。

⑨ 特异性靶器官毒性——反复接触　特异性靶器官毒性反复接触指反复接触物质和混合物引起的特异性、非致死性的靶器官毒性作用，包括所有明显的健康效应，可逆的和不可逆的、即时的和迟发的功能损害。

⑩ 吸入危害　吸入特指液态和固态化学品通过口腔或鼻腔直接进入或者因呕吐间接进入气管和下呼吸系统。

（2）中毒途径

毒物引起人体及其他动物中毒的主要途径有呼吸道、皮肤、消化道三种途径。

① 呼吸道吸入　毒物中挥发性液体的蒸气和固体毒物的粉尘，最容易通过呼吸道吸入人体体内，如氰化氢、氨气、溴甲烷等蒸气经过人体呼吸道进入肺部，被肺泡表面所吸收，随血液循环引起中毒。此外，呼吸道的鼻、喉、气管黏膜等也具有相当大的吸收能力。通过呼吸道吸入最重要的影响因素是该物质在空气中的浓度，浓度越高，吸收越快。

② 皮肤接触　皮肤是人体最大的器官，具有能和毒物接触的最大表面积。某些毒物可渗透过皮肤进入血液，再随血液扩散到身体的其他部位。甲苯等有机溶剂都能被皮肤吸附并渗透，水溶性、脂溶性物质易被皮肤吸收，有些毒物对人体眼角等黏膜具有较大的危害。

③ 消化道进入　毒物的蒸气或粉尘侵入人体消化器官引起的中毒。通常实在进行毒物操作后，未经洗手、漱口即饮食、吸烟等操作使毒物进入到消化器官，从而引起不同程度中毒。

1.1.3.3　环境危害

化学品是工业生产的重要组成部分，生产、生活中人们在利用化学品的同时，也同样产生了大量化学废弃物，这些废弃物不仅影响着人类健康安全，同样带来环境污染，造成环境破坏。

① 对水生环境的危害。水体中的污染物总体可分为四类：无机无毒物、无机有毒物、有机无毒物、有机有毒物。无机无毒物包括无机盐和氮、磷等植物营养物等；无机有毒物包括各类重金属和氧化物、氟化物等；有机无毒物主要指在水体中容易分解的有机化合物，如脂肪、蛋白质、碳水化合物等；有机有毒物包括苯酚、多环芳烃和多种人工合成有机化合物，如苯、有机农药等。

② 对臭氧层的危害。臭氧可以减少太阳紫外线对地表的照射，避免地面接收到过多的紫外线辐射量而导致各种病变。化学品中的含氯化合物，特别是氯氟烃进入大气后会破坏同温层的臭氧。

③ 对土壤的危害。

1.2　工贸行业危险化学品使用概况

1.2.1　使用现状分析

（1）从行业来看

工贸行业的多数企业日常生产往往离不开化学品的使用，而危险化学品更是被广泛应用于原料生产、辅助配料、污水处理、清洁消毒等环节。以 M 市为例，通过对 M 市 141 家使用危险化学品的工贸行业企业进行调查，涉及的行业有轻工、机械、建材、冶金、商贸、纺织、有色、烟草，其中轻工行业 70 家，占比 49.6%，机械行业 54 家，占比 38.2%，企业所属行业情况见表 1-3。

表 1-3　M 市 141 家使用危险化学品工贸企业行业分布

企业总数	轻工	机械	建材	冶金	商贸	纺织	有色	烟草
141	70	54	5	4	3	2	2	1
100%	49.6%	38.3%	3.5%	2.8%	2.1%	1.4%	1.4%	0.7%

（2）从规模来看

根据国家统计局的《统计上大中小微型企业划分办法》，企业规模可划分为大型、中型、小型、微型。根据 M 市 141 家使用危险化学品工贸企业调查（表 1-4），各规模类型企业均有使用危险化学品，微型企业占比相对较少，大型、中型、小型企业都大范围涉及危险化学品使用。

表 1-4　M 市 141 家使用危险化学品工贸企业规模分布

企业总数	大型	中型	小型	微型
141	27	29	80	5
100%	19.1%	20.6%	56.7%	3.5%

（3）从使用人数来看

根据 M 市 141 家使用危险化学品工贸企业使用人数调查（表 1-5），使用危险化学品人数超过 30 人的企业相对较少，而使用人数少于 3 人、介于 3～9 人、介于 10～29 人的工贸企业数基本相当。

表 1-5　M 市 141 家使用危险化学品工贸企业使用人数情况

企业总数	<3 人	3≤人数<10	10≤人数<30	≥30 人
141	34	37	44	26
100%	24.1%	26.2%	31.2%	18.4%

（4）从使用种类来看

危险化学品可分为物理危害、健康危害、环境危害三大类，每一大类又细分为多项小类，这就使得危险化学品的使用具有多类型、多属性特征。根据 M 市 141 家使用危险化学品工贸企业危险化学品种类调查（表 1-6），按照危害类别统计，物理危害、健康危险、环境危险三大类危害中，涉及三大类危害类型占比分别为 89.1%、9.4%、1.5%，涉及物理危害数量异常多。在物理危害的 16 项小类中，属易燃液体、加压气体、金属腐蚀物、易燃气体、氧化性液体五类居多，总占比达到 91.6%，分别占比为 37.1%、17.7%、15.6%、11.8%、9.3%。从危险化学品类型及用途来看，易燃液体主要为油漆、稀释剂、乙醇，多用于喷涂、印刷、消毒；加压气体主要为乙炔、氧气、氮气、氩气，多用于气焊、气割；金属腐蚀物主要为硫酸、盐酸、硝酸、氢氧化钠，多用于电镀、酸洗、碱洗；易燃气体主要为乙炔、LPG（液化石油气）、LNG（液化天然气）、氢气，多用于气焊、气割、燃料、还原反应；氧化性液体主要为浓硫酸、硝酸、双氧水，主要用于进行氧化反应。

表 1-6 M 市 141 家使用危险化学品工贸企业使用种类分布

分类		涉及企业/家	种类示例
物理危害	爆炸物	0	
	易燃气体	28	LNG、丁烷、天然气、乙炔、LPG、氢气、丙烷等
	气溶胶	0	
	加压气体	42	LNG、液化氮气、液氨、氩气、氮气、乙炔、液氧、LPG、二氧化碳、丙烷、液氩、混合气（氩气＋二氧化碳）、氢气等
	氧化性气体	8	氧气等
	易燃液体	88	白磁油、苯乙烯、丙烯酸丁酯、甲基丙烯酸甲酯、甲基丙烯酸羟乙酯、甲醇、丙酮、脱模剂、脱脂液、环氧树脂 DER331、乙醇、0#柴油、天那水、油漆、己醇、香蕉水、苯、异丙醇、丁酮、异氰酸酯、冰乙酸、二甲苯、油墨、甲苯、乙酸乙酯、工业酒精、环己酮、碳酸二甲酯、乙二醇单丁醚、甲酸、甲基三甲基硅烷、钛酸异丙酯、正己烷、汽油、引发剂、叔丁基过氧化氢、胶水等
	易燃固体	7	涂料、硫黄、粉末涂料等
	自反应物质和混合物	0	—
	自燃液体	0	—
	自燃固体	1	连二亚硫酸钠（保险粉）等
	自热物质和混合物	0	—
	遇水放出易燃气体的物质和混合物	0	—
	氧化性液体	22	浓硫酸、硝酸、双氧水等
	氧化性固体	2	过硫酸钠、三氧化铬、重铬酸钠等
	有机过氧化物	2	过氧化氢异丙苯、叔丁基过氧化氢等
	金属腐蚀物	37	盐酸、氢氧化钾、硝酸、氢氧化钠、酸性蚀刻液、氢氟酸、硫酸、碱洗液等
健康危害	—	25	液氨、苯、重铬酸钠、二氯甲烷、甲苯、氰化钠、甲基三甲基硅烷、丙酮、油墨、白电油、丙烯酸-2-羟基乙酯、异氰酸酯等
环境危害	—	4	苯酚磺酸、除油剂、白电油、丙烯酸-2-羟基乙酯等

注：1. 考虑到企业使用危险化学品的主体特性及监管情形，上述分类只对物理危害进行了细分（16 项）。

2. 一家企业可能包含不止一种危害的危险化学品种类，如一家企业同时使用油漆、乙炔，同时涉及易燃气体、易燃液体两种危害。

3. 同一种危险化学品可能同时具有物理危害、健康危害（与/或环境危害）多种危害类型，如苯同时具有物理危害（易燃液体）和健康危害两种危害类型。

1.2.2 工贸行业危险化学品使用的管理体系

安全生产管理是管理的重要组成部分，是安全科学的一个分支。所谓安全生产管理，是针对人们在生产过程中的安全问题，运用有效的资源，发挥人们的智慧，通过人们的努力，进行有关决策、计划、组织和控制等活动，实现生产过程中人与机器设备、物料、环境的和谐，达到安全生产的目标。

安全生产管理的目标，是减少和控制危害，减少和控制事故，尽量避免生产过程中由于事故所造成的人身伤害、财产损失、环境污染以及其他损失。安全生产管理包括安全生产法制管理、行政管理、监督管理、工艺技术管理、设备设施管理、作业环境和条件管理等方面。安全生产管理的基本对象是企业的员工，涉及企业中的所有人员、设备设施、物料、环境、财务、信息等各个方面。安全生产管理的内容包括安全生产管理机构和安全生产管理人员、安全生产责任制、安全生产管理规章制度、安全生产策划、安全培训教育、安全生产档案等。

根据《中华人民共和国安全生产法》（2021年修订）第二十四条规定："矿山、金属冶炼、建筑施工、道路运输单位和危险物品的生产、经营、储存单位，应当设置安全生产管理机构或者配备专职安全生产管理人员。前款规定以外的其他生产经营单位，从业人员超过一百人的，应当设置安全生产管理机构或者配备专职安全生产管理人员；从业人员在一百人以下的，应当配备专职或者兼职的安全生产管理人员。"第二十七条第二款规定："危险物品的生产、经营、储存单位以及矿山、金属冶炼、建筑施工、道路运输单位的主要负责人和安全生产管理人员，应当由主管的负有安全生产监督管理职责的部门对其安全生产知识和管理能力考核合格。考试不得收费。"随着安全生产监管的持续推进，以及标准化评审工作的进行，各企业通常设置了安全管理机构和专职安全生产管理人员，规模较小的企业也配备专职或者兼职的安全生产管理人员。各企业安全生产责任制明确了企业主要负责人、分管安全生产负责人、专（兼）职安全管理人员、各岗位安全员、各车间工种的安全生产职责。企业主要负责人和安全管理人员基本能按照规定考取证书，并每年进行再教育。通常，企业的安全生产管理机构以"安全生产部"等部门形式存在，多数具有一定规模企业会以专职安全管理部门为职能主体，成立由企业相关负责人负责制的安全生产委员会；规模较小的企业需保证至少一人的企业安全生产负责人和至少一人的兼职安全管理人员。企业典型安全管理机构架构见图1-1。

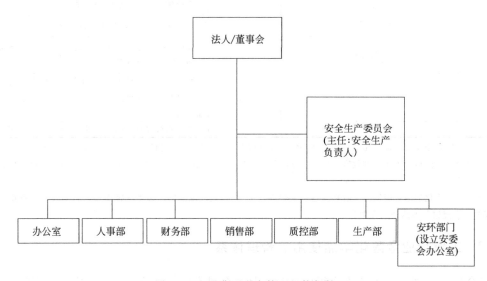

图1-1　企业典型安全管理机构架构

通常，企业的安全生产管理体系以制度文件形式存在，主要内容包括：安全生产管理机构与专（兼）职安全管理人员设置、安全管理网络图、安全生产责任制、各项安全生产规章制度（如安全目标管理、安全例会、安全检查、安全教育培训、生产技术管理、机电设备管理、劳动管理、安全费用提取与使用、重大危险源监控、安全生产隐患排查治理、安全技术措施审批、劳动防护用品管理、职业危害预防、生产安全事故报告和应急管理、安全生产奖惩、安全生产档案管理等)、安全技术规程等。各类安全生产管理体系由各级安全管理机构分工执行，形成本企业特有的安全管理文化。

1.3　危险化学品管理法律规范

1.3.1　我国危险化学品法律法规

（1）定义

法律是由立法机关或国家机关制定，由国家政权保证执行的行为规则的总和。

法规指国家机关制定的规范性文件。如我国国务院制定和颁布的行政法规，省、自治区、直辖市人大及其常委会制定和公布的地方性法规。设区的市、自治州也可以制定地方性法规，报省、自治区的人大及其常委会批准后施行。法规也具有法律效力。

（2）我国危险化学品法律法规状况

我国对危险化学品监管的法律法规政策比较完善，其中关于安全生产的相关法律法规统计有约 20 个文件、国务院及安委会规范性文件统计有约 10 个、原国家安监总局及相关部门规章有约 25 个文件、原国家安监总局及相关部门规范性文件约 20 个，此外还有约 34 个文件涉及相关标准和规范，有 15 项文件在近几年进行了修订，力度不可谓不大。这些政策法规最早的为 1989 年颁布的《中华人民共和国环境保护法》，该法律文件已于 2015 年 1 月 1 日修订，最近的则是 2012 年实施的《危险化学品登记管理办法》等相关部门规章。应急管理部组织起草的《中华人民共和国危险化学品安全法》（征求意见稿）当前正在征求意见当中；该法的正式颁布实施，将使我国危险化学品法律法规体系得到系统性的规范、法律效力明显提升，在我国危险化学品法律法规建设进程中具有举足轻重的重大历史意义。2020 年 8 月，应急管理部下发《危险化学品目录（2015 版）实施指南（征求意见稿）》。《危险化学品目录》的修改，将进一步规范我国危险化学品安全管理。当前我国危险化学品安全法律法规体系框架如图 1-2 所示，相关法律法规及部门规章制度见附录 A 所示。

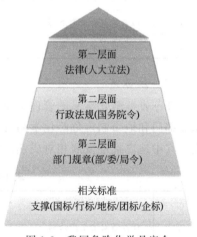

图 1-2　我国危险化学品安全
法律法规体系框架图

1.3.2　地方性危险化学品管理规范

我国危险化学品行业监管经过 30 多年的发展历程，各级地方政府都紧随国家相关政策，结合地方实际，采取政策措施，制定地方性规范，形成了政策与市场的和谐统一。特别是山东、江苏、广东、浙江等化工大省在危险化学品管理方面,具有政策先进、管理有效的特征,其危险化学品地方性管理规范走在全国前列。

(1)山东省

山东省从企业管理到政府监管职责,详细地制定了地方性的危险化学品管理规定文件,体系相对成熟,具有参考借鉴意义。山东省危险化学品相关规范如表1-7所示。

表1-7　山东省危险化学品相关规范

序号	规范名称
1	山东省石油天然气管道保护办法
2	山东省工业生产建设项目安全设施监督管理办法
3	山东省生产安全事故报告和调查处理办法
4	山东省突发事件应对条例
5	山东省行政执法监督条例
6	山东省安全生产行政责任制规定
7	山东省重大生产安全事故隐患排查治理办法
8	山东省危险化学品安全管理办法
9	烟花爆竹生产经营安全规定
10	山东省生产经营单位安全生产主体责任规定
11	山东省安全生产条例
12	山东省安全生产风险管控办法(省政府令第331号)

(2)江苏省

江苏省危险化学品的管理主要发挥职能部门和地市等地方政府的主体职责,普遍由主体职能部门和地市制定危险化学品管理的指导性文件,主要体现为通知、指引、地方标准等形式,其中地方标准发展相对成熟。江苏省危险化学品相关规范见表1-8。

表1-8　江苏省危险化学品相关规范

序号	规范名称
1	江苏省安全生产条例
2	无锡市安全生产条例
3	省安监局关于印发江苏省危险化学品生产企业安全生产许可证实施细则的通知
4	省安监局关于印发《江苏省二级安全生产标准化企业评审工作管理办法(试行)》的通知
5	省安监局关于印发江苏省危险化学品建设项目安全监督管理实施细则的通知

(3)广东省

广东省推行职能部门监管指导、技术标准支撑服务工作模式,在国家法律法规、规章制度、标准规范的框架下,结合表1-9的地方规范,初步形成了图1-3所示的广东省危险化学品标准体系,下一步将完善、丰富标准体系的具体内容。

表 1-9 广东省危险化学品相关规范

序号	规范名称
1	广东省安全生产条例
2	广东省危险化学品安全监管"十三五"规划
3	广东省重大生产安全事故隐患治理挂牌督办办法
4	生产安全事故应急预案管理办法实施细则
5	广州市危险化学品安全管理规定
6	广州市禁止、限制和控制危险化学品目录(试行)
7	广州市安全生产执法查处危险化学品处置规定
8	广州市危险化学品企业落实安全生产主体责任和全员安全生产责任制量化管理规定(试行)
9	广州市安全风险分级管控实施细则(试行)

1.3.3 我国危险化学品标准

标准是指为了在一定范围内获得最佳秩序，经协商一致制定并由公认机构批准，为各种活动或其结果提供规则、指南或特性，供共同使用和重复使用的一种文件。

新中国成立以来，在《中华人民共和国标准化法》的约束下，我国危险化学品系列标准日趋成熟、完善，逐步实现了与国际社会标准体系同步的过程。截至 2020 年 8 月，安全管理网（http://www.safehoo.com/Standard/Trade/Fire/）查询危险化学品相关的国家标准有：石油类标准 2846 项，环保类标准 1707 项，化工类标准 10381 项，消防类标准 894项，安全类标准 245 项，职业卫生标准 931 项，其他行业标准 8883 项，地方标准 1936 项，企业标准 541 项。2018 年，为提高危险化学品监管信息化水平、加强相关行业人才培养、推动企业安全标准化工作，牢固树立安全发展理念，建立健全安全生产长效机制，强化依法治理，国家标准委联合其他主管部门共同研究制定了《危险化学品安全标准体系建设规划（2018—2020 年）》，提出了危险化学品安全标准体系建设的总体要求、主要任务和标准体系框架，明确了危险化学品安全标准体系建设的六个重点方向，包括危险化学品生产、储存、经营和使用安全，危险货物运输安全，危险化学品检验检测，废弃化学品分类、处理处置及检验方法，危险化学品安全管理，危险化学品应急救援及事故调查等。当前，国家标准委根据该规划制定出《危险化学品安全标准体系框架》，该标准体系分为 3 个层次、4 个方面，涉及 15 大类内容，如图 1-4 所示。

（1）基础通用

主要包括：术语标准、标志标识标签、通用方法、通用管理指南 4 部分内容。

（2）产品及检验检测

① 产品标准 包括危险化学品产品技术要求、包装容器、储存设备（如储罐等）、设备设施安全附件、防火防爆、安全仪表、个体防护装备、应急救援器材及装备、监测预警设备、信息化软件和设备等相关标准。

工贸行业危险化学品安全技术

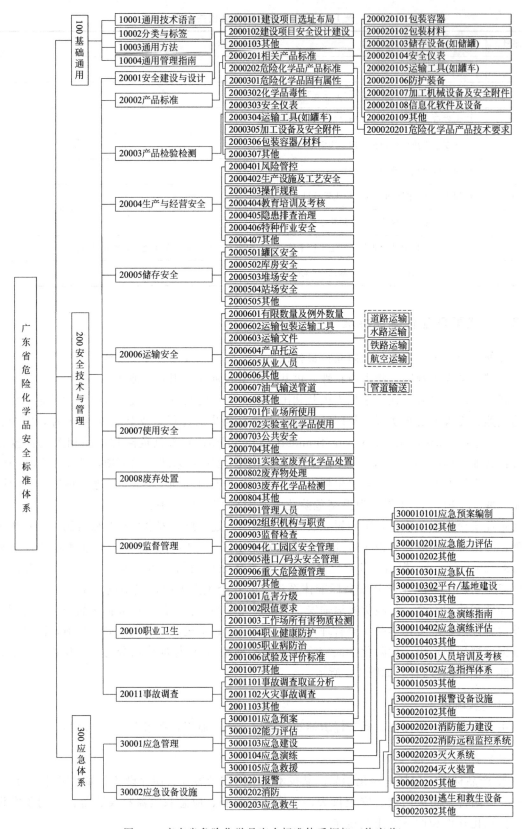

图 1-3 广东省危险化学品安全标准体系框架（待完善）

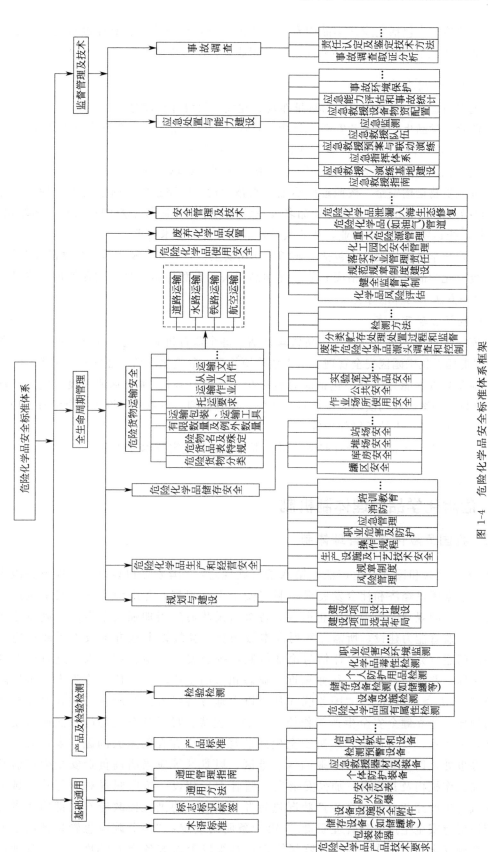

图 1-4　危险化学品安全标准体系框架

② 检验检测　包括危险化学品固有属性检测、设备设施检测、储存设备检测（如储罐等）、个人防护用品检测、化学品毒性检测、职业危害及环境监测等。

（3）全生命周期管理。

① 规划与建设　包括建设项目选址布局、建设项目设计建设等。

② 危险化学品生产和经营安全　包括风险管理、规章制度、生产设施及工艺技术安全、操作规程、职业危害及防护、应急管理、消防、培训教育等。

③ 危险化学品储存安全　包括罐区、库房、堆场、站场等安全。

④ 危险货物运输安全　按照道路运输、水路运输、铁路运输、航空运输4种运输方式划分，包括危险货物分类，危险货物品名表及特殊规定，有限数量及例外数量，运输包装、运输工具，托运要求，运输作业，从业人员，运输文件等技术要求。

⑤ 危险化学品使用安全　包括作业场所使用安全、公共安全及实验室化学品安全等。

⑥ 废弃化学品处置　包括废弃危险化学品源头调查和控制、分类贮存处理处置过程和监管、检测方法系列标准等。

（4）监督管理及技术

① 安全管理及技术　包括化学品风险评估、健全监督机制、规范规章制度建设、落实专业管理责任、化工园区安全管理、重大危险源管理、危险化学品（油气）管道等。

② 应急处置与能力建设　包括应急救援指南、应急救援/演练基地建设、应急指挥体系、应急救援预案与联动演练、应急救援队伍、应急监测、应急救援设备物资配置、应急能力评估和事故统计、事故环境保护等。

③ 事故调查　包括事故调查取证分析、责任认定及鉴定技术方法等。

1.4　危险化学品管理体制机制

1.4.1　我国危险化学品管理体制

《中华人民共和国安全生产法》第八条明确规定："国务院和县级以上地方各级人民政府应当根据国民经济和社会发展规划制定安全生产规划，并组织实施。安全生产规划应当与国土空间规划等相关规划相衔接。各级人民政府应当加强安全生产基础设施建设和安全生产监管能力建设，所需经费列入本级预算。县级以上地方各级人民政府应当组织有关部门建立完善安全风险评估与论证机制，按照安全风险管控要求，进行产业规划和空间布局，并对位置相邻、行业相近、业态相似的生产经营单位实施重大安全风险联防联控。"第九条明确规定："国务院和县级以上地方各级人民政府应当加强对安全生产工作的领导，建立健全安全生产工作协调机制，支持、督促各有关部门依法履行安全生产监督管理职责，及时协调、解决安全生产监督管理中存在的重大问题。乡镇人民政府和街道办事处，以及开发区、工业园区、港区、风景区等应当明确负责安全生产监督管理的有关工作机构及其职责，加强安全生产监管力量建设，按照职责对本行政区域或者管理区域内生产经营单位安全生产状况进行监督检查，协助人民政府有关部门或者按照授权依法履行安全生产监督管理职责。"第十条明确规定："国务院应急管理部门依照本法，对全国安全生产工作实施综合监督管理；县级以上地方各级人民政府应急管理部门依照本法，对本行政区域内安全生产工作实施综合监督管理。国务院交通运输、住房和城乡建设、水利、民航等有关部门依照本法和其他有关法律、行政法规的规定，在各自的职责范围内对有关行业、领域的安全生产工作实施监督管理；县级以上地方各级人民政府有关部门依照本法和其他有关法律、法规的规定，在各自的职责范围内对有关行业、领域的安全生产工作实施监督管理。对新兴行业、领域的安全生产监督管理职责不明确的，由县级以上地方各级人民政府按照业务相近的原则确定监督管理部门。应急管理部门和对有关行业、领域的安全生产工作实施监督管理的部门，统称负有安全生产监督管理职责的部门。负有安全生产监督管理职责的部门应当相互配合、齐抓共管、信息共享、资源共用，依法加强安全生产监督管理工作。"目前我国危化品的政府监管体制相互交叉、职能繁多，由八个主要监管部门和其他相关部门协调分工共同运作。监管部门包括应急管理部门、公安机关、环保部门、社会保障部门、交通运输部门、税务部门、卫生部门、城管部门；其他相关部门有科研机构、高等院校、安全中介服务机构、公众、新闻媒体、行业协会、工会、银行和保险公司。各有关部门在宏观上分工明确、各司其职，形成合力共同完成对危险化学品的整体监管，各有关部门监管职责见表 1-10。

表 1-10 危险化学品监管各有关部门职责

政府部门	履行的职责
应急管理部门	危险化学品安全监督管理综合工作
公安机关	危险化学品的公共安全管理
市场监督管理部门	核发危险化学品数量和种类
环境保护主管部门	废弃危险化学品处理监督管理
交通运输主管部门	危险化学品运输许可以及运输工具的安全管理
卫生主管部门	危险化学品毒性鉴定的管理
邮政管理部门	依法查处寄递危险化学品的行为

2015 年 8 月 27 日，国务院安全生产委员会印发《国务院安全生产委员会成员单位安全生产工作职责分工》，强调各职能部门要认真贯彻落实习近平总书记关于建立健全"党政同责、一岗双责、齐抓共管"的安全生产责任体系的重要指示精神，按照国务院统一部署，切实加强各行业领域安全生产工作；明确指出负有安全监管职责的行业主管部门要按照"管行业必须管安全、管业务必须管安全、管生产经营必须管安全"的要求，落实好主体安全生产责任。这一文件为全国安全生产工作定下了总基调，推动了安全生产成为公共安全的重要助力，也将安全生产纳入党政领导干部的重要工作内容。各职能部门通力协作，共同做好包括危险化学品在内的安全生产监管工作，在一定程度上缓解了安全生产监管部门和基层各职能部门的压力。

1.4.2 企业危险化学品管理机制

企业是落实安全生产主体责任的承担者。工贸企业使用危险化学品的管理不同于危险化学品生产、储存企业，工贸企业使用危险化学品管理往往不是企业自身的安全生产管理的首要重点。纵观工贸企业使用危险化学品的管理机制，往往依托于企业自身的生产主业，对危险化学品的管理普遍具有交叉性、关联性。当前，工贸企业使用危险化学品的管理机制大致体现为：工贸企业成立专门安全管理机构（安全生产委员会或者安全生产职能部门）统筹包含危险化学品在内的一切安全生产事物，采购部门负责危险化学品的采购，生产部门负责危险化学品的使用、存放，安全生产职能部门负责危险化学品仓库的管理及危险废物的处置，工会依法对本单位安全生产工作进行民主管理和民主监督。这一管理机制的运行在一定程度上分担了各部门间的责任，但同时也造成企业内危险化学品的管理存在责任不清、效率低下问题，给危险化学品的管理带来一定隐患。

2019年8月12日，应急管理部印发《化工园区安全风险排查治理导则（试行）》和《危险化学品企业安全风险隐患排查治理导则》的通知，其中《危险化学品企业安全风险隐患排查治理导则》适用于危险化学品使用企业，对企业开展安全风险隐患排查提供了详细的指引，为企业开展危险化学品管理提供了具体内容，各工贸行业危险化学品使用企业可根据指引具体内容健全自身管理体系，完善自身企业监管机制。

1.5　工贸行业危险化学品安全技术趋势

危险化学品的使用在工贸行业企业生产中具有十分重要的作用，但同时危险化学品自身特性带来的安全隐患也对企业安全生产带来一定冲击。如何安全利用好危险化学品服务于工贸企业经济发展，是将来各企业、监管部门、技术服务机构等思考的重点。

（1）推广新工艺、新技术、新材料

工艺的落后、设备的老化陡增危险化学品的安全风险。应急管理部在2020年6月、7月相继印发《关于征求〈化工（危险化学品）企业淘汰退出和整治提升细则〉和〈危险化学品安全生产淘汰落后技术装备目录（第一批）〉意见的函》《关于公开征求〈危险化学品企业安全整治和淘汰退出目录（2020年）（征求意见稿）〉〈危险化学品安全生产淘汰落后技术装备目录（2020年第一批）（征求意见稿）〉意见的通知》，目的在于推动各地区强化整治，依法淘汰退出不符合安全生产条件的危险化学品企业，淘汰落后化工工艺技术装备，整体提升安全生产水平。同时，企业本身也应从长远考虑，及时更新自身相对落后的设备设施、工艺技术等，选用新型安全、环保的化学品进行生产，如制冷行业弃用液氨，改用水、二氧化碳、环保氟利昂等环保安全型制冷剂能够从根本上解除液氨带来的安全风险，是制冷行业的发展新模式。

（2）健全危险化学品安全体系基础理论

针对当前工贸企业危险化学品使用现状，无论是从监管体系还是企业自身管理体系，在危险化学品安全基础理论方面还有很大的提升空间：①企业危险化学品基层作业人员、管理人员专业知识普遍欠缺，对危险化学品的正确认识还存在很大差距，提升作业人员的专业素养是保障危险化学品安全的基础与前提；②企业符合切身实际的安全管理体系还需要踏实、有效的予以完善；③危险化学品的使用未真正实现全链条监管，相对于危险化学品的生产、储存、运输等，使用环节往往脱节于危险化学品的全生命周期而划归于工贸行业监管主体进行管控，监管体系需得以完善；④监管执法未能真正做到"执法必严、违法必究"，缺乏对企业违法成本的十足震慑；⑤危险化学品应急队伍的专业化、素质化和应急设施的先进化、高效化还需要得到大量政策支持。

（3）加快标准体系建设

以危险化学品从生产、储存到废弃物处置全生命周期为主线，建立健全危险化学品标准体系框架，制定危险化学品基础通用、安全技术管理、应急处置三大体系的具体标准，并根据生产需要丰富、完善各领域内的国家标准、行业标准、地方标准、团体标准、企业标准，充分发挥标准的规范指引作用。另外，我国应加快与国际公认组织的对接，及时更新与国际通用的标准体系。例如，我国《化学品分类和标签规范》（GB 30000）系列标准借鉴参考了《全球化学品统一分类和标签制度》（GHS），GHS 每两年会更新一次，而 GB 30000 系列标准存在明显落后现象。

（4）完善风险评价体系

危险化学品的安全评价具有指导企业开展危险化学品的安全管理的实践意义。但是，目前危险化学品的安全评价市场混乱、评价质量低劣、流于形式现象明显，如何切实结合企业实际，制定完善的风险评价体系，开展高质量、高水平的评价过程，还需要有关政府职能部门和评价机构共同的努力，来推动整个评价市场规范化、合理化的良性发展，让安全评价能真正帮助企业提升安全管理水平。

（5）完善危险化学品检测体系

当前，我国已对标国际制定了 GB 30000 系列标准，该系列标准对化学品的鉴定、分类程序做出了详细的指引；原国家安全生产监督管理总局也发布了《化学品物理危险性鉴定与分类管理办法》《关于印发危险化学品目录（2015 版）实施指南（试行）的通知》，两份文件对危险化学品实际使用过程中出现的检测要求、程序等做出了具体的规定。然而，实际生产生活中，化学品的检测往往未严格按照标准、规范来开展，这可能导致做出的检测结果与实际化学品存在偏差。另外，我国的危险化学品相关检验检测类标准对涉及危险化学品的检测体系不够全面，如危险化学品固有属性检测、设备设施检测、储存设备检测（如储罐等）、个人防护用品检测、化学品毒性检测、职业危害及环境监测等标准体系需要进一步完善，每类项目的检测体系应更加全面、准确、实用。

第2章

危险化学品类型分类与试验

2.1 物质危险类型分类

2.1.1 化学品分类

《化学品分类和危险性公示 通则》（GB 13690）根据化学品的危险特性分为物理危险、健康危险、环境危险三大类共 28 种，化学品分类类型见表 2-1。

表 2-1 化学品分类类型

物理危险	健康危险	环境危险
1. 爆炸物	1. 急性毒性	1. 危害水生环境
2. 易燃气体	2. 皮肤腐蚀/刺激	2. 危害臭氧层
3. 易燃气溶胶	3. 严重眼损伤/眼刺激	
4. 氧化性气体	4. 呼吸或皮肤过敏	
5. 高压下气体	5. 生殖细胞致突变性	
6. 易燃液体	6. 致癌性	
7. 易燃固体	7. 生殖毒性	
8. 自反应物质或混合物	8. 特异性靶器官毒性——一次接触	
9. 自燃液体	9. 特异性靶器官毒性——反复接触	
10. 自燃固体	10. 吸入危险	
11. 自热物质和混合物		
12. 遇水放出易燃气体的物质或混合物		
13. 氧化性液体		
14. 氧化性固体		
15. 有机过氧化物		
16. 金属腐蚀物		

2.1.2 危险货物分类

危险化学品作为危险货物而运输时，依据《危险货物分类和品名编号》（GB 6944），按物质具有的危险性或最主要的危险性将危险货物分为 9 大类，见表 2-2。

表 2-2　危险货物分类类别

第 1 类	爆炸品
第 2 类	气体
第 3 类	易燃液体
第 4 类	易燃固体、易于自燃的物质和遇水放出易燃气体的物质
第 5 类	氧化性物质和有机过氧化物
第 6 类	毒性物质和感染性物质
第 7 类	放射性物质
第 8 类	腐蚀性物质
第 9 类	杂项危险物质和物品(包括危害环境物质)

2.1.3　危险废物分类

根据《国家危险废物名录》的规定，具有腐蚀性、毒性、易燃性、反应性或者感染性等一种或者几种危险特性的固体废物（包括液态废物）属于危险废物，列入《危险化学品目录》的化学品废弃后属于危险废物，危险废物类型依据 GB 5085.1～5085.6 进行鉴定，危险废物分类类型见表 2-3。

表 2-3　危险废物分类类型

1	腐蚀性	4	反应性
2	毒性	5	感染性
3	易燃性		

2.2　危险化学品分类依据及鉴定程序

在国内，危险化学品的分类依据有原国家安监总局颁布的《危险化学品目录》、原国家质量监督检验检疫总局和国家标准化管理委员会联合发布的《化学品分类和危险性公示 通则》（GB 13690）以及《化学品分类和标签规范》系列国家标准（GB 30000.2～30000.29）。表 2-4 为 GB 30000 系列标准对应的化学品类别。

表 2-4　GB 30000 系列标准

标准号	化学品类型	标准号	化学品类型
GB 30000.2	爆炸物	GB 30000.16	有机过氧化物
GB 30000.3	易燃气体	GB 30000.17	金属腐蚀物
GB 30000.4	气溶胶	GB 30000.18	急性毒性
GB 30000.5	氧化性气体	GB 30000.19	皮肤腐蚀/刺激
GB 30000.6	加压气体	GB 30000.20	严重眼损伤/眼刺激
GB 30000.7	易燃液体	GB 30000.21	呼吸道或皮肤致敏
GB 30000.8	易燃固体	GB 30000.22	生殖细胞致突变性
GB 30000.9	自反应物质和混合物	GB 30000.23	致癌性
GB 30000.10	自燃液体	GB 30000.24	生殖毒性
GB 30000.11	自燃固体	GB 30000.25	特异性靶器官毒性 一次接触
GB 30000.12	自热物质和混合物	GB 30000.26	特异性靶器官毒性 反复接触
GB 30000.13	遇水放出易燃气体的物质和混合物	GB 30000.27	吸入危害
GB 30000.14	氧化性液体	GB 30000.28	对水生环境的危害
GB 30000.15	氧化性固体	GB 30000.29	对臭氧层的危害

国际上，危险化学品的分类依据主要采用联合国欧洲经济委员会（欧洲经委会）秘书处

编写的《全球化学品统一分类和标签制度》（Globally Harmonized System of Classification and Labelling of Chemicals，GHS）以及《关于危险货物运输的建议书 试验和标准手册》（Transport of Dangerous Goods Manual of Tests and Criteria，TDG）。

GB 13690 对应第二修订版的《全球化学品统一分类和标签制度》（GHS），在技术内容上 GB 13690 与第二修订版的 GHS 一致。而 GB 30000 系列标准的引用标准则为 GB 13690、GHS（第四修订版）、GB 6944、联合国《关于危险货物运输的建议书 试验和标准手册》（简称《试验和标准手册》）（第五修订版）以及联合国《关于危险货物运输的建议书 规章范本》（简称《规章范本》）（第十七修订版）。

2.2.1 爆炸物

（1）定义

爆炸性物质（或混合物），是一种固态或液态物质（或混合物），本身能够通过化学反应产生气体，而产生气体的温度、压力和速度之大，能对周围环境造成破坏。烟火物质或混合物也属于爆炸性物质，无论其是否放出气体。

烟火物质（或混合物），是用来通过非爆炸自持放热化学反应，产生热、光、声、气体、烟等效应，或这些效应之组合的物质或混合物。

爆炸品，含有一种或多种爆炸性物质或混合物的物品。

烟火制品，含有一种或多种烟火物质或混合物的物品。

爆炸物种类包括：

① 爆炸性物质和混合物；

② 爆炸品，但不包括下述装置：其中所含爆炸性物质或混合物由于其数量或特性，在意外或偶然点燃或引爆后，不会由于迸射、发火、冒烟、发热或巨响而在装置之外产生任何效应；

③ 在上文①和②中未提及的为产生实际爆炸或烟火效应而制造的物质、混合物和物品。

（2）分类标准

未被划为不稳定爆炸物的本类物质、混合物和物品，根据它们所表现的危险类型划入下列六项。

① 1.1项：有整体爆炸危险的物质、混合物和物品（整体爆炸是指瞬间引燃几乎所有内装物的爆炸）。

② 1.2项：有迸射危险但无爆炸危险的物质、混合物和物品。

③ 1.3项：有燃烧危险和轻微爆炸危险或轻微迸射危险，或同时兼有这两种危险，但没有整体爆炸危险的物质、混合物和物品：

a. 这些物质、混合物和物品的燃烧产生相当大的辐射热；

b. 它们相继燃烧，产生轻微爆炸或迸射效应或两种效应兼而有之。

④ 1.4项：不呈现重大危险的物质、混合物和物品，在点燃或引爆时仅产生小危险的物质、混合物和物品。其影响范围主要限于包装件，射出的碎片预计不大，射程也不远。外部火烧不会引起包装件几乎全部内装物的瞬间爆炸。

⑤ 1.5项：有整体爆炸危险的非常不敏感的物质或混合物，这些物质和混合物有整体爆炸危险，但非常不敏感以致在正常情况下引发或由燃烧转为爆炸的可能性非常小。

⑥ 1.6 项：没有整体爆炸危险的极其不敏感的物品，这些物品只含有极其不敏感的物质或混合物，而且意外引爆或传播的概率微乎其微。

根据联合国《关于危险货物运输的建议书　试验和标准手册》第一部分中的试验系列 2～8，未被划为不稳定爆炸物的爆炸物按表 2-5 分类为上述六项之一。

表 2-5　爆炸物标准

类别	标准
不稳定①爆炸物或 1.1～1.6 项的爆炸物	对于 1.1～1.6 项的爆炸物,应进行以下核心试验 爆炸性:根据联合国试验系列 2(联合国《关于危险货物运输的建议书　试验和标准手册》第 12 节)。预定爆炸物②不需进行联合国试验系列 2 敏感性:根据联合国试验系列 3(联合国《关于危险货物运输的建议书　试验和标准手册》第 13 节) 热稳定性:根据联合国试验系列 3(c)(联合国《关于危险货物运输的建议书　试验和标准手册》第 13.6.1 节) 为划入正确项别,需进行进一步的试验

① 不稳定爆炸物是指具有热不稳定性和/或太过敏感,因而不能进行正常装卸、运输和使用的爆炸物。对这些爆炸物需要特别小心。

② 包括产生实际的爆炸或烟火效应而制造的物质、混合物和物品。

注:1. 包装好的爆炸性物质或混合物以及爆炸性物品,可以根据 1.1～1.6 项分类,而且在某些管理制度中,还可将它们进一步细分为配装组 A～S,以区分各种技术要求(见联合国《关于危险货物运输的建议书　规章范本》第 2.1 章)。

2. 一些爆炸性物质和混合物经用水或乙醇湿润、用其他物质稀释,或溶解或悬浮于水或其他液态物质中,以抑制或降低其爆炸性。为某些管理目的(例如运输),可将它们划为退敏爆炸物(见第 2.17 章),或(作为退敏爆炸物)对其给予不同于爆炸性物质和混合物的对待。

3. 对于固态物质或混合物的分类试验,试验应该使用所提供形状的物质或混合物。例如,如果是为了供应或运输目的,所提供的同一化学品的物理形状将不同于试验时的物理形状,而且据认为这种形状很可能实质性地改变它在分类试验中的性能,那么对该物质或混合物也必须以新的形状进行试验。

（3）标签要素的分配

爆炸物标签要素的分配见表 2-6。

表 2-6　爆炸物标签要素的分配

不稳定爆炸物	1.1 项	1.2 项	1.3 项	1.4 项	1.5 项	1.6 项
GHS: 危险 不稳定爆炸物	GHS: 危险 爆炸物; 整体爆炸危险	GHS: 危险 爆炸物; 严重迸射危险	GHS: 危险 爆炸物; 燃烧、爆轰或迸射危险	GHS: 警告 燃烧或迸射危险	无象形图 底色橙色 危险 遇水可能整体爆炸	无象形图 底色橙色 无信号词 无危险说明
《规章范本》无指定象形图(不允许运输)	TDG:	TDG:	TDG:	TDG: 1.4	TDG: 1.5	TDG: 1.6

注:关于《规章范本》中象形图要素颜色的说明:

① 1.1 项、1.2 项和 1.3 项。符号:爆炸的炸弹,黑色;底色:橙色;项号(1.1、1.2 或 1.3,根据情况)和配装组(*)位于下半部,数字"1"位于下角,黑色。

② 1.4 项、1.5 项和 1.6 项。底色:橙色;数字:黑色;配装组(*)位于下半部,数字"1"位于下角,黑色。

③ 1.1、1.2 和 1.3 项的象形图,也用于具有爆炸次要危险的物质,但不标明项号和配装组。

（4）鉴定程序

将物质、混合物和物品归类为爆炸物并进一步划定其项别，是一项非常复杂的程序，共有三个步骤，必须参考联合国《关于危险货物运输的建议书 试验和标准手册》第一部分：第一步是确定物质或混合物是否具有爆炸效应（试验系列 1），第二步是认可程序（试验系列 2～4），第三步是划定危险项别（试验系列 5～7）。鉴定程序根据以下判定逻辑进行（见图 2-1～图 2-4）。

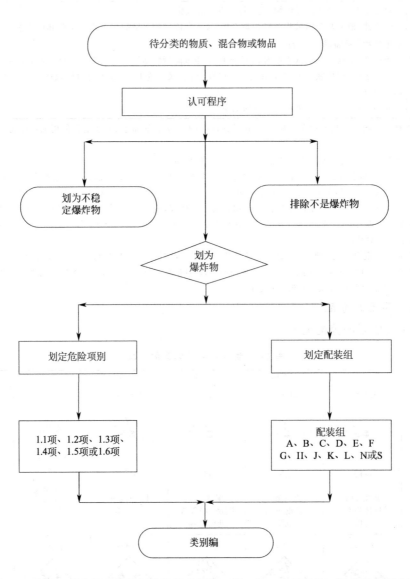

图 2-1　物质、混合物或物品划为爆炸物类别（第 1 类，用于运输）的分类程序总图

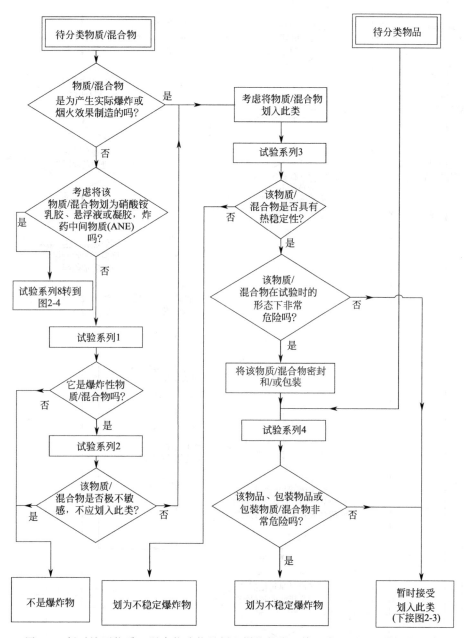

图 2-2 暂时认可物质、混合物或物品划入爆炸物类（第 1 类，用于运输）的程序

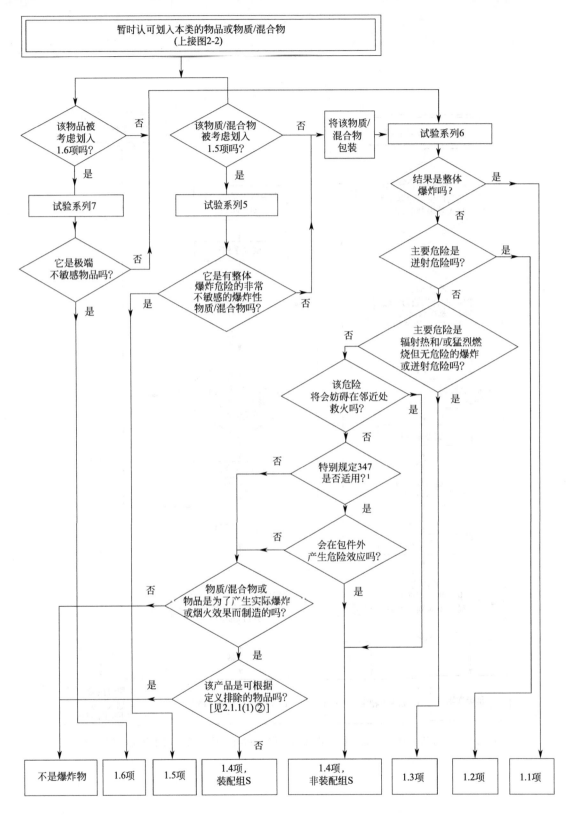

图 2-3　划定爆炸物类（第 1 类，用于运输）项别的程序

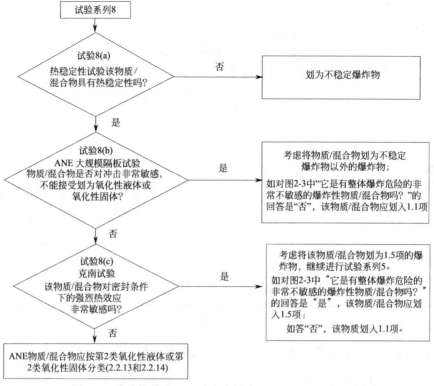

图 2-4　硝酸铵乳胶、悬浮液或凝胶（ANE）的分类程序

2.2.2　易燃气体

（1）定义

易燃气体，是在 20℃和 101.3kPa 标准压强下，与空气有易燃范围的气体。

化学性质不稳定的气体，指在即使没有空气或氧气的条件下也能起爆炸反应的易燃气体。

（2）分类标准

易燃气体可分为两个类别，如表 2-7 所示。

表 2-7　易燃气体分类标准

类别	标准
1	在 20℃和 101.3kPa 标准压力下，气体： ① 混合物在空气中所占比例按体积小于等于 13％时可点燃； ② 不论易燃下限如何，与空气混合，可燃范围至少为 12 个百分点
2	第 1 类气体以外，在 20℃和 101.3kPa 标准压力下与空气混合时有易燃范围的气体

注：1. 有些管理制度将氨气和甲基溴视为特例。

2. 气溶胶不得作为易燃气体分类。

易燃气体而且化学性质不稳定，还须做进一步分类，采用《试验和标准手册》第三部分所述方法，并按表 2-8 划分为化学性质不稳定气体的两个类别。

表 2-8　化学性质不稳定气体分类标准

类别	标准
A	在 20℃和 101.3kPa 标准压力下化学性质不稳定的易燃气体
B	温度超过 20℃和/或压力大于 101.3kPa 时化学性质不稳定的易燃气体

（3）标签要素的分配

易燃气体的标签要素的分配见表 2-9。

表 2-9　易燃气体的标签要素的分配

易燃气体（包括化学性质不稳定的气体）				
易燃气体	化学性质不稳定的气体			备注
类别 1	类别 2	类别 A	类别 B	
GHS:危险 ![火焰符号] 极易燃气体	无象形图 警告 易燃气体	无象形图 无附加信号词 无空气也可能迅速反应	无象形图 无附加信号词 在高压和/或高温条件下，即使没有空气仍可能发生迅速反应	在《规章范本》中： ① 图形符号的颜色 a. 图形符号、数字和边线可采用白色而不一定黑色； b. 背景色两种情况都保持红色。 ② 图中数字"2"为 GB 6944—2012 中的第 2 类。 ③ 货物运输图形标志的最小尺寸为 100mm×100mm
TDG: ![运输标志2]	《规章范本》中未做要求			

（4）鉴定程序

易燃气体的分类判定需要气体易燃性数据。鉴定程序根据图 2-5 的判定逻辑进行。

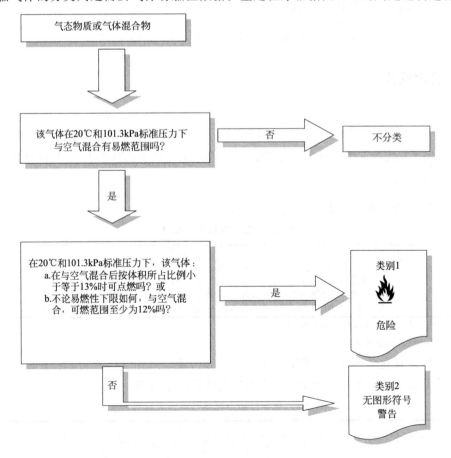

图 2-5　易燃气体判定逻辑

易燃气体按化学性质不稳定分类，需要有关该气体化学性质不稳定的资料。按图 2-6 的判定逻辑进行分类。

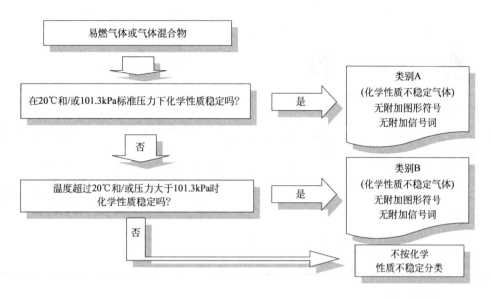

图 2-6　化学性质不稳定气体判定逻辑

2.2.3　气溶胶

（1）定义

气溶胶：喷雾器（是任何不可重新灌装的容器，用金属、玻璃或塑料制成）内装压缩、液化或加压溶解的气体（包含或不包含液体、膏剂或粉末）并配有释放装置以使内装物喷射出来，在气体中形成悬浮的固态或液态微粒，或形成泡沫、膏剂或粉末，或以液态或气态形式出现。

（2）分类标准

气溶胶根据其易燃性和燃烧热，划为本类危险的三个类别之一。如果根据全球统一制度的标准，气雾剂所含成分的 1％以上（按质量）被划为易燃成分，那么应该考虑将其划为 1类或 2 类易燃物，即：易燃气体、易燃液体、易燃固体。或如果其燃烧热至少为 20kJ/g。气溶胶不再另属易燃气体、加压气体、易燃液体和易燃固体的范畴。

易燃成分不包括自燃、自热或遇水反应物质和混合物，因为这类成分从不用作喷雾器内装物。

气溶胶的分类，根据其成分、化学燃烧热，以及酌情根据泡沫试验（用于泡沫气溶胶）、点火距离试验和封闭空间试验（用于喷雾气溶胶）的结果，划为本类中的三个类别之一，见图 2-6～图 2-8 中的判定逻辑。不满足列入类别 1 或类别 2（极易燃或易燃气溶胶）标准的气溶胶，应列入类别 3（不易燃气溶胶）。气溶胶包含超过 1％易燃成分或至少 20kJ/g 燃烧热，不符合本节易燃分类步骤应分类为类别 1 气溶胶。

（3）标签要素的分配

气溶胶的标签要素的分配见表 2-10。

表 2-10　气溶胶的标签要素的分配

气溶胶			
类别 1	类别 2	类别 3	备注
GHS： 危险 极易燃气溶胶带压力容器：如受热可能爆裂	GHS： 警告 易燃气溶胶带压力容器：如受热可能爆裂	无象形图 警告 带压力容器：如受热可能爆裂	在《规章范本》中： ① 图形符号的颜色 a. 图形符号、数字和边线可采用黑色而不一定白色。 b. 背景色两种情况都保持红色。 ② 图中数字"2"为 GB 6944—2012 中的第 2 类。 ③ 货物运输图形标志的最小尺寸为 100mm×100mm
TDG：	TDG：	TDG：	

（4）鉴定程序

对气溶胶进行分类，需要掌握有关易燃成分、化学燃烧热，以及使用时有关泡沫试验（用于泡沫气溶胶）、点火距离试验和封闭空间试验（用于喷雾气溶胶）等取得的数据。分类应根据判定逻辑图 2-7～图 2-9 进行。

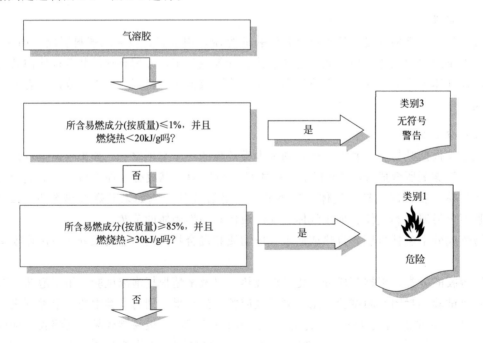

图 2-7　气溶胶判定逻辑

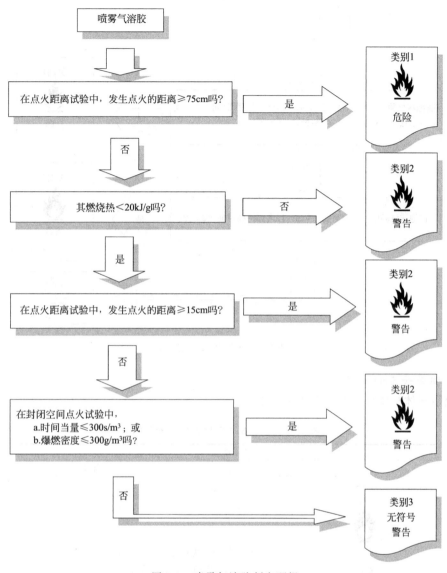

图 2-8　喷雾气溶胶判定逻辑

2.2.4　氧化性气体

（1）定义

氧化性气体，指一般通过提供氧气，比空气更能引起或促使其他物质燃烧的任何气体。

（2）分类标准

氧化性气体根据表 2-11 归类为本类的单一类别。

表 2-11　氧化性气体分类标准

类别	标准
1	一般通过提供氧气,比空气更能引起或促使其他物质燃烧的任何气体

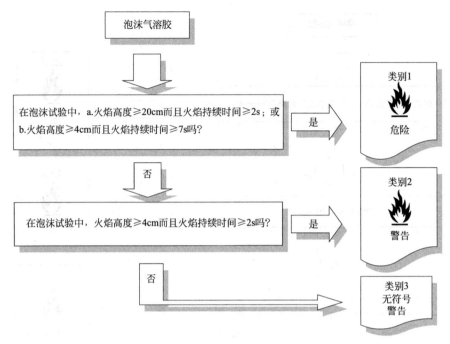

图 2-9　泡沫气溶胶判定逻辑

（3）标签要素的分配

氧化性气体标签要素的分配见表 2-12。

表 2-12　氧化性气体标签要素的分配

氧化性气体	
类别 1	备注
GHS： 危险 可引起燃烧或加剧燃烧；氧化剂 TDG： 5.1	在《规章范本》中： ① 图形符号的颜色 a. 图形符号、数字：黑色； b. 背景：黄色。 ② 图中数字"5.1"为 GB 6944—2012 中第 5 类第 1 项。 ③ 货物运输图形标志的最小尺寸为 100mm×100mm

（4）鉴定程序

对氧化性气体进行分类，应使用 GB/T 27862 中描述的试验或计算方法。鉴定程序根据判定逻辑图 2-10 进行。

根据国标 GB/T 27862，通过计算对氧化性气体混合物进行分类的实例。

国标 GB/T 27862 中所述的方法，采用的标准是，若气体混合物的氧化能力高于

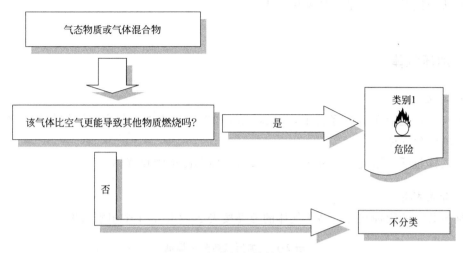

图 2-10 氧化性气体判定逻辑

23.5%，即认为该气体混合物的氧化能力大于空气。

氧化能力（OP）由式（2-1）计算：

$$OP = \frac{\sum\limits_{i=1}^{n} x_i C_i}{\sum\limits_{i=1}^{n} x_i + \sum\limits_{k=1}^{p} K_k B_k} \times 100\% \tag{2-1}$$

式中　x_i——混合物中第 i 氧化性气体的摩尔浓度；

　　　C_i——混合物中第 i 氧化性气体的氧气当量系数；

　　　K_k——惰性气体 k 与氮气相比的当量系数；

　　　B_k——混合物中第 k 惰性气体的摩尔浓度；

　　　n——混合物中氧化性气体总数；

　　　p——混合物中惰性气体总数。

混合物的例子：

$$9\% \ (O_2) + 16\% \ (N_2O) + 75\% \ (He)$$

计算步骤：

步骤一：对不易燃气体和无氧化性气体，确定混合物中氧化性气体的氧气当量系数（C_i）和混合物中惰性气体与氮气相比的当量系数（K_k）。

$$C_i(N_2O) = 0.6 (一氧化二氮)$$

$$C_i(O_2) = 1 (氧气)$$

$$K_k(He) = 0.9 (氦气)$$

步骤二：计算气体混合物的氧化能力。

$$OP = \frac{\sum\limits_{i=1}^{n} x_i C_i}{\sum\limits_{i=1}^{n} x_i + \sum\limits_{k=1}^{p} K_k B_k} \times 100\% = \frac{0.09 \times 1 + 0.16 \times 0.6}{0.09 + 0.16 + 0.75 \times 0.9} \times 100\% = 20.1\%$$

$$OP = 20.1\% < 23.5\%$$

因此认为该混合物不是一种氧化气体。

2.2.5　加压气体

（1）定义

加压气体，是指在20℃条件下，以200kPa（表压）或更大压力装入储器的气体、液化气体或冷冻液化气体。

加压气体包括压缩气体、液化气体、溶解气体和冷冻液化气体。

（2）分类标准

根据包装时的物理状态，高压气体的分类按表2-13中的4个组别做出。

表2-13　加压气体分类标准

类别	标准
压缩气体	在−50℃加压封装时完全是气态的气体；包括所有临界温度≤−50℃的气体
液化气体	在高于−50℃的温度下加压封装时部分是液体的气体。它又分为： a. 高压液化气体：临界温度在−50～65℃之间的气体； b. 低压液化气体：临界温度高于65℃的气体
冷冻液化气体	封装时由于其温度低而部分是液体的气体
溶解气体	加压封装时溶解于液相溶剂中的气体

注：临界温度是在高于该温度时，无论压缩程度如何，纯气体都不能被液化的温度。

（3）标签要素的分配

加压气体的标签要素见表2-14。

表2-14　加压气体的标签要素

加压气体				
压缩气体	液化气体	冷冻液化气体	溶解气体	备注
GHS： 警告 内装加压气体；遇热可能爆炸	GHS： 警告 内装加压气体；遇热可能爆炸	GHS： 警告 内装冷冻气体；可能造成低温灼伤或损伤	GHS： 警告 内装加压气体；遇热可能爆炸	在《规章范本》中： ① 不要求用于有毒气体或易燃气体。 ② 图形符号的颜色 a. 图形符号、数字和边线可采用白色而不一定黑色； b. 背景色两种情况都保持绿色。 ③ 图中数字"2"为GB 6944—2012中的第2类。 ④ 货物运输图形标志的最小尺寸为100mm×100mm ⑤ 尺寸也可以缩小
TDG： 2	TDG： 2	TDG： 2	TDG： 2	

（4）鉴定程序

加压气体的分类鉴定程序，可按判定逻辑图2-11进行。

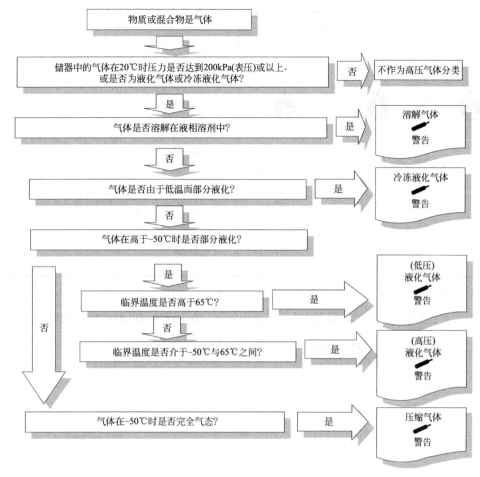

图 2-11　加压气体判定逻辑

2.2.6　易燃液体

（1）定义

易燃液体是指闪点不高于 93℃ 的液体。

（2）分类标准

根据表 2-15，易燃液体分类为本类的四个类别之一。

表 2-15　易燃液体分类标准

类别	标准	类别	标准
1	闪点<23℃，初始沸点≤35℃	3	闪点≥23℃但≤60℃
2	闪点<23℃，初始沸点＞35℃	4	闪点>60℃但≤93℃

注：1. 在有些规章中，闪点范围在 55～75℃ 之间的燃料油、柴油和民用燃料油可视为特殊组别。

2. 如果联合国《关于危险货物运输的建议书　试验和标准手册》第三部分第 32 节中的 L.2 持续燃烧试验得到的是否定结果，那么为某些管理目的（例如运输），可将闪点高于 35℃ 但不超过 60℃ 的液体视为非易燃液体。

3. 在有些规章中（例如 TDG），某些黏性易燃液体，如色漆、磁漆、喷漆、清漆、黏合剂和抛光剂等，可视为特殊组别。这类液体的分类，或考虑将之划为非易燃液体的决定，可根据相关规定或由主管部门做出。

4. 气雾剂不得作为易燃液体分类。

（3）标签要素的分配

易燃液体标签要素的分配见表 2-16。

表 2-16　易燃液体标签要素的分配

易燃液体				
类别 1	类别 2	类别 3	类别 4	备注
GHS： 危险 极易燃液体和蒸气	GHS： 危险 高度易燃液体和蒸气	GHS： 危险 易燃液体和蒸气	无象形图 警告 可燃液体	在《规章范本》中： ① 图形符号的颜色 a. 图形符号，数字和边线可以黑色代替白色显示； b. 背景色两种情况都保持红色。 ② 图中数字"3"为 GB 6944—2012 中的第 3 类。 ③ 货物运输图形标志的最小尺寸为 100mm×100mm
TDG：	TDG：	TDG：	TDG：	

（4）鉴定程序

如果闪点和初始沸点已知，那么物质或混合物的分类鉴定程序可以根据判定逻辑图 2-12 进行。

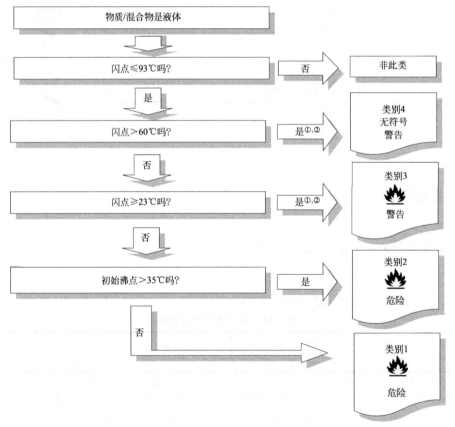

图 2-12　易燃液体判定逻辑

① 对于闪点范围在 55～75℃的燃料油、柴油和民用燃料油，为了某些管理目的，可以将它们视为特殊组别，因为这些碳氢化合物的混合物在该温度范围内有不同的闪点。因此，可根据有关规定或由主管部门将这些产品划入类别 3 或类别 4。

② 如果联合国《关于危险货物运输的建议书：试验和标准手册》第三部分第 32 节的 L.2 持续燃烧性试验得到的是否定结果，那么为了某些管理目的（例如运输），可将闪点高于 35℃但不超过 60℃的液体视为非易燃液体。

2.2.7　易燃固体

（1）定义

易燃固体，指易于燃烧或通过摩擦可能引起燃烧或助燃的固体。

易于燃烧的固体为粉状、颗粒状或糊状物质，如果与点火源短暂接触，如燃烧着的火柴，即可燃烧，如果火势迅速蔓延，可造成危险。

（2）分类标准

粉状、颗粒状或糊状物质或混合物，如果在根据联合国《关于危险货物运输的建议书：试验和标准手册》第三部分第 33.2.1 节所述试验方法进行的试验中，一次或一次以上的燃烧时间不到 45s 或燃烧速率大于 2.2mm/s，应划为易于燃烧固体。

金属或金属合金粉末如能被点燃，并且在 10min 以内蔓延到试样的全部长度时，应划为易燃固体。

在明确的标准制定之前，摩擦可能起火的固体应根据现有条目（如火柴）以类推法划为本类。

根据表 2-17，易燃固体用联合国《关于危险货物运输的建议书：试验和标准手册》第三部分第 33.2.1 小节所述方法 N.1 划入本类中的两个类别之一。

表 2-17　易燃固体分类标准

类别	标准	类别	标准
1	燃烧速率试验： 除金属粉末之外的物质或混合物： a. 潮湿部分不能阻燃；而且 b. 燃烧时间＜45s 或燃烧速率＞2.2mm/s 金属粉末：燃烧时间≤5min	2	燃烧速率试验： 除金属粉末之外的物质或混合物： a. 潮湿部可以阻燃至少 4min；而且 b. 燃烧时间＜45s 或燃烧速率＞2.2mm/s 金属粉末：燃烧时间＞5min 而且≤10min

注：1. 对于固态物质或混合物的分类试验，试验应该使用所提供形状的物质或混合物。例如，如果为供货或运输目的，所提供的同一化学品的物理形状将不同于试验时的物理形状，而且被认为这种形状很可能实质性地改变它在分类试验中的性能，那么对该物质也必须以新的形状进行试验。

2. 气溶胶不得作为易燃固体分类。

（3）标签要素的分配

易燃固体标签要素的分配见表 2-18。

表 2-18　易燃固体标签要素的分配

易燃固体		
类别 1	类别 2	备注
GHS： 危险 易燃固体	GHS： 警告 易燃固体	在《规章范本》中： ① 图形符号的颜色 a. 符号（火焰）：黑色； b. 背景：白色，带 7 条红色条纹； c. 数字"4"位于下角，黑色。 ②图中数字"4"为 GB 6944—2012 中的第 4 类。 ③ 货物运输图形标志的最小尺寸为 100mm×100mm
TDG：	TDG：	

（4）鉴定程序

对易燃固体进行分类，应使用联合国《关于危险货物运输的建议书：试验和标准手册》第三部分第 33.2.1 节所述的试验方法 N.1。该程序由两个试验组成：初步筛选试验和燃烧速率试验。分类鉴定程序依照判定逻辑图 2-13 进行。

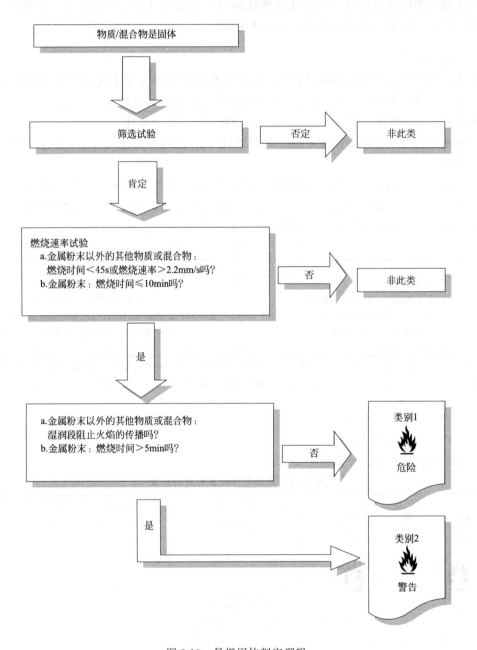

图 2-13　易燃固体判定逻辑

2.2.8　自反应物质和混合物

（1）定义

自反应物质和混合物，是热不稳定液态或固态物质或者混合物，即使在没有氧（空气）参与的条件下也能进行强烈的放热分解。本定义不包括根据 GHS 分类为爆炸物、有机过氧化物或氧化性物质的物质和混合物。

自反应物质和混合物，如果在实验室试验中容易起爆、迅速爆燃，或在封闭条件下加热时显示剧烈效应，应视为具有爆炸性。

（2）分类标准

所有自反应物质和混合物均应考虑划入本类，除非：

a. 根据 GB 30000.2 分类为爆炸品；

b. 根据 GB 30000.14 或 GB 30000.15 分类为氧化性液体或氧化性固体，但氧化性物质的混合物如含有 5％或更多的可燃有机物质应按照表 2-19 中界定的程序划为自反应物质；

c. 根据 GB 30000.16 分类为有机过氧化物；

d. 其分解热小于 300J/g；

e. 其 50kg 包装件的自加速分解温度（SADT）大于 75℃。

注：符合划为氧化性物质标准的氧化性物质混合物，如含有 5％或更多的可燃有机物质并且不符合上文 a、c、d 和 e 所述的标准，必须经过自反应物质分类程序；这种混合物如显示 B 型～F 型自反应物质特性（见表 2-19），必须划为自反应物质。

根据表 2-19 的原则，自反应物质和混合物分为 7 个类别"A 型～G 型"。

表 2-19　自反应物质和混合物的分类标准

类别	标准
A 型	任何自反应物质或混合物，如在包装件中可能起爆或迅速爆燃
B 型	具有爆炸性质的任何自反应物质或混合物，如在包装件中不会起爆或迅速爆燃，但在包装件中可能发生热爆炸
C 型	具有爆炸性质的任何自反应物质或混合物，如在包装件中不可能起爆或迅速爆燃或发生热爆炸
D 型	任何自反应物质或混合物，在实验室试验中 a. 部分起爆，不迅速爆燃，在封闭条件下加热时不呈现任何剧烈效应；或 b. 根本不起爆，缓慢爆燃，在封闭条件下加热时不呈现任何剧烈效应；或 c. 根本不起爆和爆燃，在封闭条件下加热时呈现中等效应
E 型	任何自反应物质或混合物，在实验室试验中，既绝不起爆也绝不爆燃，在封闭条件下加热时呈现微弱效应或无效应
F 型	任何自反应物质或混合物，在实验室试验中，既绝不在空化状态下起爆也绝不爆燃，在封闭条件下加热时只呈现微弱效应或无效应，而且爆炸力弱或无爆炸力
G 型	任何自反应物质或混合物，在实验室试验中，既绝不在空化状态下起爆也绝不爆燃，在封闭条件下加热时显示无效应，而且无任何爆炸力，将定为 G 型自反应物质，但该物质或混合物必须是热稳定的(50kg 包件的自加速分解温度为 60～75℃)，对于液体混合物，所用脱敏稀释剂的沸点大于或等于 150℃。如果混合物不是热稳定的，或者所用脱敏稀释剂的沸点低于 150℃

注：1. G 型不附带任何危险公示要素，但应考虑属于其他危险类别的性质。

2. 并非所有制度都必须做 A 型～G 型的分类。

（3）标签要素的分配

自反应物质和混合物标签要素的分配见表 2-20。

表 2-20 自反应物质和混合物标签要素的分配

自反应物质或混合物				
A 型	B 型	C 型合作 D 型	E 型和 F 型	G 型
GHS： 危险 加热可能爆炸	GHS： GHS： 危险 加热可能起火或爆炸	GHS： 危险 加热可能起火	GHS： 警告 加热可能起火	本危险类别没有分配标签要素
同爆炸物（采用相同的图形符号选择过程）	TDG： 	TDG： 	TDG： 	在《规章范本》中未作要求

注：1. 对于 B 型根据《规章范本》中的要求。

2.《规章范本》中的图形符号的颜色：

a. 自反应物质图形符号，图形符号（火焰）：黑色；底色：白色带七条垂直红色条纹；数字"4"位于下角：黑色。

b. 爆炸品图形符号：图形符号（爆炸的炸弹）：黑色；底色：橙色；数字"1"位于下角：黑色。

（4）鉴定程序

对自反应物质和混合物进行分类，应使用联合国《关于危险货物运输的建议书 试验和标准手册》第二部分的试验系列 A 到试验系列 H。分类依照判定逻辑图 2-14 进行。

必须通过试验确定对自反应物质和混合物的分类有决定性作用的性质。联合国《关于危险货物运输的建议书 试验和标准手册》第二部分（试验系列 A 到试验系列 H），给出了具有相关评估标准的试验方法。

2.2.9 自燃液体

（1）定义

自燃液体是即使数量小也能在与空气接触 5min 之内引燃的液体。

（2）分类标准

自燃液体采用联合国《关于危险货物运输的建议书 试验和标准手册》第三部分第

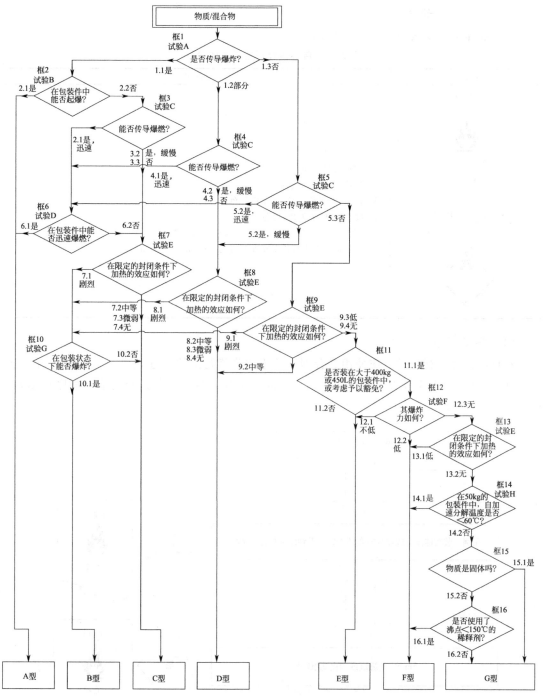

图 2-14 自反应物质和混合物判定逻辑

33.3.1.5 节中的试验 N.3 进行分类，见表 2-21。

表 2-21 自燃液体分类标准

类别	标准
1	在加到惰性载体上并暴露在空气中 5min 内便燃烧，或与空气接触 5min 内便燃烧或使滤纸碳化的液体

（3）标签要素的分配

自燃液休标签要素的分配见表 2-22。

表 2-22　自燃液体标签要素的分配

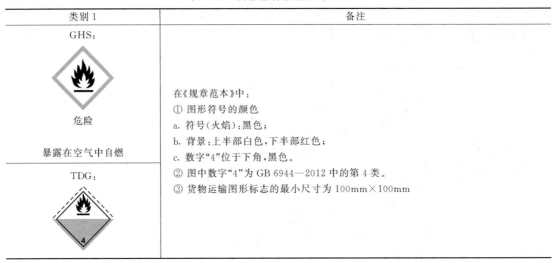

类别 1	备注
GHS： 危险 暴露在空气中自燃 TDG：	在《规章范本》中： ① 图形符号的颜色 a. 符号（火焰）：黑色； b. 背景：上半部白色，下半部红色； c. 数字"4"位于下角，黑色。 ② 图中数字"4"为 GB 6944—2012 中的第 4 类。 ③ 货物运输图形标志的最小尺寸为 100mm×100mm

（4）鉴定程序

对自燃液体进行分类，应使用联合国《关于危险货物运输的建议书　试验和标准手册》第三部分第 33.3.1.5 节所述试验方法 N.3。该程序分为两个步骤。分类鉴定程序根据判定逻辑图 2-15 进行。

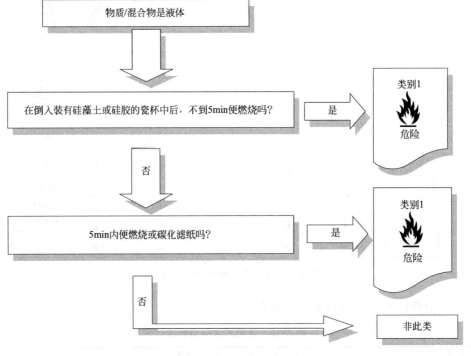

图 2-15　自燃液体判定逻辑

2.2.10　自燃固体

（1）定义

自燃固体是即使数量小也可能在与空气接触 5min 内引燃的固体。

（2）分类标准

自燃固体采用联合国《关于危险货物运输的建议书　试验和标准手册》第三部分第 33.3.1.4 节中的试验 N.2 进行，见表 2-23。

表 2-23　自燃固体标准

类别	标准
1	与空气接触 5min 内便燃烧的固体

注：固态物质或混合物的分类试验，应使用所提供形状的物质或混合物。例如，如果为供货或运输目的，所提供的同一化学品的物理形状不同于试验时的物理形状，而且据认为这种形状很可能实质性地改变它在分类试验中的性能，那么对该种物质或混合物也必须以新的形状进行试验。

（3）标签要素的分配

自燃固体标签要素的分配见表 2-24。

表 2-24　自燃固体标签要素的分配

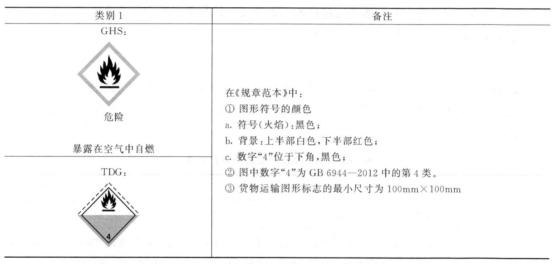

类别 1	备注
GHS： 危险 暴露在空气中自燃 TDG：	在《规章范本》中： ① 图形符号的颜色 a. 符号（火焰）：黑色； b. 背景：上半部白色，下半部红色； c. 数字"4"位于下角，黑色； ② 图中数字"4"为 GB 6944—2012 中的第 4 类。 ③ 货物运输图形标志的最小尺寸为 100mm×100mm

（4）鉴定程序

为对自燃固体进行分类，应使用联合国《关于危险货物运输的建议书　试验和标准手册》第三部分第 33.3.1.4 节所述试验方法 N.2。该程序分为两个步骤。分类鉴定程序根据判定逻辑图 2-16 进行。

2.2.11　自热物质和混合物

（1）定义

自热物质和混合物，是发火液体或固体以外通过与空气发生反应，无需外来能源即可自行发热的固态或液态物质或混合物；这类物质或混合物不同于发火液体或固体，只能在数量较大（千克级）并经过较长时间（几小时或几天）后才会燃烧。

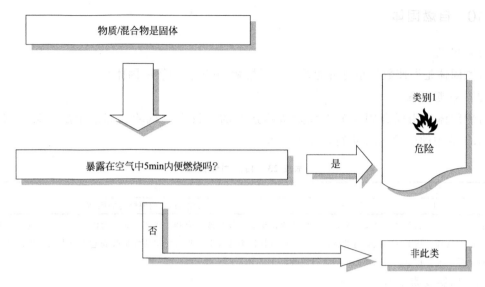

图 2-16　自燃固体判定逻辑

物质或混合物的自热是一个过程，其中物质或混合物与（空气中的）氧气逐渐发生反应，产生热量。如果热产生的速度超过热损耗的速度，该物质或混合物的温度便会上升。经过一段时间的诱导，可能导致自发点火和燃烧。

（2）分类标准

按照联合国《关于危险货物运输的建议书　试验和标准手册》第三部分第 33.3.1.6 节试验方法 N.4 进行的试验中，结果满足表 2-25 所示标准，则自热物质或混合物划入本类中的两个类别之一。

表 2-25　自热物质和混合物分类标准

类别	标准
1	用边长 25mm 立方体试样在 140℃下做试验时取得肯定结果
2	a. 用边长 100mm 立方体试样在 140℃下做试验时取得肯定结果，用边长 25mm 立方体试样在 40℃下做试验取得否定结果，并且该物质或混合物将装在体积大于 3m³ 的包装件内；或 b. 用边长 100mm 立方体试样在 140℃下做试验时取得肯定结果，用边长 25mm 立方体试样在 140℃下做试验取得否定结果，用边长 100mm 立方体试样在 120℃下做试验取得肯定结果，并且该物质或混合物将装在体积大于 450L 的包装件内；或 c. 用边长 100mm 立方体试样在 140℃下做试验时取得肯定结果，用边长 25mm 立方体试样在 140℃下做试验取得否定结果，并且用边长 100mm 立方体试样在 100℃下做试验取得肯定结果

注：1. 固态物质或混合物的分类试验，应使用所提供形状的物质或混合物。例如，如果为供货或运输目的，提供的同一化学品的物理形状不同于试验时的物理形状，而且认为这种形状很可能实质性地改变它在分类试验中的性能，那么对该物质或混合物也必须以新的形状进行试验。

2. 这项标准基于木炭的自燃温度，即 27m³ 的试样立方体的自燃温度 50℃。体积 27m³、自燃温度高于 50℃的物质和混合物，不应划入本危险类别。体积 450L、自燃温度高于 50℃的物质和混合物，不应划入类别 1。

（3）标签要素的分配

自热物质和混合物标签要素的分配见表 2-26。

表 2-26　自热物质和混合物标签要素的分配

自热物质和混合物		
类别 1	类别 2	
GHS:	GHS:	在《规章范本》中:
危险	警告	① 图形符号的颜色 a. 符号(火焰):黑色; b. 背景:上半部白色,下半部红色; c. 数字"4"位于下角,黑色。
自热;可能燃烧	数量大时自热;可能燃烧	② 图中数字"4"为 GB 6944—2012 中的第 4 类。 ③ 货物运输图形标志的最小尺寸为 100mm×100mm
TDG:	TDG:	

（4）鉴定程序

对自热物质进行分类,应使用联合国《关于危险货物运输的建议书　试验和标准手册》第三部分第 33.3.1.6 节所述试验方法 N.4。分类鉴定程序根据判定逻辑图 2-17 进行。

2.2.12　遇水放出易燃气体的物质和混合物

（1）定义

遇水放出易燃气体的物质或混合物,是指与水相互作用后,可能自燃或释放易燃气体且数量危险的固态或液态物质或混合物。

（2）分类标准

遇水放出易燃气体的物质和混合物采用联合国《关于危险货物运输的建议书　试验和标准手册》第三部分第 33.4.1.4 节中的试验 N.5,见表 2-27。

表 2-27　遇水放出易燃气体的物质和混合物分类标准

类别	标准
1	任何物质或混合物,在环境温度下遇水起剧烈反应,并且所产的气体通常显示自燃倾向,或在环境温度下遇水容易起反应,释放易燃气体的速度等于或大于每千克物质在任何 1min 内释放 10L
2	任何物质或混合物,在环境温度下遇水容易起反应,释放易燃气体的最大速度等于或大于每千克物质每小时 20L,并且不符合类别 1 的标准
3	任何物质或混合物,在环境温度下遇水容易起反应,释放易燃气体的最大速度等于或大于每千克物质每小时 1L,并且不符合类别 1 和类别 2 的标准

注:1. 如果自燃发生在试验程序的任何一个步骤,那么物质或混合物即划为遇水放出易燃气体的物质。

2. 固态物质或混合物的分类试验,应使用所提供形状的物质或混合物。例如,如果为供货或运输目的,所提供的同一化学品的物理形状不同于试验时的物理形状,而且认为这种形状很可能实质性地改变它在分类试验中的性能,那么对该物质或混合物也必须以新的形状进行试验。

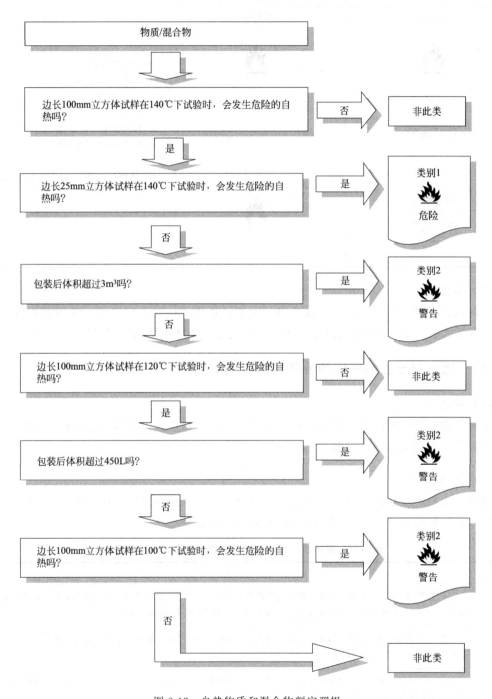

图 2-17 自热物质和混合物判定逻辑

（3）标签要素的分配

遇水放出易燃气体的物质和混合物标签要素的分配见表 2-28

表 2-28　遇水放出易燃气体的物质和混合物标签要素的分配

遇水放出易燃气体的物质和混合物			
类别 1	类别 2	类别 3	
GHS： 危险 遇水放出可自燃的易燃气体	GHS： 危险 遇水放出易燃气体	GHS： 警告 遇水放出易燃气体	在《规章范本》中： ①图形符号的颜色 a. 图形符号、数字和边线可用黑色代替白色显示； b. 两种情况背景色都保持蓝色。 ②图中数字"4"为 GB 6944—2012 中的第 4 类。 ③货物运输图形标志的最小尺寸为 100mm×100mm
TDG： 	TDG： 	TDG： 	

（4）鉴定程序

对遇水放出易燃气体的物质和混合物进行分类，应使用联合国《关于危险货物运输的建议书　试验和标准手册》第三部分第 33.4.1.4 节所述试验方法 N.5。分类鉴定程序根据判定逻辑图 2-18 进行。

2.2.13　氧化性液体

（1）定义

氧化性液体，是本身未必可燃，但通常会产生氧气，引起或有助于其他物质燃烧的液体。

（2）分类标准

氧化性液体采用联合国《关于危险货物运输的建议书　试验和标准手册》第三部分第 34.4.2 节中的试验 O.2 进行分类，见表 2-29。

表 2-29　氧化性液体分类标准

类别	标准
1	任何物质或混合物,以物质(或混合物)与纤维素按质量 1∶1 的比例混合后进行试验,可自发着火;或物质与纤维素按质量 1∶1 的比例混合后,平均压力上升时间小于 50% 的高氯酸与纤维素按质量 1∶1 的比例混合后的平均压力上升时间
2	任何物质或混合物,以物质(或混合物)与纤维素按质量 1∶1 的比例混合后进行试验,显示的平均压力上升时间小于或等于 40% 氯酸钠水溶液与纤维素按质量 1∶1 的比例混合后的平均压力上升时间;并且未满足类别 1 的标准

类别	标准
3	任何物质或混合物,以物质(或混合物)与纤维素按质量1∶1的比例混合后进行试验,显示的平均压力上升时间小于或等于65%硝酸水溶液与纤维素按质量1∶1的比例混合后的平均压力上升时间;并且未满足类别1和类别2的标准

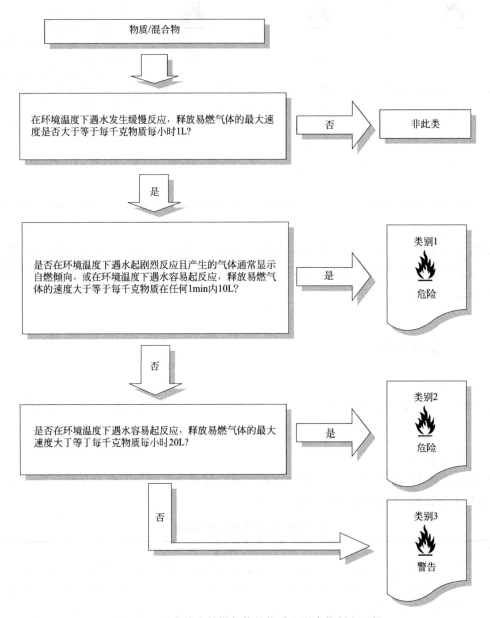

图 2-18　遇水放出易燃气体的物质和混合物判定逻辑

(3) 标签要素的分配

氧化性液体标签要素的分配见表 2-30。

表 2-30　氧化性液体标签要素的分配

氧化性液体			
类别 1	类别 2	类别 3	备注
GHS: 危险 可引起燃烧或爆炸;强氧化剂	GHS: 危险 可加剧燃烧;氧化剂	GHS: 警告 可加剧燃烧;氧化剂	在《规章范本》中: ① 图形符号的颜色 　a. 图形符号(火焰在圆环上):黑色; 　b. 背景:黄色。 ② 图中数字"5.1"为 GB 6944—2012 中的第 5 类。 ③ 货物运输图形标志的最小尺寸为 100mm×100mm
TDG: 5.1	TDG: 5.1	TDG: 5.1	

（4）鉴定程序

对氧化性液体进行分类，应使用联合国《关于危险货物运输的建议书　试验和标准手册》第三部分第 34.4.2 节所述试验方法 O.2。分类鉴定程序根据判定逻辑图 2-19 进行。

2.2.14　氧化性固体

（1）定义

氧化性固体，是本身未必可燃，但通常会释放出氧气，引起或促使其他物质燃烧的固体。

（2）分类标准

使用联合国《关于危险货物运输的建议书　试验和标准手册》第三部分第 34.4.1 节中的试验 O.1 进行分类，见表 2-31。

表 2-31　氧化性固体分类标准

类别	标准
1	任何物质或混合物,以其样品与纤维素按质量 4:1 或 1:1 的比例混合进行试验,显示的平均燃烧时间小于溴酸钾与纤维素按质量 3:2 的比例混合后的平均燃烧时间
2	任何物质或混合物,以其样品与纤维素按质量 4:1 或 1:1 的比例混合进行试验,显示的平均燃烧时间等于或小于溴酸钾与纤维素按质量 2:3 的比例混合后的平均燃烧时间,并且未满足类别 1 的标准
3	任何物质或混合物,以其样品与纤维素按质量 4:1 或 1:1 的比例混合进行试验,显示的平均燃烧时间等于或小于溴酸钾与纤维素按质量 3:7 的比例混合后的平均燃烧时间,并且未满足类别 1 和类别 2 的标准的

注：1. 一些氧化性固体在某些条件下（如大量储存时）也可能出现爆炸危险。例如，某些类型的硝酸铵在极端条件下可引起爆炸危险，可用"耐爆试验"（IMSBC 编 1，附录 2 第 5 节）评估这种危险。应在安全数据单上适当注明。

2. 固态物质或混合物的分类试验，应使用所提供形状的物质或混合物。例如，如果为了供货或运输目的，所提供的同一化品的物理形状不同于试验时的物理形状，而且认为这种形状很可能实质性地改变它在分类试验中的性能，那么对该物质或混合物还必须以新的形状进行试验。

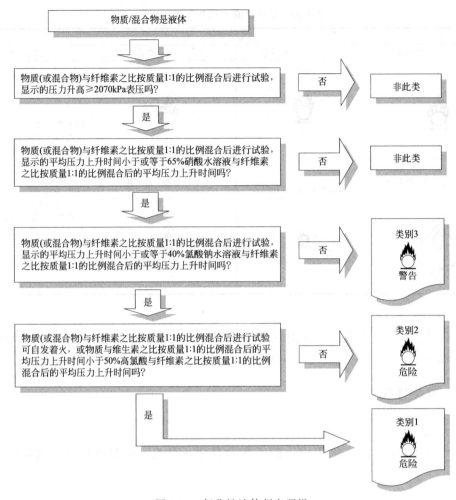

图 2-19 氧化性液体判定逻辑

（3）标签要素的分配

氧化性固体标签要素的分配见表 2-32。

表 2-32 氧化性固体标签要素分配

氧化性固体			
类别 1	类别 2	类别 3	备注
GHS： 危险 可引起燃烧或爆炸；强氧化剂	GHS： 危险 可加剧燃烧；氧化剂	GHS： 警告 可加剧燃烧；氧化剂	在《规章范本》中： ① 图形符号的颜色 a. 图形符号(火焰在圆环上)：黑色； b. 背景：黄色。 ② 图中数字"5.1"为 GB 6944—2012 中的第 5 类。 ③ 货物运输图形标志的最小尺寸为 100mm×100mm
TDG： 5.1	TDG： 5.1	TDG： 5.1	

（4）鉴定程序

对氧化性固体进行分类，应使用联合国《关于危险货物运输的建议书　试验和标准手册》第三部分第 34.4.1 节中所述试验方法 O.1。分类鉴定程序根据判定逻辑图 2-20 进行。

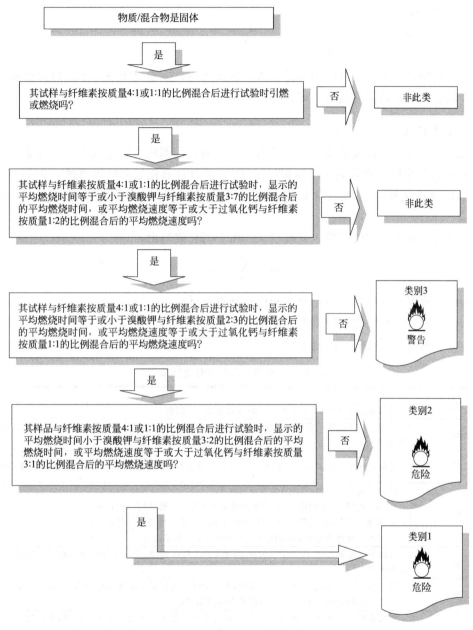

图 2-20　氧化性固体判定逻辑

2.2.15　有机过氧化物

（1）定义

有机过氧化物，是含有二价—O—O—结构或一个或两个氢原子被有机基团取代的过氧化氢衍生物的液态或固态有机物质。也包括有机过氧化物配制品（混合物）。有机过氧化物是热不稳定物质或混合物，容易放热自加速分解。另外，它们可能具有下列一种或几种性质：

　　a. 易于爆炸分解；

　　b. 迅速燃烧；

　　c. 对撞击或摩擦敏感；

　　d. 与其他物质发生危险反应。

　　如果其配制品在实验室试验中容易爆炸、迅速爆燃，或在封闭条件下加热时显示剧烈效应，则有机过氧化物被视为具有爆炸性。

　　（2）分类标准

　　有机过氧化物分类标准见表2-33。所有有机过氧化物都应考虑划入本类，除非：

　　a. 有机过氧化物的有效氧含量不超过1.0%，而且过氧化氢含量不超过1.0%；或者

　　b. 有机过氧化物的有效氧含量不超过0.5%，而且过氧化氢含量超过1.0%但不超过7.0%。

　　有机过氧化物混合物的有效氧含量（%）由下列公式得出：

$$16 \times \sum_{i}^{n} \frac{n_i c_i}{m_i}$$

式中　n_i——有机过氧化物i每个分子的过氧基团数目；

　　　　c_i——有机过氧化物i的浓度（质量分数），%；

　　　　m_i——有机过氧化物i的分子量。

表 2-33　有机过氧化物分类标准

类别	标准
A 型	任何有机过氧化物,如在包装件中可起爆或迅速爆燃
B 型	任何具有爆炸性的有机过氧化物,如在包装件中既不起爆也不迅速爆燃,但在包装件中可能发生热爆炸
C 型	任何具有爆炸性的有机过氧化物,如在包装件中不可能起爆或迅速爆燃,也不会发生热爆炸
D 型	任何有机过氧化物,如果在实验室试验中: a. 部分起爆,不迅速爆燃,在封闭条件下加热时不呈现任何剧烈效应; b. 根本不起爆,缓慢爆燃,在封闭条件下加热时不呈现任何剧烈效应; c. 根本不起爆或爆燃,在封闭条件下加热时呈现中等效应
E 型	任何有机过氧化物,在实验室试验中,绝不会起爆或爆燃,在封闭条件下加热时只呈现微弱效应或无效应
F 型	任何有机过氧化物,在实验室试验中,绝不会在空化状态下起爆也绝不爆燃,在封闭条件下加热时只呈现微弱效应或无效应,而且爆炸力弱或无爆炸力
G 型	任何有机过氧化物,在实验室试验中,既绝不在空化状态下起爆也绝不爆燃,在封闭条件下加热时显示无效应,而且无任何爆炸力,定为 G 型有机过氧化物,但该物质或混合物必须是热稳定的(50kg包装件的自加速分解温度为 60℃或更高),对于液体混合物,所用脱敏稀释剂的沸点不低于150℃。如果有机过氧化物不是热稳定的,或者所用脱敏稀释剂的沸点低于 150℃

　　注：1. G型过氧化物不附带危险公示要素,但必须考虑属于其他危险类别的性质。

　　2. 并非所有系统都必须做 A 型到 G 型分类。

　　（3）标签要素的分配

　　有机过氧化物标签要素的分配见表2-34。

表 2-34　有机过氧化物标签要素的分配

有机过氧化物				
A 型	B 型	C 型和 D 型	E 型和 F 型	G 型
GHS： 危险 加热可引起爆炸	GHS： 危险 加热可引起 燃烧或爆炸	GHS： 危险 加热可引起燃烧	GHS： 警告 加热可引起燃烧	本危险类别没有 分配标签要素
与爆炸物 （采用相同的图形 符号选择过程）	TDG： 5.2 1	TDG： 5.2	TDG： 5.2	在《规章范本》中不使用

注：在《规章范本》中，

① 图形符号的颜色

a. 符号（火焰）：白色或黑色；

b. 背景：上半部红色，下半部黄色；

c. 数字"5.2"位于下角，黑色。

② 图中数字"5.2"为 GB 6944—2012 中的第 5 类。

③ 爆炸品象形图，符号（爆炸的炸弹）：黑色；底色：橙色；数字"1"位于下角，黑色。

④ 货物运输图形标志的最小尺寸为 100mm×100mm。

（4）鉴定程序

对有机过氧化物进行分类，应通过联合国《关于危险货物运输的建议书　试验和标准手册》第二部分（试验系列 A～H）给出了相关的试验方法和评估标准，分类鉴定程序根据判定逻辑图 2-21 进行。

2.2.16　金属腐蚀物

（1）定义

金属腐蚀物，是通过化学反应严重损坏甚或毁坏金属的物质或混合物。

（2）分类标准

金属腐蚀物按照 GB/T 21621 进行试验，按表 2-35 分类。

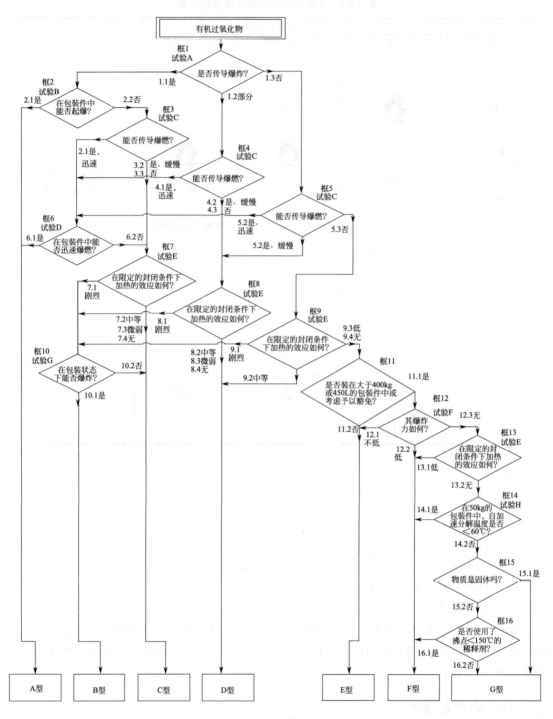

图 2-21　有机过氧化物判定逻辑

表 2-35　金属腐蚀物分类标准

类别	标准
1	55℃试验温度下,对钢和铝进行试验,对其中任何一种材料表面的腐蚀率超过每年 6.25mm

注：如对钢或铝的初步试验表明，进行试验的物质或混合物具腐蚀性，则无需对另一种金属继续做试验。

（3）标签要素的分配

金属腐蚀物标签要素的分配见表 2-36。

表 2-36 金属腐蚀物标签要素的分配

金属腐蚀物	
类别 1	备注
GHS： 警告 可能腐蚀金属 TDG： 8	在《规章范本》中： ① 图形符号的颜色 a. 图形符号（腐蚀）：黑色； b. 背景：上半部白色，下半部黑色带白框； c. 数字"8"位于下角，白色。 ② 图中数字"8"为 GB 6944—2012 中的第 8 类。 ③ 货物运输图形标志的最小尺寸为 100mm×100mm

（4）鉴定程序

金属腐蚀物的分类鉴定程序按判定逻辑图 2-22 进行。

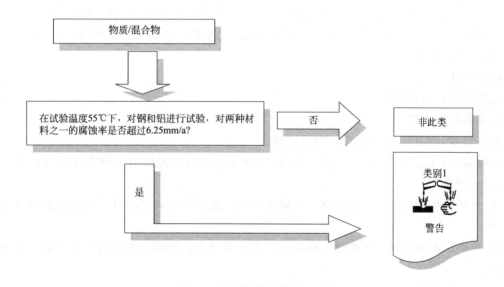

图 2-22 金属腐蚀物判定逻辑

2.3 危险化学品典型分类试验

从第 2 章的判定逻辑可知，要对化学物质进行分类，主要就是要知道化学物质的一些性质参数，例如闪点、沸点、燃烧速率、爆炸上下限等。对于已知的单一物质或混合物，例如甲醇、乙醇、石油醚等，可以通过查询物质的 CAS 号获得相关的物理参数，或者通过查询物质的 MSDS（化学品安全技术说明书）获悉相关信息。而对于未知的化学物质或者混合物，则需要通过分类程序进行相关的试验，才能得到足够进行分类判定的数据。例如，要鉴定疑似爆炸品的物质是否属于爆炸物，需要通过克南试验、撞击感度试验、75℃热稳定性试验等才能对物质进行判定。工贸行业中，易燃液体是较常使用的危险化学品。本节将介绍易燃液体和易燃固体分类试验。

2.3.1　易燃液体分类试验

根据 2.2.6 节给出的易燃液体分类的判定方法，要确定易燃液体的分类类别要知道闪点和沸点两个参数。2.3.1.1 的试验 1 和 2.3.1.2 的试验 2 将以乙醇为样品介绍易燃液体分类类别的鉴定过程。

2.3.1.1　闪点测试

闪点的测定方法主要有两种：开口杯法和闭口杯法。危险化学品的闪点数值的测定主要采用闭口杯法，国内闭口杯法的主要标准有：《闪点的测定　宾斯基-马丁闭口杯法》（GB/T 261—2008）、《石油产品和其他液体闪点的测定　阿贝尔闭口杯法》（GB/T 21789）。《危险化学品目录》规定易燃液体类别 1、类别 2、类别 3 属于危险化学品，即闪点低于 60℃的化学品才属于危险化学品。GB/T 21789 适用于闪点在 −30～70℃间的石油产品和其他液体。所以，要判断工贸行业使用的液体是否属于危险化学品，可以依据 GB/T 21789 进行试验。例如，以乙醇作为样品进行闪点测试的过程，见试验 1。

【试验 1】

试验名称：闪点测试

样品名称：乙醇

测试设备：ABA4 全自动闭口闪点试验仪

测试标准：GB/T 21789—2008《石油产品和其他液体闪点的测定 阿贝尔闭口杯法》

试验步骤：

① 打开样品杯盖子，将乙醇倒入至刻度线上，如果外壁有残留样品需要用纸擦干净并盖上盖子。

② 把装好乙醇的样品杯按照正确方向放入样品池中，转动多功能头至样品杯上方并放下盖紧。

③ 按仪器要求设置好相应参数，预期闪点值设为 11℃。

④ 运行后，仪器降温，在样品温度低于预期闪点 17℃时自动开始升温，升温速率为 1℃/min。在样品温度低于预期闪点 9℃时进行第一次点火，并且往后每升高 0.5℃点一次火。

⑤ 闪点自动捕捉成功后，仪器主显示区会显示当前的闪点值，该数值为修正到标准大气压（101.3kPa）下并精确至 0.5℃的值。本次乙醇闪点测试的数值为 12℃。

2.3.1.2　沸点测定

通过沸程测定可得到初沸点。国内沸程测定的标准主要有《工业用挥发性有机液体 沸程的测定》（GB/T 7534）、《石油产品常压蒸馏特性测定法》（GB/T 6536）、《化学试剂沸程测定通用方法》（GB/T 615）。例如，以乙醇作为样品进行沸点测试的过程，见试验 2。

【试验 2】

试验名称：沸点测定

样品名称：乙醇

测试设备：DRT-1131 全自动沸程测定仪

测试标准：GB/T 7534—2004《工业用挥发性有机液体 沸程的测定》

试验步骤：

① 用量筒量取 100mL 乙醇，倒入干净的 125mL 蒸馏烧瓶中。

② 装好样品后加入两颗沸石，然后在烧瓶支管上装上硅胶塞，烧瓶上口装上 PT100 温度传感器，调整好传感器探头的位置（整个过程要完全塞紧）；再把烧瓶安装上支管胶塞，调整胶塞位置，让玻璃烧瓶垂直安装到加热支板上，支管胶塞和传感器胶塞一定要安装严实［防止爆沸样品冲出烧伤人或者防止样品密封不好挥发使回收量少于 97%（体积分数）］，并保持良好的密封性；最后把支管插入冷凝管上口，烧瓶底部全部落入加热支板的口径内，调整好烧瓶垂直的位置。

③ 打开回收室，在 100mL 量筒上安装上倒流片，倒流片的舌头位置要顶在量筒壁刻线上；然后量筒的开口部位先放入到冷凝管下口，慢慢放入量筒底部，让量筒底部完全镶入在三个支柱中间，左右晃动一下，感觉放稳位置；最后调整量筒位置，把量筒刻线位置朝外，防止挡住液位传感器红外光行进路线，关上回收室。

④ 点击“启动测试”按键，然后选用需要的程序，这时候等待试验开始，仪器开始自检，自检通过后出现“启动”按键，点击“启动”进入试验运行界面。

⑤ 试验结束后，仪器自动显示结果，本次乙醇测定的沸程为 77.8～77.8℃，可得乙醇的沸点为 77.8℃。

由试验 1 和试验 2 可知乙醇的闪点为 12℃，沸点为 77.8℃，再根据易燃液体判定标准可知乙醇属于易燃液体类别 2。

2.3.2　易燃固体分类试验

鉴定固体是否属于易燃固体，要进行固体燃烧速率试验。国内固体燃烧速率试验主要的试验标准有，《易燃固体危险货物危险特性检验安全规范》（GB 19521.1）、《危险品 易燃固体燃烧速率试验方法》（GB/T 21618）、《进出口危险货物分类试验方法 第 11 部分：易燃固体》（SN/T 1828.11）。例如，以石松子粉作为样品进行易燃固体燃烧速率试验。

【试验 3】

试验名称：易燃固体燃烧速率试验

样品名称：石松子粉

测试设备：DG10-B 固体燃烧速率试验仪

测试标准：GB/T 21618—2008《危险品 易燃固体燃烧速率试验方法》

试验步骤：

① 制作约长 250mm、宽 20mm、高 10mm 的样品堆垛，置于冷的不渗透、低导热的底板上；

② 用燃气喷嘴喷出的高温火焰（最低温度为 1000℃）燃烧堆垛的一端；

③ 当堆垛粉燃烧了 80mm 距离时，测定往后 100mm 的燃烧时间，结果为 57.47s，计算得到石松子粉的燃烧速率为 1.74mm/s，＜2.2mm/s。因此，可判定石松子粉不属于易燃固体。

第3章

危险化学品包装安全

3.1 危险化学品包装概况

3.1.1 国际概况

世界各国在危险货物运输包装等方面的差异,主要表现在以下几个方面:①危险货物的定义及划分标准方面的差异;②危险货物命名差异;③危险货物编号差异;④危险货物标志的差异;⑤危险货物包装的差异;⑥危险货物积载和隔离方法的差异;⑦危险货物运输单证的差异。

各国对危险货物的定义、划分标准、分类方法、命名及编号方法、包装及积载隔离等许多方面存在着差异,这给国与国之间危险货物贸易的正常进行以及装卸、运输、事故的预防和处理带来极大隐患与不便,对人身安全和船只、飞机、车辆、港口、机场及环境构成极大威胁。因此,许多国家,尤其是发达国家发出强烈呼吁,要求有关国际组织对国际贸易中危险货物运输包装等应制订统一规定,对危险货物的包装和运输实行统一的国际管制,以确保生命和财产安全。

联合国《关于危险货物运输的建议书》是根据科学技术的发展、新物质和新材料的不断出现,根据运输现代化进程的要求,为保障生命财产和环境安全的需要而制订的。制订这个规则的目的是要提出一套关于危险货物及其运输、包装等方面的基本规定,从名称看,似乎它仅仅涉及危险货物运输问题,而实际上它的内容远远超出运输范围。它除了对危险货物的各种方式运输提出了建议以外,还以大量篇幅对危险货物的标志、标牌、托运程序和运输单证均做了详细规定。

① 规定了"制定危险货物运输规则"的原则。

联合国《关于危险货物运输的建议书》是国际危险货物运输包装方面的总规则,它是制定以各种方式运输危险货物规则的总依据,一方面它的规定既适用于各种方式运输危险货物安全的需要,然而另一方面它又不能完全满足各种不同方式运输危险货物的要求。因此,现行的做法是,以联合国《关于危险货物运输的建议书》为总依据,结合各种方式运输的特点,各有关国际组织分别制订出适合本运输方式(如海、陆、空)的危险货物运输包装管理规则。根据这一原则,国际铁路运输组织、国际民航组织、国际海事组织和归属于欧洲经济委员会的内陆运输委员会都根据自身运输的特点制定出相应的危险品运输的法律法规，使危险品运输的规章制度更加完善。联合国《关于危险货物运输的建议书》这一原则也适用于各国政府制定适合本国特点的有关规章。

② 对危险货物进行分类，并给出分类的方法和标准，见第2章第2节。

③ 对危险货物包装的类型、使用方法、性能试验方法等做了详细要求。

联合国《关于危险货物运输的建议书》对危险货物包装质量的总体要求是：质量良好、牢固、密封，在正常运输条件下，不会由于振动或温度、湿度和压力的变化而出现任何渗漏或安全事故。联合国《关于危险货物运输的建议书》规定，所有的危险货物包装容器均应由国家主管当局（在我国是国家市场监督管理总局）按规定标准进行性能试验合格后方准用于包装危险货物。也就是说，对危险货物包装实施强制性检验。联合国《关于危险货物运输的建议书》第九章规定，凡是经国家主管当局检验合格的危险货物包装容器都应印制清晰、耐久的符合规定要求的联合国危险货物包装标记，以此来证明包装容器的可靠性和合法性。

④ 列明了危险货物所对应的包装方法。

联合国《关于危险货物运输的建议书》第二章给出了"常运危险货物一览表"，该表列出了常运的约3000多种危险货物的名称和特性、危险性类别（包括主要危险和次要危险）、包装类别和包装方法，以及特殊规定。

⑤ 对危险货物标记和运输单据做了统一要求。

联合国《关于危险货物运输的建议书》规定了识别各类危险货物的标记、标签及标牌，规定了危险货物运输单据的格式和内容，规定了危险货物托运的程序，规定了发货人的责任。

3.1.2 国内概况

为了加强危险化学品包装的管理，国家制定了一系列相关法律、法规和标准，如2013年12月4日施行的《危险化学品安全管理条例》，对危险化学品包装的定点、使用要求、检查及法律责任都做了具体规定；2009年4月1日实施的《危险货物运输包装类别划分方法》等，对危险化学品包装物、容器定点企业的基本条件、申请申报的材料及审批、监督管理和违规处罚等都做了详细规定；以及《危险货物运输包装通用技术条件》（GB 12463—2009），《危险货物包装标志》（GB 190—2009），《公路运输危险货物包装检验安全规范》（GB 19269—2009）等国家标准。切实加强危险化学品包装、容器生产的管理，保证危险化学品包装物、容器的质量，保证危险化学品储存、搬运、运输和使用安全。

国务院令第591号《危险化学品安全管理条例》中关于危险品的包装，明确规定：危险化学品的包装应当符合法律、行政法规、规章的规定以及国家标准、行业标准的要求。危险化学品包装物、容器的材质以及危险化学品包装的形式、规格、方法和单件质量（重量），应当与所包装的危险化学品的性质和用途相适应。

合格的包装是化学品储运、经营和使用安全的基础。合格的包装物应具有如下功能：①减少运输中各种外力的直接作用；②防止危险品洒漏、挥发和不当接触；③便于装卸、搬运。

危险化学品包装从使用角度分为销售包装和运输包装。运输包装通常包括常规包装容器（最大容量≤450L且最大净重≤450kg）、中型散装容器、大型容器等。另外还包括压力容器、喷雾罐和小型气体容器、便携式罐体和多元气体容器等。

危险货物具有爆炸、燃烧、有毒有害等伤人损物等危险特性，若要使危险货物不发生危险事故，包装容器的质量好坏起着关键性作用。而要确保危险货物包装容器质量优良、安全可靠，就必须对包装容器的生产、检验、使用、装卸和搬运等进行严格的管理；反之，如若质量无人管，处处不把关，势必漏洞百出、险象丛生、危害必至、损失必大。

3.1.3　管理机构和管理法规

（1）管理机构

根据《中华人民共和国进出口商品检验法》和国际上有关规则所制定的《海运出口危险货物包装检验管理办法（试行）》和《空运进出口危险货物包装检验管理办法（试行）》及《铁路运输出口危险货物包装容器检验管理办法（试行）》的规定，我国出口危险货物包装的检验和管理部门是中华人民共和国国家进出口商品检验部门。2001 年 4 月经国务院决定，由国家质量技术监督机构和国家出入境检疫检验局共同组成中国国家质量监督检验检疫总局。2018 年 3 月，根据第十三届全国人民代表大会第一次会议批准的国务院机构改革方案，将国家质量监督检验检疫总局的职责整合，组建中华人民共和国国家市场监督管理总局。

国家市场监督管理总局的职责包含了我国危险货物包装和管理部门国家质检总局设在各地的检验检疫机构负责所在地的出口危险货物包装检验管理工作，此外，我国的运输部门除了主管我国出口危险货物运输工作之外，也对我国出口危险货物包装的部门工作进行管理，例如对出口危险货物包装类别的划分、包装容器性能检测技术标准的制订、危险货物包装件的仓储装卸和积载等进行管理。

（2）管理法规

我国有许多涉及危险货物包装管理内容的规定，它们分别包括在有关部门的法规之中。下面仅就涉及检验检疫机构的相关主要法规做介绍。

《中华人民共和国进出口商品检验法》，简称为《商检法》，在 1989 年 2 月 21 日由中华人民共和国最高国家权力机关——全国人民代表大会的常设机构，第七次全国人大常委会第六次会议通过并于同一天以中华人民共和国第十四号主席令发布。2018 年 12 月做了修订。《商检法》不仅是我国进出口商品检验和监督管理的最高的专门法律，它也是我国进出口商品（包括危险品）包装检验和管理的最高法律。《商检法》在第十七条中做出了如下的明确规定，"为出口危险货物生产包装容器的企业，必须申请商检机构进行包装容器的性能鉴定。生产出口危险货物的企业，必须申请商检机构进行包装容器的使用鉴定。使用未经鉴定合格的包装容器的危险货物，不准出口。"《商检法》不仅是我国进出口商品检验和管理的最高专门法律，而且也是我国出口危险货物包装检验和管理的最高法律。

2013 年 12 月 4 日国务院第 32 次常务会议，对重新修改后的《危险化学品安全管理条例》进行了讨论，最后通过了此次修正，2013 年 12 月 7 日中华人民共和国国务院令第 645 号公布。重新修订后的《危险化学品安全管理条例》中第六条第三款明确规定，"质检部门负责核发危险化学品及其包装物、容器（不包括储存危险化学品的固定式大型储罐，下同）生产企业的工业产品生产许可证，并依法对其产品质量实施监督，负责对进出口危险化学品及其包装实施检验"。新修订的管理条例中进一步明确和强化了检验检疫部门在进出口危险化学品及其包装检验监管工作中的主体领导地位。

3.1.4 包装分类

危险化学品的包装分类方式是由在这些物品运送方面的专家学者，针对运输的特性与潜在风险的等级，将其分类。危险化学品通常可由专用运送名称（Proper Shipping Name）和辨认号码（Nnumber）来辨认。这些名称与号码是依据相应制度规章的分类系统来归类。有关物品的安全运输，需了解危险化学品的项目与分类准则，才能确实辨认其是否为危险化学品，进而以安全程序来完成运送。

《危险货物运输包装类别划分方法》（GB/T 15098—2008）中划分了各类危险货物运输包装的类别，按其危险程度划分 3 个包装类别：

① Ⅰ类包装：货物具有大的危险性，包装强度要求高；

② Ⅱ类包装：货物具有中等危险性，包装强度要求较高；

③ Ⅲ类包装：货物具有小的危险性，包装强度要求一般。

除某些特殊的化学品包装有另行规定外，应当按照危险化学品的不同类项及有关的定量值确定其包装类别。根据《危险货物运输包装类别划分方法》（GB/T 15098—2008），可以按照表 3-1 选择危险化学品的包装类别。

表 3-1 危险化学品包装类别要求

序号	危险化学品种类			包装类别要求
1	第 1 类 爆炸品			爆炸品所使用的包装容器,除另有规定外,其强度应符合Ⅱ类包装
2	第 2 类 气体			符合劳动部门颁布的《气瓶安全技术规程》(TSG 23—2021)
3	第 3 类 易燃液体		闪点(闭杯)不做要求,初沸点≤35℃	Ⅰ类包装
			闪点(闭杯)<23℃或初沸点>35℃	Ⅱ类包装
			闪点(闭杯)≥23℃、≤60℃或初沸点>35℃	Ⅲ类包装
4	第 4 类易燃固体、易于自燃的物质和遇水放出易燃气体的物质	4.1项易燃固体	一级易燃固体品名编号:41001~41500	Ⅱ类包装
			二级易燃固体品名编号:41501~41999	Ⅲ类包装
			退敏爆炸品	Ⅰ类或Ⅱ类包装
		4.2项易于自燃的物质	一级自燃物品品名编号:42001~42500	Ⅰ类包装
			二级自燃物品品名编号:42501~42999	Ⅱ类包装
			二级自燃物品中含油、水、纤维或碎屑类物质	Ⅲ类包装
			危险性大的自燃物质	Ⅱ类包装
		4.3项遇水放出易燃气体的物质	一级遇水放出易燃气体的物质品名编号:43001~43500	Ⅰ类包装
			一级遇水放出易燃气体的物质中危险性小的品名编号:43001~43500	Ⅱ类包装

续表

序号	危险化学品种类			包装类别要求
4	第 4 类易燃固体、易于自燃的物质和遇水放出易燃气体的物质	4.3 项遇水放出易燃气体的物质	二级遇水放出易燃气体的物质品名编号：43501～43999	Ⅱ类包装
			二级遇水放出易燃气体的物质中危险性小的	Ⅲ类包装
5	5.1 项 氧化性物质		一级氧化性物质品名编号：51001～51500	Ⅰ类包装
			二级氧化性物质品名编号：51501～51999	Ⅱ类包装
			二级氧化性物质中危险性小的	Ⅲ类包装
6	6.1 项 毒性物质		口服毒性：$LD_{50} \leqslant 5.0mg/kg$；皮肤接触毒性：$LD_{50} \leqslant 50mg/kg$；吸入粉尘和烟雾毒性：$LC_{50} \leqslant 0.2mg/L$	Ⅰ类包装
			口服毒性（mg/kg）：$5.0 < LD_{50} \leqslant 50$；皮肤接触毒性（mg/kg）：$50 < LD_{50} \leqslant 200$；吸入粉尘和烟雾毒性（mg/kg）：$0.2 < LC_{50} \leqslant 2.0$	Ⅱ类包装
			口服毒性（mg/kg）：$50 < LD_{50} \leqslant 300$；皮肤接触毒性（mg/kg）：$200 < LD_{50} \leqslant 1000$；吸入粉尘和烟雾毒性（mg/kg）：$2.0 < LC_{50} \leqslant 4.0$	Ⅲ类包装
			品名编号：61001～61500 中闪点 < 23℃的液态毒性物质	Ⅰ类包装
			品名编号：61501～61999 中闪点 < 23℃的液态毒性物质	Ⅱ类包装
7	第 7 类 放射性物质			符合 GB 11806 标准，并与运输主管部门商定
8	第 8 类 腐蚀性物质		品名编号：81001～81500	Ⅰ类包装
			品名编号：81501～81999，82001～82500	Ⅱ类包装
			品名编号：82501～82999，83001～83999	Ⅲ类包装

注：本表中危险化学品的类、项及品名编号请参见《危险货物分类和品名编号》（GB 6944—2012）、《危险货物运输包装类别划分方法》（GB/T 15098—2008）及《危险货物品名表》（GB 12268—2015）。

国家标准《危险货物分类和品名编号》（GB 6944—2012）规定，除了第 1 类爆炸品、第 2 类气体、第 7 类放射性物质、第 5.2 项有机过氧化物和第 4.1 项自反应物质、第 6.2 项感染性物质以外，其他物质按其呈现的危险程度，划分三种包装类别：Ⅰ类包装、Ⅱ类包装、Ⅲ类包装。

具体包装类别划分见《危险货物分类和品名编号》（GB 6944—2012）。货物具有两种以上危险性时，需按级别高的确定。

3.2 危险化学品包装容器

危险化学品包装物和容器应符合危险化学品的特性，根据国标《危险货物运输包装通用技术条件》（GB 12463—2009）的规定和其他有关法规、标准专门设计制造，主要包括桶、罐、瓶、箱、袋等包装物和容器。

3.2.1 危险化学品包装容器要求

3.2.1.1 《危险化学品安全管理条例》中的相关规定

① 第六条规定：市场监管部门负责核发危险化学品及包装物、容器（不包括储存危险化学品的固定式大型储罐，下同）生产企业的工业产品生产许可证，并依法对其产品质量实施监督，负责对进出口危险化学品及其包装实施检验。

② 第十七条规定：危险化学品的包装应当符合法律、行政法规、规章的规定以及国家标准、行业标准的要求。

危险化学品包装物、容器的材质以及危险化学品包装的形式、规格、方法和单件质量（重量），应当与所包装的危险化学品的性质和用途相适应。

③ 第十八条规定：生产列入国家实行生产许可证制度的工业产品目录的危险化学品包装物、容器的企业，应当依照《中华人民共和国工业产品生产许可管理条例》的规定，取得工业产品生产许可证；其生产的危险化学品包装物、容器经国务院市场监管部门认定的检验机构检验合格，方可出厂销售。

运输危险化学品的船舶机器配载的容器，应当按照国家船舶检验规范进行生产，并经海事管理机构认定的船舶检验机构检验合格，方可投入使用。

对重复使用的危险化学品包装物、容器，使用单位在重复使用前应当进行检查；发现存在安全隐患的，应当维修或者更换。使用单位应当对检查情况做出记录，记录的保存期限不得少于 2 年。

④ 第四十五条规定：运输危险化学品，应当根据危险化学品的危险特性采取相应的安全防护措施，并配备必要的防护用品和应急救援器材。

用于运输危险化学品的槽罐以及其他容器应当封口严密，能够防止危险化学品在运输过程中因温度、湿度或者压力的变化渗漏、洒漏；槽罐以及其他容器的溢流和泄压装置应当设置准确、启闭灵活。

⑤ 第五十八条规定：通过内河运输危险化学品，危险化学品包装物的材质、型式、强度以及包装方法应当符合水路运输危险化学品包装规范的要求。国务院交通运输主管部门对单船运输的危险化学数量有限制性规定的，承运人应当按照规定安排运输数量。

⑥ 第七十九条规定：危险化学品包装物、容器生产企业销售未经检验或者经检验不合格的危险化学品包装物、容器的，由质量监督检验检疫部门责令改正，处 10 万元以上 20 万

元以下的罚款，有违法所得的，没收违法所得；拒不改正的，责令停产停业整顿；构成违法犯罪的，依法追究法律责任。

将未经检验合格的运输危险化学品的船舶及其配载的容器投入使用的，由海事管理机构依照前款规定予以处罚。

⑦ 第八十条规定：生产、储存、使用危险化学品的单位有下列情形之一的，由市场监管部门责令改正，处 5 万元以上 10 万元以下的罚款；拒不改正的，责令停产停业整顿直至由原发证机关吊销其相关许可证件，并由工商行政管理部门责令其办理经营范围变更登记或者吊销其营业执照；有关责任人员构成犯罪的，依法追究刑事责任。

a. 对重复使用的危险化学品包装物、容器，在重复使用前不进行检查的。

b. 未根据其生产、储存的危险化学品的种类和危险特性，在作业场所设置相关安全设施、设备，或者未按照国家标准、行业标准或者国家有关规定对安全设施、设备进行经常性维护、保养的。

c. 未依照本条例规定对其安全生产条件定期进行安全评价的。

d. 未将危险化学品储存在专用仓库内，或者未将剧毒化学品以及储存数据量构成重大危险源的其他危险化学品在专用仓库内单独存放的。

e. 危险化学品的储存方式、方法或者储存数量不符合国家标准或者国家有关规定的。

f. 危险化学品专用仓库不符合国家标准、行业标准要求的。

g. 未对危险化学品专用仓库的安全设施、设备定期进行检测、检验的。

从事危险化学品仓储经营的港口经营人有前款规定情形的，由港口行政管理部门依照前款规定予以处罚。

3.2.1.2 危险化学品包装容器的类型

根据危险货物的特性，按照有关标准和法规，经专门设计的危险化学品容器，常见的有气密封口、液密封口、严密封口、小开口桶、中开口桶、全开口桶等类型。

① 气密封口：容器经过封口后，封口处不外泄气体的封闭形式；

② 液密封口：容器经过封口后，封口处不渗漏液体的封闭形式；

③ 严密封口：容器经过封口后，封口处不外漏固体的封闭形式；

④ 小开口桶：桶顶开口直径不大于 70mm 的桶；

⑤ 中开口桶：桶顶开口直径大于小开口桶，小于全开口桶；

⑥ 全开口桶：桶顶可以全开的桶。

3.2.1.3 危险化学品包装的基本要求

《危险货物运输包装通用技术条件》（GB 12463—2009）规定了危险货物运输包装（以下简称运输包装）的分类、基本要求、性能试验和检验方法、技术要求、类型和标记代号。该标准适用于盛装危险货物的运输包装，根据规定，在危险化学品包装过程中，应满足如下基本要求：

① 运输包装应结构合理，并具有足够强度，防护性能好。材质、型式、规格、方法和内装货物重量应与所装危险货物的性质和用途相适应，便于装卸、运输和储存。

② 运输包装应质量良好，其结构和封闭形式应能承受正常运输条件下的各种作业风险，不应因温度、湿度或压力的变化而发生任何渗（洒）漏，表面应清洁，不允许黏附有害的危险物质。

③ 运输包装与内装物直接接触部分，必要时应有内涂层或进行防护处理，运输包装材质不应与内装物发生化学反应而形成危险产物或导致削弱包装强度。

④ 内容器应予固定。如内容器易碎且盛装易洒漏货物，应使用与内装物性质相适应的衬垫材料或吸附材料衬垫妥实。

⑤ 盛装液体的容器，应能经受在正常运输条件下产生的内部压力。灌装时应留有足够的膨胀余量（预留容积），除另有规定外，并应保证在温度 55℃时，内装液体不致完全充满容器。

⑥ 运输包装封口应根据内装物性质采用严密封口、液密封口或气密封口。

⑦ 盛装需浸湿或加有稳定剂的物质时，其容器封闭形式应能有效地保证内装液体（水、溶剂和稳定剂）的百分比，在储运期间保持在规定的范围以内。

⑧ 运输包装有降压装置时，其排气孔设计和安装应能防止内装物泄漏和外界杂质进入，排出的气体量不应造成危险和污染环境。

⑨ 复合包装的内容器和外包装应紧密贴合，外包装不应有擦伤内容器的凸出物。

⑩ 盛装爆炸品包装的附加要求如下：

a. 盛装液体爆炸品容器的封闭形式，应具有防止渗漏的双重保护；

b. 除内包装能充分防止爆炸品与金属物接触外，铁钉和其他没有防护涂料的金属部件不应穿透外包装；

c. 双重卷边接合的钢桶，金属桶或以金属做衬里的运输包装，应能防止爆炸物进入缝隙，钢桶或铝桶的封闭装置应配有合适的垫圈；

d. 包装内的爆炸物质或物品，包括内容器，应衬垫妥实，在运输中不允许发生危险性移动；

e. 盛装有对外部电磁辐射敏感的电引发装置的爆炸物品，包装应具备防止所装物品受外部电磁辐射源影响的功能。

⑪ 包装容器基本结构应符合 GB/T 9174—2008 的规定。

⑫ 常用危险货物运输包装的组合型式、标记代号、限制质量等参见附录 B。

3.2.2 包装容器的分类

3.2.2.1 金属包装

（1）钢（铁）桶

① 桶端应采用焊接或双重机械卷边，卷边内均匀填涂封缝胶。桶身接缝，除盛装固体或 40L 以下（含 40L）的液体桶可采用焊接或机械接缝外，其余均应焊接。

② 桶的两端凸缘应采用机械接缝或焊接，也可使用加强箍。

③ 桶身应有足够的刚度，容积大于 60L 的桶，桶身应有两道模压外凸换筋，或两道与桶身不相连的钢质滚箍套在桶身上，使其不得移动。滚箍采用焊接固定时，不允许点焊，滚箍焊缝与桶身焊缝不允许重叠。

④ 最大容积为 250L。

⑤ 最大净质量为 400kg。

钢桶与铁桶的示意图如图 3-1 所示。

图 3-1　钢（铁）桶的示意图

（2）铝桶

① 制桶材料应选用纯度至少为 99％的铝，或具有抗腐蚀和合适机械强度的铝合金。

② 桶的全部接缝应采用焊缝，如有凸边接缝应采用与桶不相连的加强箍予以加强。

③ 容积大于 60L 的桶，至少有两个与桶身不相连的金属滚箍套在桶身上，使其不得移动。滚箍采用焊接固定时，不允许点焊，滚箍焊缝与桶身焊缝不允许重叠。

④ 最大容积为 250L。

⑤ 最大净质量为 400kg。

铝桶的示意图如图 3-2 所示。

图 3-2　铝桶的示意图

（3）钢罐

① 钢罐两端的接缝应焊接或双重机械卷边。40L 以上的抽身接缝应采用焊接；40L 以下（包括 40L）的罐身接缝应采用焊接或双重机械卷边。

② 最大容积为 60L。

③ 最大净质量为 120kg。

钢罐的示意图如图 3-3 所示。

图 3-3　钢罐的示意图

3.2.2.2　木制包装

（1）胶合板桶、箱

① 胶合板所用材料应质量良好，板层之间应用抗水黏合剂按交叉纹理粘接，经干燥处理，不得有降低其预定效能的缺陷；

② 桶身或箱身至少用三合板制造；

③ 桶身内缘应有衬肩，桶盖的衬层应牢固地固定在桶盖上，并能有效地防止内装物洒漏；

④ 桶身两端应用钢带加强，必要时桶端应用十字形木撑予以加固；

⑤ 最大容积为 250L；

⑥ 最大净质量为 400kg。

胶合板桶、箱的示意如图 3-4 所示。

（2）木琵琶桶

① 所用木材应质量良好，无节子、裂缝、腐朽、边材或其他可能降低木桶预定用途效能的缺陷；

② 桶身应用若干道加强箍加强，加强箍应选用质量良好的材料制造，桶端应紧密地镶在桶身端槽内；

③ 最大容积为 250L；

④ 最大净质量为 400kg。

图 3-4　胶合板桶、箱的示意图

木琵琶桶的示意如图 3-5 所示。

图 3-5　木琵琶桶的示意图

（3）硬质纤维板桶

① 所用材料应选用具有良好抗水能力的优质硬质纤维板，桶端可使用其他等效材料；

② 桶身接缝应加钉结合牢固，并具有与桶身相同的强度，桶身两端应用钢带加强；

③ 桶口内缘应有衬肩，桶底、桶盖应用十字形木撑予以加固，并与桶身结合紧密；

④ 最大容积为 250L；

⑤ 最大净质量为 400kg。

（4）木箱

① 箱体应有与容积和用途相适应的加强条档和加强带，箱顶和箱底可由抗水的再生木板、硬质纤维板、塑料板或其他合适的材料制成；

② 满板型木箱各部位应为一块板或与一块板等效的材料组成，平板榫接、搭接、槽舌接，或者在每个接合处至少用两个波纹金属扣件对头连接等，均可视作为一块等效的材料；

③ 最大净质量为 400kg。

木箱如图 3-6 所示。

图 3-6　木箱

（5）再生木板箱

① 箱体应用抗水的再生木板、硬质纤维板或其他合适类型的板材制成；

② 箱体应用木质框架加强，箱体与框架应装配牢固，接缝严密；

③ 最大净质量为 400kg。

3.2.2.3　纸质包装

（1）纸袋

① 材料应选用质量良好的多层牛皮纸或牛皮纸等效的纸制成，并具有足够强度和韧性；

② 袋的接缝和封口应牢固、密封性能好，并在正常运输条件下保持其效能；

③ 最大净质量为 50kg。

（2）硬纸板桶

① 桶身应用多层牛皮纸粘接压制成的硬纸板制成；

② 桶身外表面应涂有抗水能力良好的防护层；

③ 桶端与桶身的结合处应用钢带卷边压制接合；

④ 最大容积为 450L，最大净质量为 400kg。

硬纸板桶的示意如图 3-7 所示。

（3）硬纸板箱、瓦楞纸箱或钙塑板箱

① 硬纸板箱或钙塑板箱应有一定抗水能力，均应具有一定的弯曲性能，切割、折缝时应无裂缝，装配时无破裂或表皮断裂或过度弯曲，板层之间粘接牢固；

② 箱体结合处，应用胶带粘贴、搭接胶合，或者搭接并用钢钉或 U 形钉钉合，搭接处应有适当的重叠；

图 3-7　硬纸板桶的示意图

③ 钙塑板箱外部表层应具有防滑性能；

④ 最大净质量为 400kg。

瓦楞纸箱侧面的示意如图 3-8 所示，钙塑板箱侧面的示意如图 3-9 所示。

图 3-8　瓦楞纸箱侧面示意图

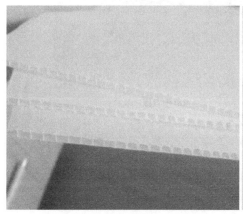

图 3-9　钙塑板箱侧面示意图

3.2.2.4　塑料包装

（1）塑料编织袋

① 应缝制、编织或用其他等效强度的方法制作；

② 防洒漏型袋应用纸或塑料薄膜粘在袋的内表面上；

③ 防水型袋应用塑料薄膜或其他等效材料黏附在袋的内表面上；

④ 最大净质量为 50kg。

（2）塑料桶、塑料罐

① 所用材料能承受正常运输条件下的磨损、撞击、温度、光照及老化作用的影响；

② 材料内可加入合适的紫外线防护剂，但应与桶（罐）内装物性质相容，并在使用期内保持其效能，用于其他用途的添加剂，不得对包装材料的化学和物理性质产生有害作用；

③ 桶（罐）身任何一点厚度均应与桶（罐）的容积、用途和每一点可能受到的压力相适应；

④ 最大容积：塑料桶为 450L、塑料罐为 60L，最大净质量：塑料桶为 400kg、塑料罐为 120kg。

塑料桶和塑料罐如图 3-10 所示。

(a) 塑料桶　　　　　　　　　　　(b) 塑料罐

图 3-10　塑料桶和塑料罐

3.2.2.5　其他类型包装

（1）坛类

① 应有足够厚度，容器壁厚均匀，无气泡或砂眼，陶、瓷容器外部表面不得有明显的剥落和影响其效能的缺陷；

② 最大容积为 32L；

③ 最大净质量为 50kg。

（2）筐、篓类

① 应采用优质材料编制而成，形状周正，有防护盖，并具有一定刚度；

② 最大净质量为 50kg。

（3）防护材料

① 防护材料包括用于支撑、加固、衬垫、缓冲和吸附等材料；

② 运输包装所采用的防护材料及防护方式，应与内装物性能相容符合运输包装整体性能的需要，能经受运输途中的冲击与振动，保护内装物与外包装，当内容器破坏、内装物流出时也能保证外包装安全无损。

3.3　包装标志及标记代号

3.3.1　标记与标签

《危险货物包装标志》（GB 190—2009）规定了危险货物包装图示标志（以下简称标志）的分类图形、尺寸、颜色及使用方法等，该标准适用于危险货物的运输包装。危险化学品的包装标志包括标记和标签两类，其中规定了标记 4 个、标签 26 个，其图形分别标示了 9 类危险货物的主要特性。

标记分为危害环境物质标记、方向箭头标记和高温标记。一般情况下，当装有符合 GB 12268 和 GB 6944 标准中的危害环境物质（UN 3077 和 UN 3082）的包装件，应耐久地标上危害环境物质标记。危害环境物质标记的位置应标示在每个包装件上，如果是无包装物品，标记应标示在物品上、其托架上或其装卸、储存或发射装置上。所有包装件标记应明显可见而且易读，应能够经受日晒雨淋而不显著减弱其效果，应标示在包装件外表面的反衬底色上，不得与可能大大降低其效果的其他包装件标记放在一起。容量超过 450L 的中型散货集装箱和大型容器，应在相对的两面做标记。危害环境物质标记应如表 3-2 序号（2）的图所示，除非包装件的尺寸只能贴较小的标记，容器的标记尺寸须符合表 3-3 的规定。对于运输装置，最小尺寸应是 250mm×250mm。当内容器装有液态危险货物的组合容器、配有通风口的单一容器以及拟装运冷冻液化气体的开口低温储器时，应清楚地标上与表 3-2 序号（3）的图所示的包装件方向箭头，或者符合 GB/T 191 规定的方向箭头。方向箭头应标在包装件相对的两个垂直面上，箭头显示正确的朝上方向。标识应是长方形的，大小应与包装件的大小相适应，清晰可见。围绕箭头的长方形边框是可以任意选择的。用于表明包装件正确放置方向以外的箭头，不得标示在按照本标准作标记的包装件上。运输装置运输或提交运输时，如装有温度不低于 100℃ 的液态物质或者温度不低于 240℃ 的固态物质，应在其每一侧面和每一端面上贴有如表 3-2 序号（4）的图所示的标记。标记为三角形，每边应至少有 250mm，并且应为红色。

标签是表现内装货物的危险性分类，当危险货物具有不止一种危险性时，应根据国标 GB 6944—2012 中的规定来确实货物的主要危险性类别和次要危险性类别，标上主要危险性标签和次要危险性标签。标签见第 2 章第 2.2 节各小节标签要素分配中的 TDG 要求的图形。

表 3-2　危险货物包装标记

运输/包装 情况	运输标记	备注
(1)货物为救助容器和救助压力贮器	文字"救助"	"救助"标记的大小,高度必须至少12mm
(2)货物为危害环境物质		①凡是装有危害环境物质(UN3077 或 UN3082)的包件,必须标上该标记; ②该标志必须位于其他标记附近; ③该标记为正方形,取 45°角摆放,符号为黑色,底色为白色或适当的反差底色; ④常规情况,最小尺寸为 10cm×10cm,边线最小宽度为 2mm(特殊情况,可适当原比例压缩); ⑤海运时,针对"海洋污染物"也需加贴此标记
(3)内容器装有液态危险货物的组合容器、配有通风口的单容器以及拟装运冷冻液化气体的低温贮器	或	①两个黑色或红色箭头,底色为白色或适当的反差颜色,长方形外框可有可无; ②方向箭头必须标在包件相对的两个垂直面上,箭头显示正确的朝上方向; ③标记必须是长方形的,大小应与包件大小相适应,清晰可见; ④有部分情况可不需要标方向箭头,详情参阅 TDG 中 5.2.1.7.2 章节内容
(4)货物以有限数量运输	或	上图为有限数量运输包装标记(除空运外);下图为有限数量运输包装标记(空运)
(5)货物以例外数量运输		①标记为正方形,影线和符号使用同一种颜色,红色或黑色,放在白色或适当反差底色上; ②最小尺寸为 10cm×10cm; ③在标记中显示分类或已经划定的项目编号; ④可在此标记上显示发货人或收货人姓名
(6)锂电池组的运输包装		①该标记应注明 UN 编号(如 UN3480); ②标记应为长方形,边缘为影线,尺寸最小 12cm×11cm,影线宽度至少 5mm; ③应包件大小需要,标记可原比例减小,最小不得小于 10.5cm×7.4cm; ④锂电池产品从 2019 年起将强制显示该标记

运输/包装 情况	运输标记	备注
(7)货物以高温运输		①如装有温度≥100℃的液态物质,或温度≥240℃的固态物质,则每一侧面和每一端面都需标有该标记; ②标记为等边三角形,标记颜色为红色,常规情况边长最小尺寸为 25cm; ③特殊情况下,边长最小尺寸可原比例压缩至 10cm

标志的尺寸一般分为 4 种,见表 3-3。

表 3-3　容器的标记尺寸

尺寸号别	长/mm	宽/mm
1	50	50
2	100	100
3	150	150
4	250	250

注:如遇特大或特小的运输包装件,标志的尺寸可按规定适当扩大或缩小。

储运的各种危险货物性质的区分及其应标打的标志,应按 GB 6944、GB 12268 及有关国家运输主管部门相关规定选取,出口货物的标志应按我国执行的有关国际公约(规则)办理。

标志的颜色按表 3-2 中规定。

3.3.2　包装的代号

危险化学品的包装代号包含了包装物的材质、包装类别、包装型式等信息,其中包装类别用小写英文字母 x,y,z 表示,具体见表 3-4。包装容器的型式用阿拉伯数字 1,2,3,4,5,6,7,8,9 表示,见表 3-5。包装容器的材质用大写英文字母 A、B、C、D、E、F、G、H、L、M、N、P、K 表示,见表 3-6。

表 3-4　包装类别的标记代号

类别代号	包装类别
x	表示符合Ⅰ、Ⅱ、Ⅲ类包装要求
y	表示符合Ⅱ、Ⅲ类包装要求
z	表示符合Ⅲ类包装要求

表 3-5　包装容器的标记代号

数字	类型	数字	类型
1	桶	6	复合包装
2	木琵琶桶	7	压力容器
3	罐	8	筐、篓
4	箱、盒	9	瓶、坛
5	袋、软管	—	—

表 3-6　包装容器的材质标记代号

代号	材质	代号	材质
A	钢	H	塑料材料
B	铝	L	编织材料
C	天然木	M	多层纸
D	胶合板	N	金属（钢、铝除外）
F	再生木板（锯末板）	P	玻璃、陶瓷
G	硬质纤维板、硬纸板、瓦棱纸板、钙塑板	K	柳条、荆条、藤条及竹篾

危险品的包装代号，分单一包装组合标记代号和复合包装组合标记代号。

（1）单一包装

单一包装代号由一个阿拉伯数字和一个英文字母组成，英文字母表示包装容器的材质，其左边平行的阿拉伯数字代表包装容器的类型。英文字母右下方的阿拉伯数字，代表同一类型包装容器不同开口的型号。

例：$1A$—钢桶；$1A_1$—闭口钢桶；$1A_2$—中开口钢桶；$1A_3$—全开口钢桶。

其他包装容器开口型号的表示方法，参见附录 B。

（2）复合包装

复合包装代号由一个表示复合包装的阿拉伯数字"6"和一组表示包装材质和包装型式的字符组成。这组字符为两个大写英文字母和一个阿拉伯数字。第一个英文字母表示内包装的材质，第二个英文字母表示外包装的材质，右边的阿拉伯数字表示包装型式。例如，$6HA_1$ 表示内包装为塑料容器、外包装为钢桶的复合包装。

危险货物常用的运输包装及包装组合代号见国际《危险货物运输包装通用技术条件》（GB 12463—2009）附件。

（3）其他标记代号：

S——拟装固体的包装标记；

L——拟装液体的包装标记；

R——修复后的包装标记；

⃝GD　符合国家标准要求；

⃝ᵤₙ——符合联合国规定的要求。

例：钢桶标记代号及修复后标记代号

例 1：新桶

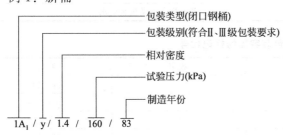

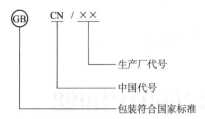

例 2：修复后的桶

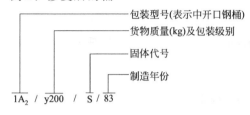

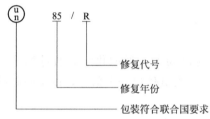

（4）标记的制作及使用方法

标记采用白底（或采用包装容器底色）黑字，字体要清楚、醒目。标记的制作方法可以印刷、粘贴、涂打和钉附。钢制品容器可以打钢印。

图 3-11 是某危险货物的包装，从图上可以看出该包装上具有危险环境物质和物品标记及第 6.1 项毒性物质标记。标记中的一系列代号表示的信息为：纤维板桶/符合包装类Ⅱ和Ⅲ，最大总质量为 28kg/固体/2020 年生产。

标记中各部分的含义见图 3-12 所示。

3.3.3　危险化学品安全标签

危险化学品安全标签是针对危险化学品而设计、用于提示接触危险化学品的人员的一种标识。它用简单、明了、易于理解的文字、图形符号和编码的组合形式表示该危险化学品所具有的危险性、安全使用的注意事项和防护的基本要求。根据使用场合的不同，危险化学品安全标签又分供应商标签、作业场所标签和实验室标签。

危险化学品的供应商安全标签是指危险化学品在流通过程中由供应商提供的附在化学品包装上的安全标签。作业场所安全标签又称工作场所"安全周知卡"，是用于作业场所，提示该场所使用的化学品特性的一种标识。供应商安全标签是应用最广泛的一种安全标签。

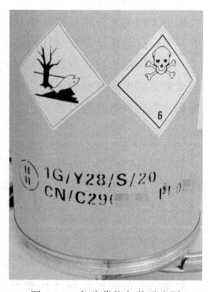

图 3-11　危险货物包装示意图

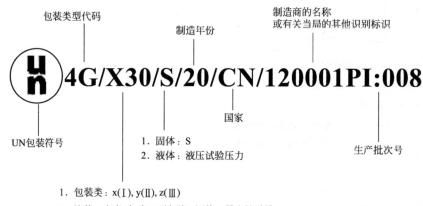

图 3-12　包装标记的含义

《化学品安全标签编写规定》（GB 15258—2009）对市场上流通的化学品通过加贴标签的形式进行危险性标识，提出安全使用注意事项，向作业人员传递安全信息，以预防和减少化学危害，达到保障安全和健康的目的。

3.3.3.1　化学品安全标签的内容

《化学品安全标签编写规定》规定化学品标签应包括化学品标识、象形图、信号词、危险性说明、防范说明、供应商标识、应急咨询电话、资料参阅提示语、危险信息的先后排序等内容，具体内容如下：

（1）化学品标识

用中文和英文分别标明化学品的化学名称或通用名称。名称要求醒目清晰，位于标签的上方。名称应与化学品安全技术说明书中的一致。

对混合物标出对其危险性分类有贡献的主要组分的化学名称或通用名、浓度或浓度范围。当需要标出的组分较多时，组分个数以不超过 5 个为宜。对于属于商业机密的成分可以不标明，但应列出其危险性。

（2）象形图

象形图是指由图形符号及其他图形要素，如边框、背景图案和颜色组成，表述特定信息的图形组合。采用化学品分类、警示标签和警示性说明安全规范（GB 20576～GB 20599—2006、GB 20601—2006、GB 20602—2006）规定的象形图。

（3）信号词

信号词是指标签上用于表明化学品危险性相对严重程度和提醒接触者注意潜在危险的词语。根据化学品的危险程度和类别，用"危险""警告"两个词分别进行危害程度的警示。信号词位于化学品名称的下方，要求醒目、清晰。根据化学品分类、警示标签和警示性说明安全规范，选择不同类别危险化学品的信号词。

（4）危险性说明

危险性说明是指对危险种类和类别的说明，描述某种化学品的固有危险，必要时包括危险程度。此部分要简要概述化学品的危险特性。居信号词下方，根据化学品分类、警示标签和警示性说明安全规范，选择不同类别危险化学品的危险性说明。

（5）防范说明

表述化学品在处置、搬运、储存和使用作业中所必须注意的事项和发生意外时简单有效的救护措施等，要求内容简明扼要、重点突出。该部分应包括安全预防措施、意外情况（如泄漏、人员接触或火灾等）的处理、安全储存措施及废弃处置等内容。

（6）供应商标识

供应商名称、地址、邮编和电话等。

（7）应急咨询电话

填写化学品生产商或生产商委托的 24h 化学事故应急咨询电话。国外进口化学品安全标签应至少有一家中国境内的 24h 化学事故应急咨询电话。

（8）资料参阅提示语

提示化学品用户应参阅化学品安全技术说明书。

（9）危险信息先后排序

当某种化学品具有两种或两种以上的危险性时，安全标签的象形图、信号词、危险性说明的先后顺序规定如下：

① 象形图先后顺序。物理危险象形图的先后顺序，根据《危险货物品名表》（GB 12268—2005）中的主次危险性确定，未列入《危险货物品名表》的化学品，以下危险性类别的危险性总是主危险：爆炸物、易燃气体、易燃气溶胶、氧化性气体、高压气体、自反应物质和混合物、发火物质、有机过氧化物。其他主危险性的确定按照联合国《关于危险货物运输的建议书　规章范本》危险性先后顺序确定方法确定。

对于健康危害，按照以下先后顺序：如果使用了骷髅和交叉骨图形符号，则不应出现感叹号图形符号；如果使用了腐蚀图形符号，则不应出现感叹号来表示皮肤或眼睛刺激；如果使用了呼吸致敏物的健康危害图形符号，则不应出现感叹号来表示皮肤致敏物或者皮肤/眼睛刺激。

② 信号词先后顺序。存在多种危险性时，如在安全标签上选用了信号词"危险"，则不应出现信号词"警告"。

③ 危险性说明先后顺序。所有危险性说明都应当出现在安全标签上，按照物理危险、健康危害、环境危害顺序排列。

3.3.3.2 危险化学品安全标签的编写

标签正文应使用简捷、明了、易于理解、规范的汉字表述，也可以同时使用少数民族文字或外文，但意义必须与汉字相对应，字形应小于汉字。相同的含义应用相同的文字和图形表示。

标签内象形图的颜色一般使用黑色图形符号加白色背景，方块边框为红色。正文应使用与底色反差明显的颜色，一般采用黑白色。若在国内使用，方块边框可以为黑色。

对不同容量的容器或包装，标签最低尺寸如表 3-7 所示。

表 3-7　标签最低尺寸

容器或包装容积/L	标签尺寸/mm×mm	容器或包装容积/L	标签尺寸/mm×mm
≤0.1	使用简化标签	>50～≤500	100×150
>0.1～≤3	50×75	>500～≤1000	150×200
>3～≤50	75×100	>1000	200×200

注：1. 对于小于或等于 100mL 的化学品小包装，为方便标签使用，安全标签要素可以简化，包括化学品标识、象形图、信号词、危险性说明、应急咨询电话、供应商名称及联系电话、资料参阅提示语即可。

2. 标签的印刷要求标签的边缘要加一个黑色边框，边框外应留大于或等于 3mm 的空白，边框宽度大于或等于 1cm。象形图必须从较远的距离，已经在烟雾条件下或容器部分模糊不清的条件下也能看到。标签的印刷应清晰，所使用的印刷材料和胶黏材料应具有耐用性和防水性。

3.3.3.3　危险化学品安全标签的使用

（1）危险化学品安全标签的使用方法

① 安全标签应粘贴、挂拴或喷印在化学品包装或容器的明显位置；

② 当与运输标志组合使用时，运输标志可以放在安全标签的另一面，将之与其他信息分开，也可放在包装上靠近安全标签的位置，后一种情况下，若安全标签中的象形图与运输标志重复，安全标签中的象形图应删掉；

③ 对组合容器，要求内包装加贴（挂）安全标签，外包装上加贴运输象形图，如果不需要运输标志可以加贴安全标签。

（2）危险化学品安全标签的位置

安全标签的粘贴、喷印位置规定如下：

① 桶、瓶形包装：位于桶、瓶侧身；

② 箱状包装：位于包装端面或侧面明显处；

③ 袋、捆包装：位于包装明显处。

（3）危险化学品安全标签在使用过程中应注意的事项

① 安全标签的粘贴、挂拴或喷印应牢固，保证在运输、储存期间不脱落，不损坏。

② 安全标签应由生产企业在货物出厂前粘贴、挂拴或喷印。若要改换包装，则由改换包装单位重新粘贴、挂拴或喷印标签。

③ 盛装危险化学品的容器或包装，在经过处理并确认其危险性完全消除之后，方可撕下安全标签，否则不能撕下相应的标签。

3.3.3.4　安全标签样例

图 3-13 为危险化学品安全标签样例，图 3-14 为氯乙烯安全标签实例，图 3-15 为危险化学品简化安全标签样例。

二硫化碳 carbon disulphide
CS$_2$

危　险

无色或淡黄色透明液体，有刺激性气味，易挥发，不溶于水，溶于乙醇、乙醚等多数有机溶剂

【预防措施】

- 工程控制：密闭操作，局部排风。
- 呼吸系统防护：可能接触其蒸气时，必须佩戴自吸过滤式防毒面具（半面罩）。
- 眼睛防护：戴化学安全防护眼镜。
- 身体防护：穿防静电工作服。
- 手防护：戴橡胶耐油手套。
- 其他防护：工作现场严禁吸烟。工作完毕，淋浴更衣。注意个人清洁卫生。

【事故响应】

- 如皮肤接触：立即脱去污染的衣着，用大量流动清水冲洗至少 15 min。就医。
- 眼睛接触：提起眼睑，用流动清水或生理盐水冲洗。就医。
- 吸入或吸入：迅速脱离现场至空气新鲜处。保持呼吸道通畅。如呼吸困难，给输氧。如呼吸停止，立即进行人工呼吸。就医。饮足量温水，催吐。就医。
- 火灾时，使用雾状水、泡沫、干粉、二氧化碳、砂土灭火。

【安全储存】

- 远离火种、热源，工作场所严禁吸烟。使用防爆型的通风系统和设备。防止蒸气泄漏到工作场所空气中。灌装时应控制流速，且有接地装置，防止静电积聚。在室温下易挥发，因此容器内可用水封盖表面。储存于阴凉、通风的库房。远离火种、热源。库温不宜超过 30℃。保持容器密封。应与氧化剂、胺类、碱金属、食用化学品分开存放，切忌混储。

【废弃处置】

- 处置前应参阅国家和地方有关法规。建议用焚烧法处置。焚烧炉排出的硫氧化物通过洗涤器除去。

请参阅化学品安全技术说明书

供应商：××××××公司　　　**电话：××××××**

地　址：××××××××　　　　**邮编：××××××**

化学事故应急咨询电话：×××-××××××

图 3-13 危险化学品安全标签样例

氯乙烯 99.99%

危 险

极易燃气体；引起严重的皮肤灼伤和眼睛损伤；可致癌；可能损害生育力或胎儿；吸入有害

【预防措施】
• 远离热源、火花、明火、热表面，使用不产生火花的工具作业。
• 保持容器密闭；并储存于阴凉、通风处。
• 采取防静电措施；生产设备接地。
• 使用防爆型电器、通风、照明及其他设备。
• 操作人员佩戴过滤式防毒面具（半面罩），戴化学安全防护眼镜，穿防静电工作服，戴防化学品手套。
• 避免与氧化剂接触。
• 作业场所不得进食、饮水、吸烟。
• 配备相应品种和数量的消防器材及泄漏应急处理设备。
【事故响应】
• 皮肤接触：立即脱去污染的衣着，用肥皂水和清水彻底冲洗皮肤。就医。
• 眼睛接触：提起眼睑，用流动清水或生理盐水冲洗。就医。
• 吸入：迅速脱离现场至空气新鲜处。保持呼吸道通畅。如呼吸困难，给输氧。如呼吸停止，立即进行人工呼吸。就医。
• 火灾时：泄漏气体着火，切勿灭火，除非能安全地切断泄漏源。如果没有危险，消除一切点火源。
【安全储存】
• 储存于阴凉、通风的库房。
• 远离火种、热源。库温不超过 30℃。
• 应与氧化剂分开存放，切忌混储。
• 采用防爆型照明、通风设施。
• 禁止使用易产生火花的机械设备和工具。
• 储区应备有泄漏应急处理设备。
【废弃处置】
• 用焚烧法处置。与燃料混合后，再焚烧。焚烧炉排出的卤化氢通过酸洗涤器除去。

请参阅化学品安全技术说明书

供应商：×××××××××××   电话：××××××

地　址：×××××××××××   邮编：××××××

化学事故应急咨询电话：××××××

图 3-14　氯乙烯安全标签样例

化学品名称

危险

极易燃液体和蒸气，食入致死，对
水生生物毒性非常大

请参阅化学品安全技术说明书

供应商：×××××××××××××××××××　　电话：××××××

化学事故应急咨询电话：××××××

图 3-15　危险化学品简化安全标签样例

3.3.3.5　企业对危险化学品标签的管理要求

（1）危险化学品生产企业

必须确保本企业生产的危险化学品在出厂时加贴符合国家标准的安全标签到每个容器或每层包装上，使化学品供应和使用的每一阶段，均能在容器或包装上看到化学品的识别标志。

在获得新的有关安全和健康的资料后，应及时修正安全标签。

确保所有工人都进行过专门的培训教育，能正确识别安全标签的内容，能对化学品进行安全使用和处置。

（2）危险化学品使用单位

使用危险化学品应有安全标签，并应对包装上的安全标签进行核对，若安全标签脱落或损坏，经检查确认后应立即补贴。

购进的化学品进行转移或分装到其他容器时，转移或分装后的容器应贴安全标签。

确保所有工人都进行过专门的培训教育，能正确识别标签的内容，能对化学品进行安全使用和处置。

（3）危险化学品经销、运输单位

经销单位经营的危险化学品必须具有安全标签。

进口的危险化学品必须具有符合我国标签标准的中文安全标签。

运输单位对无安全标签的危险化学品一律不能承运。

3.3.4　危险化学品安全技术说明书

危险化学品安全技术说明书是一份关于危险化学品燃爆、毒性和环境危害以及安全使用、泄漏应急处置、主要理化参数、法律法规等方面信息的综合性文件。

化学品安全技术说明书（Material Safety Data Sheet，MSDS），国际上称作化学品安全信息卡，简称 MSDS 或 SDS。

3.3.4.1 危险化学品安全技术说明书的主要作用

① MSDS 作为危险化学品安全生产、安全流通、安全使用的指导性文件；
② MSDS 为应急作业人员进行应急作业时的技术指导；
③ MSDS 为制订危险化学品安全操作规程提供技术信息；
④ 化学品登记管理的重要基础和手段；
⑤ 企业进行安全教育的重要内容。

3.3.4.2 危险化学品安全技术说明书的内容

MSDS 包括以下 16 个部分的内容。

第一部分：化学品及企业标识

主要标明化学品的名称，该名称应与安全标签上的名称一致，建议同时标注供应商的产品代码。

应标明供应商的名称、地址、电话号码、应急电话、传真和电子邮件地址。

该部分还应说明化学品的推荐用途和限制用途。

第二部分：危险性概述

该部分应标明化学品主要的物理和化学危险性信息，以及对人体健康和环境影响的信息，如果该化学品存在某些特殊的危险性质，也应在此说明。

如果已经根据 GHS 对化学品进行了危险品分类，应标明 GHS 危险性类别，同时应标注 GHS 的标签要素，如象形图或符号、防范说明、危险信息和警示词等，象形图或符号如火焰、骷髅和交叉骨可以用黑白颜色表示。GHS 分类未包括的危险性（如粉尘爆炸危险）也应在此处注明。

应注明人员接触后的主要症状及应急综述。

第三部分：成分/组分信息

该部分应注明该化学品是物质还是混合物。

如果是物质，应提供化学名或通用名、美国化学文摘登记号（CAS 号）及其他标识符。如果是某种物质按 GHS 分类标准分类为危险化学品，则应列明包括对该物质的危险性分类产生影响的杂质和稳定剂在内的所有危险组分的化学品名或通用名以及浓度或浓度范围。

如果是混合物，不必列明所有组分。

如果按 GHS 标准被分类为危险的组分，并且其含量超过了浓度限制，应列明该组分的名称信息、浓度或浓度范围。对已经识别的危险组分也应该提供被识别为危险组分的化学名或通用名、浓度或浓度范围。

第四部分：急救措施

该部分应说明必要时应采取的急救措施及应避免的行动，此处填写的文字应该易于被受害人和（或）施救者理解。

根据不同的接触方式将信息细分为：吸入、皮肤接触、眼睛接触和食入。

该部分应简要描述接触化学品后的急性和迟发效应、主要症状和对健康的主要影响，详细资料可在第十一部分列明。

如有必要，本项应包括对保护施救者的忠告和对医生的特别提示。

如有必要，还要给出及时的医疗护理和特殊的治疗。

第五部分：消防措施

该部分应说明合适的灭火方法和灭火剂，如有不合适的灭火剂也应在此标明。

应标明化学品的特别危险性（如产品是危险的易燃品）。

标明特殊灭火方法及保护消防人员特殊的防护装备。

第六部分：泄漏应急处理

该部分应包括以下信息：

① 作业人员防护措施、防护装备和应急处置程序；

② 环境保护措施；

③ 泄漏化学品的收容、清除方法及所使用的处置材料（如果和第十三部分不同，列明恢复、中和及清除方法）。

第七部分：操作处置与储存

① 操作处置　应描述安全处理注意事项，包括防止化学品人员接触、防止发生火灾和爆炸的技术措施和提供局部或全部通风、防止形成气溶胶和粉尘的技术措施等，还应包括防止直接接触不相容物质或混合物的特殊处置的注意事项。

② 储存　应描述安全储存的条件（适合的储存条件和不适合的储存条件）、安全技术措施、同禁配物隔离储存的措施、包装材料信息（建议的包装材料和不建议的包装材料）。

第八部分：接触控制和个体防护

列明容许浓度，如职业接触限值或生物限值。

列明减少接触的工程控制方法，该信息是对第七部分内容的进一步补充。

如果可能，列明容许浓度的发布日期、数据出处、试验方法及方法来源。

列明推荐使用的个体防护设备，例如：a. 呼吸系统防护；b. 手防护；c. 眼睛防护；d. 皮肤和身体防护。

标明防护设备的类型和材质。

化学品若只在某些特殊条件下才具有危险性，如量大、高浓度、高温、高压等，应标明这些情况下的特殊防护措施。

第九部分：理化特性

该部分应提供以下信息：

① 化学品的外观与性状，例如物态、形状和颜色；

② pH 值，并指明浓度；

③ 熔点/凝固点；

④ 闪点；

⑤ 燃烧上下极限或爆炸极限；

⑥ 蒸气压；

⑦ 蒸气密度；

⑧ 密度/相对密度；

⑨ 溶解性；

⑩ 自燃温度、分解温度。

如果有必要，应提供下列信息：a. 气味阈值；b. 蒸发速率；c. 易燃性（固体、气体）。也应该提供化学品安全使用的其他资料，例如放射性或体积密度等。

必要时，应提供数据的测定方法。

第十部分：稳定性和反应性

该部分应描述化学品的稳定性和在特定条件下可能发生的危险反应。应包括以下信息：

① 应避免的条件（例如静电、撞击或震动）；

② 不相容的物质；

③ 危险分解产物，一氧化碳、二氧化碳和水除外。

填写该部分时应考虑提供化学品的预期用途和可预见的错误用途。

第十一部分：毒理学信息

该部分应全面、简捷地描述使用者接触化学品后产生的各种毒性作用（健康影响），应包括以下信息。

① 急性毒性；

② 皮肤刺激或腐蚀；

③ 眼睛刺激或腐蚀；

④ 呼吸过敏或皮肤过敏；

⑤ 生殖细胞突变性；

⑥ 致癌性；

⑦ 生殖毒性；

⑧ 特异性靶器官系统毒性——一次接触；

⑨ 特异性靶器官系统毒性——反复接触；

⑩ 吸入危害。

如果可能，分别描述一次接触、反复接触与连续接触所产生的毒性作用；迟发效应和即时效应都应分别说明。

潜在的有害效应，应包括与毒性值（例如急性毒性估计值）测试观察到的有关症状、理化和毒理学特性。

应按照不同的接触途径（如吸入、皮肤接触、眼睛接触、食入）提供信息。

如果可能，提供更多的科学试验产生的数据或结果，并标明引用文献资料来源。

如果混合物没有作为整体进行毒性试验，应提供每个组分的相关信息。

第十二部分：生态学信息

该部分提供化学品的环境影响、环境行为和归宿方面的信息，如：

① 化学品在环境中的预期行为，可能对环境造成的影响/生态毒性；

② 持久性和降解性；

③ 潜在的生物累积性；

④ 土壤中的迁移性。

如果可能，提供更多的科学试验生产的数据或结果，并标明引用文献资料来源。

如果可能，提供任何生态系统限值。

第十三部分：废弃处置

该部分包括为安全和有利于环境保护而推荐的废弃处置方法信息。

这些处置方法适用于化学品（残余废弃物），也适用于任何受污染的容器和包装。

提醒下游用户注意当地废弃处置法规。

第十四部分：运输信息

该部分包括国际运输法规规定的编号与分类信息，这些信息应根据不同的运输方式，如陆运、海运和空运进行区分。

应包括以下信息：

① 联合国危险货物编号（UN 号）；

② 联合国运输名称；

③ 联合国危险性分类；

④ 包装组（如果可能）；

⑤ 海洋污染物（是/否）；

⑥ 提供使用者需要了解或遵守的其他运输或运输工具有关的特殊防范措施。

可增加其他相关法规的规定。

第十五部分：法规信息

该部分应标明适用该化学品的法规名称。

提供与法规相关的法规信息和化学品标签信息。

提醒下游用户注意当地废弃处置法规。

第十六部分：其他信息

该部分应进一步提供上述各项未包括的其他重要信息。

危险化学品安全技术说明书示例可参考附录 C。

第 4 章

危险化学品运输安全

4.1 危险化学品运输概述

危险化学品运输是指危险化学品从危险化学品生产地向使用地的实体流动过程，大量的危险化学品运输车辆在道路上运输，就相当于多个危险源时刻流动存在，其潜在危险性及有效的安全管控必需性可想而知。我国政府各相关职能部门十分重视危险化学品的安全管理工作，把危险化学品安全运输问题作为一个系统工程来抓，就危险化学品安全运输问题不断开展研究，对危险化学品运输制定了一系列法律、法规和标准规范，如《中华人民共和国安全生产法》（以下简称《安全生产法》）和《危险化学品安全管理条例》《道路危险货物运输管理规定》《铁路危险货物运输管理规则》《危险货物道路运输规则》等，涉及危险化学品运输方方面面，这在一定程度上对于缓解危险化学品运输事故高发起到了积极作用。

由于危险化学品运输具有易燃、易爆、有毒和具腐蚀性的特点，运输过程中如果受热及遇到明火、碰撞、振动、摩擦等，存在着爆炸、火灾、中毒、辐射等重大事故风险。运输危险品的车辆仿佛"流动的定时炸弹"，稍有不慎，就可能引起灾难性后果，危险化学品运输事故多呈现出影响大、危害大、伤亡人数多的特点。

危险化学品的运输安全可以分为道路运输安全、汽车运输安全、槽车运输安全、铁路运输安全、水路运输安全、航空运输安全以及港口危险化学品货物安全。

4.1.1 法律法规基本要求

（1）《中华人民共和国安全生产法》

《安全生产法》（2021 年修订）中第三十九条规定：生产、经营、运输、储存、使用危险物品或者处置废弃危险物品的，由有关主管部门依照有关法律、法规的规定和国家标准或者行业标准审批并实施监督管理。

生产经营单位生产、经营、运输、储存、使用危险物品或者处置废弃危险物品，必须执行有关法律、法规和国家标准或者行业标准，建立专门的安全管理制度，采取可靠的安全措施，接受有关主管部门依法实施的监督管理。

（2）《危险化学品安全管理条例》

第四十三条规定：从事危险化学品道路运输、水路运输的，应当分别依照有关道路运输、水路运输的法律、行政法规的规定，取得危险货物道路运输许可、危险货物水路运输许可，并向工商行政部门办理登记手续。

危险化学品道路运输企业、水路运输企业应当配备专职安全管理人员。

第四十四条规定：危险化学品道路运输企业、水路运输企业的驾驶人员、船员、装卸管理人员、押运人员、申报人员、集装箱装箱现场检查员应当经交通部门考核合格，取得从业资格。具体办法由国务院交通部门制定。

危险化学品的装卸作业应当遵守安全作业标准、规程和制度，并在装卸管理人员的现场指挥或者监控下进行。水路运输危险化学品的集装箱装箱作业应当在集装箱装箱现场检查员的指挥或者监控下进行，并符合积载、隔离的规范和要求；装箱作业完毕后，集装箱装箱现场检查员应当签署装箱证明书。

第四十五条规定：运输危险化学品，应当根据危险化学品的危险特性采取相应的安全防护措施，并配备必要的防护用品和应急救援器材。

用于运输危险化学品的槽罐以及其他容器应当封口严密，能够防止危险化学品在运输过程中因温度、湿度或者压力的变化发生渗漏、洒漏；槽罐以及其他容器的溢流和泄压装置应当设置准确、起闭灵活。

运输危险化学品的驾驶人员、船员、装卸管理人员、押运人员、申报人员、集装箱装箱现场检查员，应当了解所运输的危险化学品的危险特性及其包装物、容器的使用要求和出现危险情况时的应急处置方法。

第四十六条规定：通过道路运输危险化学品的，托运人应当委托依法取得危险货物道路运输许可的企业承运。

第四十七条规定：通过道路运输危险化学品的，应当按照运输车辆的核定载质量装载危险化学品，不得超载。危险化学品运输车辆应当符合国家标准要求的安全技术条件，并按照国家有关规定定期进行安全技术检验。危险化学品运输车辆应当悬挂或者喷涂符合国家标准要求的警示标志。

第四十八条规定：通过道路运输危险化学品的，应当配备押运人员，并保证所运输的危险化学品处于押运人员的监控之下。

运输危险化学品途中因住宿或者发生影响正常运输的情况，需要较长时间停车的，驾驶人员、押运人员应当采取相应的安全防范措施；运输剧毒化学品或者易制爆危险化学品的，还应当向当地公安机关报告。

第四十九条规定：未经公安机关批准，运输危险化学品的车辆不得进入危险化学品运输车辆限制通行的区域。危险化学品运输车辆限制通行的区域由县级公安机关划定，并设置明显的标志。

第五十条规定：通过道路运输剧毒化学品的，托运人应当向运输始发地或者目的地县级公安机关申请剧毒化学品道路运输通行证。

申请剧毒化学品道路运输通行证，托运人应当向县级公安机关提交下列材料：

① 拟运输的剧毒化学品品种、数量的说明；

② 运输始发地、目的地、运输时间和运输路线的说明；

③ 承运人取得危险货物道路运输许可、运输车辆取得营运证以及驾驶人员、押运人员取得上岗资格的证明文件；

④ 本条例第三十八条第一款、第二款规定的购买剧毒化学品的相关许可证件，或者海关出具的进出口证明文件。

县级公安机关应当自收到前款规定的材料之日起 7 日内，做出批准或者不予批准的决定。予以批准的，颁发剧毒化学品道路运输通行证；不予批准的，书面通知申请人并说明理由。

剧毒化学品道路运输通行证管理办法由国务院公安部门制定。

第五十一条规定：剧毒化学品、易制爆危险化学品在道路运输途中丢失、被盗、被抢或者出现流散、泄漏等情况的，驾驶人员、押运人员应当立即采取相应的警示措施和安全措施，并向当地公安机关报告。公安机关接到报告后，应当根据实际情况立即向安监部门、环保部门、卫生部门通报。有关部门应当采取必要的应急处置措施。

第五十二条规定：通过水路运输危险化学品的，应当遵守法律、行政法规以及国务院交通运输主管部门关于危险货物水路运输安全的规定。

第六十五条规定：通过铁路、航空运输危险化学品的安全管理，依照铁路、航空运输的法律、行政法规、规章的规定执行。

新修订的《危险化学品安全管理条例》对相关部门职责进行了更具体的说明，同时从我国实际出发，按照现有分工，规定由交通、铁路、民航部门负责各自行业危险化学品运输单位和运输工具的安全管理、监督检查和资质认定等。

（3）《道路危险货物运输管理规定》

2019 年 11 月 28 日第二次修正的《道路危险货物运输管理规定》，共分为 7 章，包括总则，道路危险货物运输许可，专用车辆、设备管理，道路危险货物运输，监督检查，法律责任，附则共 67 条。同时相关的标准和规定有《汽车危险货物运输规则》（JT 3130）、《道路运输危险货物车辆标志》（GB 13392）、《汽车运输危险货物品名表》和《汽车运输出境危险货物包装容器检验管理办法》等。

（4）《铁路危险货物运输管理规则》

《铁路危险货物运输管理规则》（铁总运 [2017] 164 号）共 18 章，包括：总则；办理限制管理；业务办理；运输包装；试运管理；运输及签认制度；押运管理；保管和交付；劳动安全及防护；洗刷除污；培训与考核；危险货物货车；危险货物集装箱；剧毒品运输；放射性物品（物质）运输；危险货物进出口运输；事故应急救援；附则。同时还有《铁路运输危险货物采用集装箱的规定》《铁路危险货物运输管理细则》和《铁路危险货物品名表》等。

4.1.2 危险化学品运输一般安全规定

根据危险化学品运输事故发生经验的总结及日常安全管理，一般安全规定主要包括如下几个方面：

① 运输、装卸危险化学品，应当依照有关法律、法规、规章的规定和国家标准的要求并按照危险化学品的危险特性，采取必要的安全防护措施。

② 用于化学品运输工具的槽罐以及其他容器，必须依照《危险化学品安全管理条例》的规定，由专业生产企业定点生产，并经检测、检验合格，方可使用。质检部门应当对专业生产企业定点生产的槽罐以及其他容器的产品质量进行定期或者不定期的检查。

③ 运输危险化学品的槽罐以及其他容器必须封口严密，能够承受正常运输条件下产生的内部压力和外部压力，保证危险化学品运输中不因温度、湿度或者压力的变化而发生任何渗（洒）漏。

④ 装运危险货物的罐（槽）应适合所装货物的性能，具有足够的强度，并应根据不同货物的需要配备泄压阀、防波板、遮阳物、压力表、液位计、导除静电等相应的安全装置；罐（槽）外部的附件应有可靠的防护设施，必须保证所装货物不发生"跑、冒、滴、漏"，并在阀门口装置积漏器。

⑤ 通过公路运输危险化学品，必须配备押运人员，并随时处于押运人员的监管之下，不得超装、超载，不得进入危险化学品运输车辆禁止通行的区域；确需进入禁止通行区域的，应当事先向当地公安部门报告，由公安部门为其制定行车时间和路线，运输车辆必须遵守公安部门规定的行车时间和路线。

⑥ 危险化学品运输车辆禁止通行区域，由设区的市级人民政府公安部门划定，并设置明显的标志。

⑦ 运输危险化学品途中需要停车住宿或者遇到无法正常运输的情况下，应当向当地公安部门报告。

⑧ 运输危险化学品的车辆应专车专用，并有明显标志，要符合交通管理部门对车辆和设备的规定：

a. 车厢、底板必须平坦完好，周围栏板必须牢固。

b. 机动车辆排气管必须装有有效的隔热和熄灭火星的装置，电路系统应有切断总电源和隔离火花的装置。

c. 车辆左前方必须悬挂黄底黑字"危险品"字样的信号旗。

d. 根据所装危险货物的性质，配备相应的消防器材和捆扎、防水、防散失等用具。

⑨ 应定期对装运放射性同位素的专用运输车辆、设备、搬动工具、防护用品进行放射性污染程度的检查，当污染量超过规定的允许水平时，不得继续使用。

⑩ 装运集装箱、大型气瓶、可移动罐（槽）等的车辆，必须设置有效的禁锢装置。

⑪ 各种装卸机械和工具要有足够的安全系数，装卸易燃、易爆危险货物的机械和工具，必须有消除产生火花的措施。

⑫ 三轮机动车、全挂汽车列车、人力三轮车、自行车和摩托车不得装运爆炸品、一级氧化剂、有机过氧化物；拖拉机不得装运爆炸品、一级氧化剂、有机过氧化物、一级易燃品；自卸汽车除二级固体危险货物外，不得装运其他危险货物。

⑬ 危险化学品在运输中包装应牢固，各类危险化学品包装应符合国家标准《危险货物运输包装通用技术条件》（GB 12463）的规定。

⑭ 性质或消防方法相互抵触，以及配装号或类项不同的危险化学品不能装在同一车、船内运输。

⑮ 易燃品、易爆品不能装在铁帮、铁底车、船内运输。

⑯ 闪点在 28℃ 以下的易燃品，气温高于 28℃ 时应在夜间运输。

⑰ 运输危险化学品的车辆、船只应有防火安全措施。

⑱ 禁止无关人员搭乘运输危险化学品的车、船和其他运输工具。

⑲ 运输爆炸品和需凭证运输的危险化学品，应有运往地县、市公安部门的《爆炸品准运证》或《危险化学品准运证》。通过航空运输危险化学品的，应按照国务院民航部门的有关规定执行。

4.2 危险化学品道路运输安全

4.2.1 运输许可

《道路危险货物运输管理规定》有如下规定。

4.2.1.1 第八条规定

申请从事道路危险货物运输经营，应当具备下列条件：

（1）有符合下列要求的专用车辆及设备

① 自有专用车辆（挂车除外）5 辆以上；运输剧毒化学品、爆炸品的，自有专用车辆（挂车除外）10 辆以上。

② 专用车辆的技术要求应当符合《道路运输车辆技术管理规定》有关规定。

③ 配备有效的通信工具。

④ 专用车辆应当安装具有行驶记录功能的卫星定位装置。

⑤ 运输剧毒化学品、爆炸品、易制爆危险化学品的，应当配备罐式、厢式专用车辆或者压力容器等专用容器。

⑥ 罐式专用车辆的罐体应当经质量检验部门检验合格，且罐体载货后总质量与专用车辆核定载质量相匹配。运输爆炸品、强腐蚀性危险货物的罐式专用车辆的罐体容积不得超过 $20m^3$，运输剧毒化学品的罐式专用车辆的罐体容积不得超过 $10m^3$，但符合国家有关标准的罐式集装箱除外。

⑦ 运输剧毒化学品、爆炸品、强腐蚀性危险货物的非罐式专用车辆，核定载质量不得超过 10t，但符合国家有关标准的集装箱运输专用车辆除外。

⑧ 配备与运输的危险货物性质相适应的安全防护、环境保护和消防设施设备。

（2）有符合下列要求的停车场地

① 自有或者租借期限为 3 年以上，且与经营范围、规模相适应的停车场地，停车场地应当位于企业注册地市级行政区域内。

② 运输剧毒化学品、爆炸品专用车辆以及罐式专用车辆，数量为 20 辆（含）以下的，停车场地面积不低于车辆正投影面积的 1.5 倍；数量为 20 辆以上的，超过部分，每辆车的停车场地面积不低于车辆正投影面积。运输其他危险货物的，专用车辆数量为 10 辆（含）以下的，停车场地面积不低于车辆正投影面积的 1.5 倍；数量为 10 辆以上的，超过部分，每辆车的停车场地面积不低于车辆正投影面积。

③ 停车场地应当封闭并设立明显标志，不得妨碍居民生活和威胁公共安全。

（3）有符合下列要求的从业人员和安全管理人员

① 专用车辆的驾驶人员取得相应机动车驾驶证，年龄不超过 60 周岁。

② 从事道路危险货物运输的驾驶人员、装卸管理人员、押运人员应当经所在地设区的市级人民政府交通运输主管部门考试合格，并取得相应的从业资格证；从事剧毒化学品、爆炸品道路运输的驾驶人员、装卸管理人员、押运人员，应当经考试合格，取得注明为"剧毒化学品运输"或者"爆炸品运输"类别的从业资格证。

③ 企业应当配备专职安全管理人员。

（4）有健全的安全生产管理制度

① 企业主要负责人、安全管理部门负责人、专职安全管理人员安全生产责任制度。

② 从业人员安全生产责任制度。

③ 安全生产监督检查制度。

④ 安全生产教育培训制度。

⑤ 从业人员和专用车辆、设备及停车场地安全管理制度。

⑥ 应急救援预案制度。

⑦ 安全生产作业规程。

⑧ 安全生产考核与奖惩制度。

⑨ 安全事故报告、统计与处理制度。

4.2.1.2　第九条规定

符合下列条件的企事业单位，可以使用自备专用车辆从事为本单位服务的非经营性道路危险货物运输：

（1）属于下列企事业单位之一

① 省级以上安全生产监督管理部门批准设立的生产、使用、储存危险化学品的企业。

② 有特殊需求的科研、军工等企事业单位。

（2）具备本规定第八条的条件，但自有专用车辆（挂车除外）的数量可以少于 5 辆。

4.2.1.3　第十条规定

申请从事道路危险货物运输经营的企业，应当依法向工商行政管理机关办理有关登记手续后，向所在地设区的市级道路运输管理机构提出申请，并提交以下材料：

（1）《道路危险货物运输经营申请表》，包括申请人基本信息、申请运输的危险货物范围（类别、项别或品名，如果为剧毒化学品应当标注"剧毒"）等内容。

（2）拟担任企业法定代表人的投资人或者负责人的身份证明及其复印件，经办人身份证明及其复印件和书面委托书。

（3）企业章程文本。

（4）证明专用车辆、设备情况的材料，包括：

① 未购置专用车辆、设备的，应当提交拟投入专用车辆、设备承诺。承诺书内容应

当包括车辆数量、类型、技术等级、总质量、核定载质量、车轴数以及车辆外廓尺寸；通信工具和卫星定位装置配备情况；罐式专用车辆的罐体容积；罐式专用车辆罐体载货后的总质量与车辆核定载质量相匹配情况；运输剧毒化学品、爆炸品、易制爆危险化学品的专用车辆核定载质量等有关情况。承诺期限不得超过 1 年。

② 已购置专用车辆、设备的，应当提供车辆行驶证、车辆技术等级评定结论；通信工具和卫星定位装置配备；罐式专用车辆的罐体检测合格证或者检测报告及复印件等有关材料。

（5）拟聘用专职安全管理人员、驾驶人员、装卸管理人员、押运人员的，应当提交拟聘用承诺书，承诺期限不得超过 1 年；已聘用的应当提交从业资格证及其复印件以及驾驶证及其复印件。

（6）停车场地的土地使用证、租借合同、场地平面图等材料。

（7）相关安全防护、环境保护、消防设施设备的配备情况清单。

（8）有关安全生产管理制度文本。

4.2.1.4　第十一条规定

申请从事非经营性道路危险货物运输的单位，向所在地设区的市级道路运输管理机构提出申请时，除提交第十条第（4）～（8）项规定的材料外，还应当提交以下材料：

（1）《道路危险货物运输申请表》，包括申请人基本信息、申请运输的物品范围（类别、项别或品名，如果为剧毒化学品应当标注"剧毒"）等内容。

（2）下列形式之一的单位基本情况证明：

① 省级以上安全生产监督管理部门颁发的危险化学品生产、使用等证明。

② 能证明科研、军工等企事业单位性质或者业务范围的有关材料。

（3）特殊运输需求的说明材料。

（4）经办人的身份证明及其复印件以及书面委托书。

4.2.1.5　第十二条规定

设区的市级道路运输管理机构应当按照《中华人民共和国道路运输条例》和《交通行政许可实施程序规定》，以及本规定所明确的程序和时限实施道路危险货物运输行政许可，并进行实地核查。

决定准予许可的，应当向被许可人出具《道路危险货物运输行政许可决定书》，注明许可事项，具体内容应当包括运输危险货物的范围（类别、项别或品名，如果为剧毒化学品应当标注"剧毒"），专用车辆数量、要求以及运输性质，并在 10 日内向道路危险货物运输经营申请人发放《道路运输经营许可证》，向非经营性道路危险货物运输申请人发放《道路危险货物运输许可证》。

市级道路运输管理机构应当将准予许可的企业或单位的许可事项等，及时以书面形式告知县级道路运输管理机构。

决定不予许可的，应当向申请人出具《不予交通行政许可决定书》。

4.2.1.6　第十三条规定

被许可人已获得其他道路运输经营许可的，设区的市级道路运输管理机构应当为其换发《道路运输经营许可证》，并在经营范围中加注新许可的事项。如果原《道路运输经营许可证》是由省级道路运输管理机构发放的，由原许可机关按照上述要求予以换发。

4.2.1.7　第十四条规定

被许可人应当按照承诺期限落实拟投入的专用车辆、设备。

原许可机关应当对被许可人落实的专用车辆、设备予以核实，对符合许可条件的专用车辆配发《道路运输证》，并在《道路运输证》经营范围栏内注明允许运输的危险货物类别、项别或者品名，如果为剧毒化学品应标注"剧毒"；对从事非经营性道路危险货物运输的车辆，还应当加盖"非经营性危险货物运输专用章"。

被许可人未在承诺期限内落实专用车辆、设备的，原许可机关应当撤销许可决定，并收回已核发的许可证明文件。

4.2.1.8　第十五条规定

被许可人应当按照承诺期限落实拟聘用的专职安全管理人员、驾驶人员、装卸管理人员和押运人员。

被许可人未在承诺期限内按照承诺聘用专职安全管理人员、驾驶人员、装卸管理人员和押运人员的，原许可机关应当撤销许可决定，并收回已核发的许可证明文件。

4.2.1.9　第十六条规定

道路运输管理机构不得许可一次性、临时性的道路危险货物运输。

4.2.1.10　第十七条规定

道路危险货物运输企业设立子公司从事道路危险货物运输的，应当向子公司注册地设区的市级道路运输管理机构申请运输许可。设立分公司的，应当向分公司注册地设区的市级道路运输管理机构备案。

4.2.1.11　第十八条规定

道路危险货物运输企业或者单位需要变更许可事项的，应当向原许可机关提出申请，按照本章有关许可的规定办理。

道路危险货物运输企业或者单位变更法定代表人、名称、地址等工商登记事项的，应当在 30 日内向原许可机关备案。

4.2.1.12　第十九条规定

道路危险货物运输企业或者单位终止危险货物运输业务的，应当在终止之日的 30 日前告知原许可机关，并在停业后 10 日内将《道路运输经营许可证》或者《道路危险货物运输许可证》以及《道路运输证》交回原许可机关。

4.2.2 专用车辆、设备管理

道路危险货物运输企业或者单位应当按照《道路运输车辆技术管理规定》中有关车辆管理的规定，维护、检测、使用和管理专用车辆，确保专用车辆技术状况良好。设区的市级道路运输管理机构应当定期对专用车辆进行审验，每年审验一次。审验按照《道路运输车辆技术管理规定》进行，并增加以下审验项目：

① 专用车辆投保危险货物承运人责任险情况；

② 必需的应急处理器材、安全防护设施设备和专用车辆标志的配备情况；

③ 具有行驶记录功能的卫星定位装置的配备情况。

禁止使用报废的、擅自改装的、检测不合格的、车辆技术等级达不到一级的和其他不符合国家规定的车辆从事道路危险货物运输。除铰接列车、具有特殊装置的大型物件运输专用车辆外，严禁使用货车列车从事危险货物运输；倾卸式车辆只能运输散装硫黄、萘饼、粗蒽、煤焦沥青等危险货物。禁止使用移动罐体（罐式集装箱除外）从事危险货物运输。用于装卸危险货物的机械及工具的技术状况应当符合行业标准《危险货物道路运输规则》（JT/T 617.1～617.7）规定的技术要求。

罐式专用车辆的常压罐体应当符合国家标准《道路运输液体危险货物罐式车辆 第 1 部分：金属常压罐体技术要求》（GB 18564.1）、《道路运输液体危险货物罐式车辆 第 2 部分：非金属常压罐体技术要求》（GB 18564.2）等有关技术要求。使用压力容器运输危险货物的，应当符合国家特种设备安全监督管理部门制订并公布的《移动式压力容器安全技术监察规程》（TSG R0005）等有关技术要求。压力容器和罐式专用车辆应当在质量检验部门出具的压力容器或者罐体检验合格的有效期内承运危险货物。道路危险货物运输企业或者单位对重复使用的危险货物包装物、容器，在重复使用前应当进行检查；发现存在安全隐患的，应当维修或者更换。道路危险货物运输企业或者单位应当对检查情况做出记录，记录的保存期限不得少于 2 年。道路危险货物运输企业或者单位应当到具有污染物处理能力的机构对常压罐体进行清洗（置换）作业，将废气、污水等污染物集中收集，消除污染，不得随意排放、污染环境。

4.2.3 道路危险货物运输

（1）道路危险货物运输企业或者单位应当严格按照道路运输管理机构决定的许可事项从事道路危险货物运输活动，不得转让、出租道路危险货物运输许可证件。

（2）非经营性道路危险货物运输单位不得从事道路危险货物运输经营活动。

（3）危险货物托运人应当委托具有道路危险货物运输资质的企业承运。危险货物托运人应当对托运的危险货物种类、数量和承运人等相关信息予以记录，记录的保存期限不得少于 1 年，严格按照国家有关规定妥善包装并在外包装设置标志，并向承运人说明危险货物的品名、数量、危害、应急措施等情况。

（4）需要添加抑制剂或者稳定剂的，托运人应当按照规定添加，并告知承运人相关注意事项。危险货物托运人托运危险化学品的，还应当提交与托运的危险化学品完全一致的安全技术说明书和安全标签。

（5）使用罐式专用车辆或者运输有毒、感染性、腐蚀性危险货物的专用车辆不得运输普通货物。其他专用车辆可以从事食品、生活用品、药品、医疗器具以外的普通货物运输，但应当由运输企业对专用车辆进行消除危害处理，确保不对普通货物造成污染、损害。不得将危险货物与普通货物混装运输。

（6）专用车辆应当按照国家标准《道路运输危险货物车辆标志》（GB 13392）的要求悬挂标志。

（7）运输剧毒化学品、爆炸品的企业或者单位，应当配备专用停车区域，并设立明显的警示标牌。专用车辆应当配备符合有关国家标准以及与所载运的危险货物相适应的应急处理器材和安全防护设备。

（8）道路危险货物运输企业或者单位不得运输法律、行政法规禁止运输的货物。法律、行政法规规定的限运、凭证运输货物，道路危险货物运输企业或者单位应当按照有关规定办理相关运输手续。法律、行政法规规定托运人必须办理有关手续后方可运输的危险货物，道路危险货物运输企业应当查验有关手续齐全有效后方可承运。

（9）道路危险货物运输企业或者单位应当采取必要措施，防止危险货物脱落、扬散、丢失以及燃烧、爆炸、泄漏等。

（10）驾驶人员应当随车携带"道路运输证"。驾驶人员或者押运人员应当按照《危险货物道路运输规则 第 7 部分：运输条件及作业要求》（JT/T 617.7）的要求，随车携带"道路运输危险货物安全卡"。

（11）在道路危险货物运输过程中，除驾驶人员外，还应当在专用车辆上配备押运人员，确保危险货物处于押运人员监管之下。道路危险货物运输途中，驾驶人员不得随意停车。因住宿或者发生影响正常运输的情况需要较长时间停车的，驾驶人员、押运人员应当设置警戒带，并采取相应的安全防范措施。运输剧毒化学品或者易制爆危险化学品需要较长时间停车的，驾驶人员或者押运人员应当向当地公安机关报告。

（12）危险货物的装卸作业应当遵守安全作业标准、规程和制度，并在装卸管理人员的现场指挥或者监控下进行。

（13）危险货物运输托运人和承运人应当按照合同约定指派装卸管理人员；若合同未予约定，则由负责装卸作业的一方指派装卸管理人员。驾驶人员、装卸管理人员和押运人员上岗时应当随身携带从业资格证。严禁专用车辆违反国家有关规定超载、超限运输。

（14）道路危险货物运输企业或者单位使用罐式专用车辆运输货物时，罐体载货后的总质量应当和专用车辆核定载质量相匹配；使用牵引车运输货物时，挂车载货后的总质量应当与牵引车的准牵引总质量相匹配。

（15）道路危险货物运输企业或者单位应当要求驾驶人员和押运人员在运输危险货物时，严格遵守有关部门关于危险货物运输线路、时间、速度方面的有关规定，并遵守有关部门关于剧毒、爆炸危险品道路运输车辆在重大节假日通行高速公路的相关规定。

（16）道路危险货物运输企业或者单位应当通过卫星定位监控平台或者监控终端及时纠正和处理超速行驶、疲劳驾驶、不按规定线路行驶等违法违规驾驶行为。监控数据应当至少保存 3 个月，违法驾驶信息及处理情况应当至少保存 3 年。

（17）道路危险货物运输从业人员必须熟悉有关安全生产的法规、技术标准和安全生产规章制度、安全操作规程，了解所装运危险货物的性质、危害特性、包装物或者容器的使用要求和发生意外事故时的处置措施，并严格执行《危险货物道路运输规则》（JT/T 617.1～617.7）等标准，不得违章作业。

（18）道路危险货物运输企业或者单位应当通过岗前培训、例会、定期学习等方式，对从业人员进行经常性安全生产、职业道德、业务知识和操作规程的教育培训。

（19）道路危险货物运输企业或者单位应当加强安全生产管理，制定突发事件应急预案，配备应急救援人员和必要的应急救援器材、设备，并定期组织应急救援演练，严格落实各项安全制度。

（20）道路危险货物运输企业或者单位应当委托具备资质条件的机构，对本企业或单位的安全管理情况每3年至少进行一次安全评估，出具安全评估报告。

（21）在危险货物运输过程中发生燃烧、爆炸、污染、中毒或者被盗、丢失、流散、泄漏等事故，驾驶人员、押运人员应当立即根据应急预案和《道路运输危险货物安全卡》的要求采取应急处置措施，并向事故发生地公安部门、交通运输主管部门和本运输企业或者单位报告。运输企业或者单位接到事故报告后，应当按照本单位危险货物应急预案组织救援，并向事故发生地安全生产监督管理部门和环境保护、卫生主管部门报告。道路危险货物运输管理机构应当公布事故报告电话。

（22）在危险货物装卸过程中，应当根据危险货物的性质，轻装轻卸，堆码整齐，防止混杂、洒漏、破损，不得与普通货物混合堆放。

（23）道路危险货物运输企业或者单位应当为其承运的危险货物投保承运人责任险。

（24）道路危险货物运输企业异地经营（运输线路起讫点均不在企业注册地市域内）累计3个月以上的，应当向经营地设区的市级道路运输管理机构备案并接受其监管。

4.2.4　危险化学品汽车运输安全

道路运输的主要工具是汽车，为加强汽车货物运输的组织管理，明确承运人和托运人的权利、义务，维护正常的运输秩序，根据国家的政策、法律及公路运输的有关法规，1988年由交通部颁布并施行的《汽车运输危险货物规则》，规定了汽车运输危险货物的托运、承运、车辆和设备、从业人员、劳动防护等基本要求。为危险化学品货物汽车运输的安全管理，提供了法律依据。2018年《汽车危险货物运输规则》（JT 617）废止，取而代之的是《危险货物道路运输规则》（JT/T 617.1～617.7）（以下简称《规则》）。

《规则》规定，危险货物是具有爆炸、易燃、毒害、腐蚀、放射性等性质，在运输、装卸和储存保管过程中，容易造成人身伤亡和财产损失而需要特别防护的货物。

显然，危险化学品的汽车运输属于危险货物运输管理的范围。

4.2.4.1　包装和标志

危险货物的包装应符合《危险货物运输包装通用技术条件》（GB 12463）、《放射性物品安全运输规程》（GB 11806）、《道路运输液体危险货物罐式车辆 第1部分：金属常压罐体技术要求》（GB 18564.1）和《道路运输液体危险货物罐式车辆 第2部分：非金属常压罐体技术要求》（GB 18564.2）的规定。危险货物的标志应符合《危险货物包装标志》（GB 190）和《包装储运图示标志》（GB/T 191）。

4.2.4.2　托运

（1）托运人应向具有汽车运输危险货物经营资质的企业办理托运，且托运的危险货物应与承运企业的经营范围相符合。

（2）托运人应如实详细地填写运单上规定的内容，运单基本内容见《危险货物道路运输规则　第 5 部分：托运要求》（JT/T 617.5）附录 C，并应提交与托运的危险货物完全一致的安全技术说明书和安全标签。

（3）托运未列入 GB 12268 的危险货物时，应提交与托运的危险货物完全一致的安全技术说明书、安全标签和危险货物鉴定表。

（4）危险货物性质或消防方法相抵触的货物应分别托运。

（5）盛装过危险货物的空容器，未经消除危险处理、有残留物的，仍按原装危险货物办理托运。

（6）使用集装箱装运危险货物的，托运人应提交危险货物装箱清单。

（7）托运需要控温运输的危险货物，托运人应向承运人说明控制温度、危险温度和控温方法，并在运单上注明。

（8）托运食用、药用的危险货物，应在运单上注明"食用""药用"字样。

（9）托运放射性物品，按 GB 11806 办理。

（10）托运需要添加抑制剂或者稳定剂的危险化学品，托运人交付托运时应当添加抑制剂或稳定剂，并在运单上注明。

（11）托运凭证运输的危险货物，托运人应提交相关证明文件，并在运单上注明。

（12）托运危险废物、医疗废物，托运人应提供相应识别标识。

4.2.4.3　承运

（1）承运人应当按照道路运输管理机构核准的经营范围受理危险货物的托运。

（2）承运人应当核实所装运危险货物的收发货地点、时间以及托运人提供的相关单证是否符合规定，并核实货物的品名、编号、规格、数量、件重、包装、标志、安全技术说明书、安全标签和应急措施以及运输要求。

（3）危险货物装运前应认真检查包装的完好情况，当发现破损、洒漏，托运人应当重新包装或修理加固，否则承运人应拒绝运输。

（4）承运人自接货起至送达交付前，应负保管责任。货物交接时，双方应做到点收、点交，由收货人在运单上签收。发生剧毒、爆炸、放射性物品货损、货差时，应及时向公安部门报告。

（5）危险货物运达卸货地点后，因故不能及时卸货的，应及时与托运人联系妥善处理；不能及时处理的，承运人应立即报告当地公安部门。

（6）承运人应拒绝运输托运人应派押运人员而未派的危险货物。

（7）承运人应拒绝运输已有水渍、雨淋痕迹的遇湿易燃物品。

（8）承运人有权拒绝运输不符合国家有关规定的危险货物。

4.2.4.4　车辆和设备

（1）基本要求

① 车厢、底板必须平坦完好，周围栏板必须牢固，铁质底板装运易燃、易爆货物时应采取衬垫防护措施，如铺垫木板、胶合板、橡胶板等，但不得使用谷草、草片等松软易燃材料。

② 机动车辆排气管必须装有有效的隔热和熄灭火星的装置，电路系统应有切断总电源和隔离电火花的装置。

③ 车辆左前方必须悬挂黄底黑字"危险品"字样的信号旗。

④ 根据所装危险货物的性质，配备相应的消防器材和捆扎、防水、防散失等用具。

⑤ 装运危险货物的罐（槽）应适合所装货物的性能，具有足够的强度，并应根据不同货物的需要配备泄压阀、防波板、遮阳物、压力表、液位计、导除静电等相应的安全装置；罐（槽）外部的附件应有可靠的防护设施，必须保证所装货物不发生"跑、冒、滴、漏"，并在阀门口装置积漏器。

⑥ 使用装运液化石油气和有毒液化气体的罐（槽）车及其设备，必须符合国家劳动总局 1981 年发布的《液化石油气汽车槽车安全管理规定》的要求。

⑦ 应定期对装运放射性同位素的专用运输车辆、设备、搬运工具、防护用品进行放射性污染程度的检查，当污染量超过规定的允许水平时，不得继续使用。

⑧ 装运集装箱、大型气瓶、可移动罐（槽）等的车辆，必须设置有效的紧固装置。

⑨ 各种装卸机械、工属具要有足够的安全系数；装卸易燃、易爆危险货物的机械和工属具，必须有消除产生火花的措施。

（2）特定要求

① 运输爆炸品的车辆，应符合国家爆破器材运输车辆安全技术条件规定的有关要求。

② 运输爆炸品、固体剧毒品、遇湿易燃物品、感染性物品和有机过氧化物时，应使用厢式货车运输，运输时应保证车门锁牢；对于运输瓶装气体的车辆，应保证车厢内空气流通。

③ 运输液化气体、易燃液体和剧毒液体时，应使用不可移动罐体车、拖挂罐体车或罐式集装箱；罐式集装箱应符合 GB/T 16563 的规定。

④ 运输危险货物常压罐体，应符合 GB 18564 规定的要求。

⑤ 运输危险货物的压力罐体，应符合 GB 150 规定的要求。

⑥ 运输放射性物品的车辆，应符合 GB 11806 规定的要求。

⑦ 运输需控温危险货物的车辆，应有有效的温控装置。

⑧ 运输危险货物的罐式集装箱，应使用集装箱专用车辆。

4.2.4.5　运输

运输危险货物时，必须严格遵守交通、消防、治安等法规。车辆运行应控制车速，保持与前车的距离，严禁违章超车，确保行车安全。对在夏季高温期间限运的危险货物，应按当地公安部门规定进行运输。

　　装载危险货物的车辆不得在居民聚居点、行人稠密地段、政府机关、名胜古迹、风景游览区停车。如必须在上述地区进行装卸作业或临时停车，应采取安全措施并征得当地公安部门同意。运输爆炸品、放射性物品及有毒压缩气体、液化气体的车辆，禁止通过大中城市的市区和风景游览区。如必须进入上述地区，应事先报经当地县、市公安部门批准，按照指定的路线、时间行驶。

　　三轮机动车、全挂汽车列车、人力三轮车、自行车和摩托车不得装运爆炸品、一级氧化剂、有机过氧化物；拖拉机不得装运爆炸品、一级氧化剂、有机过氧化物、一级易燃物品；自卸汽车除二级固体危险货物外，不得装运其他危险货物。

　　运输危险货物必须配备随车人员。运输爆炸品和需要特殊防护的烈性危险货物，托运人须派熟悉货物性质的人员指导操作、交接和随车押运。

　　危险货物如有丢失、被盗，应立即报告当地交通运输主管部门，并由交通运输主管部门会同公安部门查处。

　　运输危险货物的车辆严禁搭乘无关人员，途中应经常检查，发现问题及时采取措施；车辆中途临时停靠、过夜，应安排人员看管。

　　运输危险货物，车上人员严禁吸烟。运输忌火危险货物，车辆不得接近明火、高温场所。

　　危险货物运输应优先安排，对港口、车站到达的危险货物应迅速疏运。行车人员不准擅自变更作业计划，严禁擅自拼装、超载。对装运一级易燃、易爆、放射性货物的车辆应优先过渡。

　　危险货物装车前应认真检查包装（包括封口）的完好情况，如发现破损，应由发货人调换包装或修理加固。

　　装运危险货物应根据货物性质，采取相应的遮阳、控温、防爆、防火、防震、防水、防冻、防粉尘飞扬、防洒漏等措施。

　　装运危险货物的车厢必须保持清洁干燥，车上残留物不得任意排弃，被危险货物污染过的车辆及工具必须洗刷消毒。未经彻底消毒，严禁装运食用、药用物品，饲料及活动物。

　　危险货物装卸作业，必须严格遵守操作规程，轻装、轻卸，严禁摔碰、撞击、重压、倒置；使用的工属具不得损伤货物，不准粘有与所装货物性质相抵触的污染物。货物必须堆放整齐、捆扎牢固，防止失落。操作过程中，有关人员不得擅离岗位。

　　危险货物装卸现场的道路、灯光、标志、消防设施等必须符合安全装卸的条件。罐（槽）车装卸地点的储槽口应标有明显的货名牌；储槽注入、排放口的高度、容量和路面坡度应能适合运输车辆装卸的要求。

4.2.5　危险化学品槽车运输安全

　　危险化学品槽车的专业称谓是移动式压力容器，是指行驶在铁路、公路及水路上的盛装介质为气体、液化气体和最高工作温度高于或者等于标准沸点的液体，承载一定压力的特殊的压力容器。移动式压力容器在运输中占有很重要的地位，约占货车总数的 18%。由于盛装介质的易燃、有毒、腐蚀以及可能发生的分解、氧化、聚合，加之流动范围大，使用条件变化大，接触外界能量（如火灾、机械碰撞等）的机会多，因此在结构和使用方面都有一些不同于固定式压力容器的特殊要求。根据资料统计，罐式汽车数量约占移动式压力容器总量的90%以上。

移动式压力容器盛装的绝大多数是危险化学品介质，是流动的重大危险源，一旦出现泄漏事故，极易发生燃烧、爆炸、毒气扩散等严重的后果，造成经济财产损失、环境污染、生态破坏、人员伤亡等一系列问题，严重威胁社会的公共安全，直接影响着社会的稳定。

4.2.5.1 移动式压力容器的定义

《移动式压力容器安全技术监察规程》（TSG R0005）定义的移动压力容器是指由压力容器罐体或者钢制无缝瓶式压力容器（以下简称瓶式容器）与走行装置或者框架采用永久性连接组成的罐式或者瓶式运输装备，包括铁路罐车、汽车罐车、长管拖车、罐式集装箱和管束式集装箱等。移动式压力容器必须同时具备下列条件：

① 具有充装与卸载（以下简称装卸）介质功能，并且参与铁路、公路或者水路运输；

② 罐体工作压力大于或者等于0.1MPa，气瓶公称工作压力大于或者等于0.2MPa；

③ 罐体容积大于或者等于450L，气瓶大于或者等于1000L；

④ 充装介质为气体以及最高工作温度高于或者等于其标准沸点的液体。

上述四个条件中，相关术语说明：

① 具有装卸介质功能，是指仅在装置或者场区内移动使用，不参与铁路、公路或者水路运输的压力容器，按照固定式压力容器管理。

② 工作压力是指移动式压力容器在正常工作情况下，罐体或者瓶式容器顶部可能达到的最高压力。本规程所指压力除注明外均为表压力。

③ 容积是指移动式压力容器单个罐体或者单个瓶式容器的几何容积，按照设计图样标注的尺寸计算（不考虑制造公差）并且圆整，一般需要扣除永久连接在容器内部的内件的体积。

④ 气体是指在50℃时，蒸气压力大于0.3MPa（绝压）的物质，或者20℃时在0.1013MPa（绝压）标准压力下完全是气态的物质。按照运输时介质物理状态的不同，气体可以为压缩气体、高（低）压液化气体、冷冻液化气体等。

⑤ 液体是指在50℃时，蒸气压小于或者等于0.3MPa（绝压），或者在20℃和0.1013MPa（绝压）压力下不完全是气态，或者在0.1013MPa（绝压）标准压力下熔点或者起始熔点等于或者低于20℃的物质。

⑥ 移动式压力容器罐体内介质为最高工作温度低于其标准沸点的液体时，如果气相空间的容积与工作压力的乘积大于或者等于2.5MPa·L时，也属于移动式压力容器范畴。

4.2.5.2 移动式压力容器的分类

（1）按移动方式分类

移动式压力容器分为铁路罐车（介质为液化气体、低温液体）；罐式汽车［液化气体运输（半挂）车、低温液体运输（半挂）车、永久气体运输（半挂）车］；罐式集装箱（介质为液化气体、低温液体）等。

（2）按设计温度分类

移动式压力容器按设计温度划分为三种：

① 常温型：罐体为裸式，设计温度为 $-20 \sim 50℃$。

② 低温型：罐体采用堆积绝热式，设计温度为 $-70 \sim -20℃$。

③ 深冷型：罐体采用真空粉末绝热式或真空多层绝热式，设计温度低于 $-150℃$。

（3）按《移动式压力容器安全技术监察规程》分类

① 铁路罐车。

② 汽车罐车。汽车罐车是指由压力容器罐体与定型汽车底盘或者无动力半挂行走机构等部件组成，并且采用永久性连接，适用于公路运输的机动车。汽车罐车按用途可以分为油罐车、气罐车、液罐车、液化气体罐车、粉罐车、水泥搅拌罐车、加油罐车等。

a. 油罐车。主要用作石油的衍生品（汽油、柴油、原油、润滑油及煤焦油等油品）的运输和储藏。

根据运输的介质、配置和各个地方叫法的不同，有多种不同的称谓，如：油槽车、槽罐车、运油车、供油车、拉油车、流动加油车、税控加油车、电脑加油车、柴油运输车、汽油运输车、煤焦油运输车、润滑油运输车、食用油运输车、原油运输车、重油运输车、油品运输车等。

油罐车根据其外观又可分为平头油罐车、齐头油罐车、单桥油罐车、后双桥油罐车、双桥油罐车、双后桥油罐车、轻型油罐车、小型油罐车、中型油罐车、大型油罐车、半挂运油车、小三轴油罐车、前双后单油罐车、前四后四油罐车、前四后八油罐车等。

油罐车根据品牌，又分为跃进油罐车、东风油罐车、解放运油车、福田油罐车、重汽油罐车、欧曼油罐车、北奔油罐车、江淮运油车、陕汽油罐车、华菱运油车、五十铃油罐车、庆铃油罐车、江铃油罐车、红岩油罐车等。

b. 气罐车。用来装运氢气、氮气、氩气、石油等气态物品的罐式汽车。

c. 液罐车。用来装运燃油、润滑油、重油、酸类、碱类、液体化肥、水、食品饮料等液态物品的罐式汽车。

d. 液化气体罐车，又称为 LPG 运输车。是用来运输丙烷、丙烯、二甲醚、液氨、甲胺、乙醛、液化石油气等液化气体的专用汽车。

③ 长管拖车。指将几个或十几个大容积钢质无缝气瓶组装在框架里并固定在汽车拖车底盘上，将气瓶头部连通在一起，用于运送压缩气体的移动式压力容器。

④ 罐式集装箱和管束式集装箱

a. 罐式集装箱是一类安装于紧固外部框架内的钢制压力容器。

b. 管束式集装箱是由框架、大容积无缝钢瓶、前端安全仓、后端操作仓四部分组成的移动式压力容器。

4.2.5.3 标志

移动式压力容器的漆色与标志主要是为了便于区分移动式压力容器的类型和盛装的危险化学品种类。

（1）移动式压力容器的漆色

① 罐体颜色。一般移动式压力容器罐体外表面为银灰色（符合 GB 3181《漆膜颜色标准样本》规定的编号）；低温型汽车罐车罐体外表面为铝白色。

② 环形色带。沿通过罐体中心线的水平面与罐体外表面的交线对称均匀涂刷的一条表示液化气体介质种类的环形色带，在罐体两侧中央部位留空处涂刷标志图形。色带宽度为 150mm。

③ 字样、字色。在罐体两侧后部色带的上方书写装运介质名称，字色为大红（R03），字高为 200mm，字样为仿宋体。在介质名称对应的色带下方书写"罐体下次全面检验日期：××年××月"，字色为黑色，字高为 100mm，字样为仿宋体。

④ 图形标志。在罐体两侧中央环形色带留空处，按 GB 190《危险货物包装标志》规定的图形、字样、颜色，涂刷标志图形。图形尺寸为 250mm × 250mm。

⑤ 其余裸露部分涂色。安全阀——大红色（R03）；气相管（阀）——大红色（R03）；液相管（阀）——淡黄色（Y06）；其他阀门——银灰色（B04）；其他——不限。

（2）移动式压力容器罐体标志

为确保移动式压力容器的安全运输和便于充装前的检查，移动式压力容器的罐体采用不同的色带进行特殊标志。

4.2.5.4 管理规则

移动式压力容器定期检验是指移动式压力容器停运时由检验机构进行的检验和安全状况登记评定，其中汽车罐车、铁路罐车和罐式集装箱的定期检验分为年度检验和全面检验。

（1）汽车罐车、铁路罐车和罐式集装箱的定期检验周期

年度检验每年至少一次；首次全面检验应当于投用后 1 年内进行，下次全面检验周期，由检验机构根据移动式压力容器的安全状况等级，按照表 4-1 全面检验周期要求确定。罐体安全状况等级的评定按照《压力容器定期检验规则》（TSG R7001—2013）的规定执行。

表 4-1　汽车罐车、铁路罐车和罐式集装箱全面检验周期

罐体安全状况等级	定期检验周期		
	汽车罐车	铁路罐车	罐式集装箱
1～2 级	5 年	4 年	5 年
3 级	3 年	2 年	2.5 年

（2）长管拖车、管束式集装箱的定期检验周期

按照所充装介质不同，定期检验周期见表 4-2。对于已经达到设计使用年限的长管拖车和管束式集装箱瓶式容器，如果要继续使用，充装 A 组中介质时其定期检验周期为 3 年，充装 B 组中介质时定期检验周期为 4 年。除表 4-2 中 B 组的介质和其他惰性气体和无腐蚀性气体外，其他介质（如有毒、易燃、易爆、腐蚀等）均为 A 组。

表 4-2　长管拖车、管束式集装箱定期检验周期

介质组别	充装介质	定期检验周期	
		首次定期检验	定期检验
A	天然气(煤层气)、氢气	3 年	5 年
B	氮气、氦气、氩气、氖气、空气		6 年

（3）定期检验的内容

移动式压力容器定期检验的内容与要求按《压力容器定期检验规则》进行。

检验机构应当根据移动式压力容器的使用情况、失效模式制定检验方案。定期检验的方法以宏观检验、厚壁测定、表面无损检测为主，必要时可以采用超声检验、射线检测、硬度检测、金相分析、材料分析、强度校核或者耐压试验、声发射检测、气密性试验等。

罐体和管路上所有装卸阀门、安装泄放装置、紧急切断装置、仪表和其他附件应当设置适当的、具有一定强度的保护装置，如保护罩、防护罩等，用于在意外事故中保护安全附件和装卸附件不被损坏。

4.2.5.5　事故应急处理

（1）压力容器事故特点

① 压力容器在运行中由于超压、过热或腐蚀、磨损，受压元件难以承受时，会发生爆炸、撕裂等事故。

② 压力容器发生爆炸事故后，不但事故设备被毁，而且还波及周围的设备、建筑和人群。其爆炸所直接产生的碎片能飞出数百米远，并能产生巨大的冲击波，其破坏力与杀伤力极大。

③ 压力容器发生爆炸、撕裂等重大事故后，有毒物质的大量外溢会造成人畜中毒的恶性事故；而可燃性物质的大量泄漏，还会引起重大火灾和二次爆炸事故，后果也十分严重。

（2）压力容器事故发生原因

① 结构不合理、材质不符合要求、焊接质量不好、受压元件强度不够以及其他设计制造方面的原因。

② 安装不符合技术要求，安全附件规格不对、质量不好，以及其他安装、改造或修理方面的原因。

③ 在运行中超压、超负荷、超温、违反劳动纪律、违章作业、超过检验期限没有进行定期检验、操作人员不懂技术，以及其他运行管理不善方面的原因。

（3）压力容器事故应急措施

① 压力容器发生超压、超温时要马上切断进气阀门；对于反应容器停止进料；对于无毒非易燃介质，要打开放空管排气；对于有毒易燃易爆介质要打开放空管，将介质通过接管排至安全地点。

② 如果属超温引起的超压，除采取上述措施外，还要通过水喷淋冷却以降温。

③ 压力容器发生泄漏时，要马上切断进气阀门及泄漏处前端阀门。

④ 压力容器本体泄漏或第一道阀门泄漏时，要根据容器、介质不同使用专用堵漏技术和堵漏工具进行堵漏。

⑤ 易燃易爆介质泄漏时，要对周边明火进行控制，切断电源，严禁一切用电设备运行，防止静电产生。

补充知识：压力容器的分类

压力容器的形式很多，根据不同的要求，压力容器可以有很多种分类方法。

（1）按相对壁厚分　为便于设计计算，常根据容器外径 D_o 和内径 D_i 的比值 K（$K=$

D_o/D_i），将容器分为薄壁容器（$K \leqslant 1.2$）和厚壁容器（$K > 1.2$）。

（2）按几何形状分　根据容器的形状，可分为球形容器、圆筒形容器、方形或矩形容器、锥形容器和组合形容器。

（3）按制造材料分　根据制造材料不同，又有钢制容器、有色金属容器和非金属容器。

（4）按压力等级分　压力是压力容器最主要的工艺参数之一，从安全技术角度来看，容器的工作压力越高，发生爆炸事故的危害性也越大。为便于对压力容器进行分级管理和技术监督，按其工作压力分级也是必要的。压力容器按其承压方式的不同可分为内压容器和外压容器两类。当容器内部介质的压力大于外界压力时为内压容器，反之，则为外压容器。内压容器习惯上又可分为低压、中压、高压和超高压四个压力等级。具体划分如下。

① 低压容器（代号为 L）$0.1MPa \leqslant$设计压力 $p < 1.6MPa$；

② 中压容器（代号为 M）$1.6MPa \leqslant$设计压力 $p < 10MPa$；

③ 高压容器（代号为 H）$10MPa \leqslant$设计压力 $p < 100MPa$；

④ 超高压容器（代号为 U）设计压力 $p \geqslant 100MPa$。

4.3　危险化学品管道输送安全

危险化学品生产和使用中，管道和设备同样重要。因此，加强管道的使用、管理，也是现实安全生产的一项重要工作。管道输送运输能力大、成本低、效率高、损耗小、安全性强、管理方便、计量交接简便，因此，在我国的油气运输中占有相当大的比重。截至 2016 年年底，我国已建成油气管道总里程 11.64 万千米，其中天然气管道 6.8 万千米，原油管道 2.29 万千米，成品油管道 2.55 万千米。我国已基本形成连通海外、覆盖全国、横跨东西、纵贯南北、区域管网紧密跟进的油气骨干网布局。根据有关规划，到"十四五"末的 2025 年，我国长输油气管道总里程将超过 24 万千米。

4.3.1　管道输送的基本要求

压力管道是用来输送流体介质的一种设备。这些管道的输送介质和操作参数不尽相同，其危险性和重要程度差别不是很大，特别是输送危险化学品介质，其危险程度更加不可忽视。为了保证各类管道在设计条件下均能安全可靠地运行，对不同重要程度的管道应当提出不同的设计、制造和施工检验要求。目前在工程上主要采用给压力管道分类或分级的办法来解决这一问题。

4.3.1.1　管道输送的优点

管道输送不仅运输量大、连续、迅速、经济、安全、可靠、平稳、投资少、占地少、费用低，还可实现自动控制。除广泛用于石油、天然气的长距离运输外，管道还可以运输矿石、煤炭、建材、化学品和粮食等。管道运输可省去水运或陆运的中转环节，缩短运输周期，降低运输成本，提高运输效率。当前管道运输的发展趋势是管道的口径不断增大，运输能力大幅度提高；管道的运距迅速增加；运输物资由石油、天然气、化工产品等流体逐渐扩展到煤炭、矿石等非流体。我国已建成大庆至秦皇岛、胜利油田至南京等多条原油管道运输线。

在五大运输方式中，管道运输有独特的优势。在建设上，与铁路、公路、航空相比，投资要省得多。比较石油的管道运输和铁路运输，交通运输专家曾算过一笔账：沿成品油主要流向建设一条长 7000km 的管道，它所产生的社会综合经济效益，仅降低运输成本、节省动力消耗、减少运输中的损耗 3 项，每年可节约资金数十亿。

在油气运输上，管道运输有其独特的优势，一是输送平稳、不间断，对于现代化大生产来说，油田不停地生产，管道可以做到不停地运输，炼油化工工业可以不停地生产成品，满足国民经济需要；二是安全，对于油气来说，汽车、火车运输均有很大危险，国外称为"活动炸弹"，而管道在地下密闭输送，具有极高的安全性；三是保质，管道在密闭状态下运输，油品不挥发，质量不受影响；四是经济，管道运输损耗少、运费低、占地少、污染低。

成品油作为易燃易爆的高危险性流体，最好的运输方式应该是管道输送。与其他运输方式相比，管道运输成品油有运量大，劳动生产效率高；建设周期短，投资少，占地少；运输损耗少，无"三废"排放，有利于环境生态保护；可全天候连续运输，安全性高，事故少；以及运输自动化，成本和能耗低等明显优势。

4.3.1.2　管道运输的缺点

（1）专用性强

运输对象受限制，承运的货物比较单一。只适合运输诸如石油、天然气、化学品、碎煤浆等气体和液体货物。

（2）灵活性差

管道运输不如其他运输方式（如汽车运输）灵活，除承运的货物比较单一外，它也不能随便扩展管线，实现"门到门"的运输服务。对一般用户来说，管道运输常常要与铁路运输或汽车运输、水路运输配合才能完成全程输送。

（3）固定投资大

为了进行连续运输，还需要在各中间站建立储存库和加压站，以促进管道运输的畅通。

（4）专营性强

管道运输属于专用运输，生产与运销一体，不提供给其他发货人使用。

4.3.2　分类分级

4.3.2.1　压力管道类别级别的划分

中国石化对压力管道的类别划分有两类，分别是中国石化关于《压力管道设计资格类别级别认可和安装单资格实施细则》以及 SH 3059 对管道的分级。

首先，中国石化《压力管道设计资格类别级别认可和安装单资格实施细则》将压力管道分为以下几个类别：

（1）GA 类（长输管道）　指产地、储存库、使用单位之间的用于输送商品介质的管道，划分为 GA1 级和 GA2 级。

① GA1 级

a. 输送有毒、可燃、易爆气体介质，设计压力 $p>1.6MPa$ 的管道；

b. 输送有毒、可燃、易爆液体介质，输送距离≥200km 且管道直径 DN≥300mm 的管道；

c. 输送浆体介质，输送距离≥50km 且管道直径 DN≥150mm 的管道。

② GA2 级

a. 输送有毒、可燃、易爆气体介质，设计压力 $p≤1.6MPa$ 的管道；

b. GA1b 范围以外的管道；

c. GA1c 范围以外的管道。

（2）GB 类（公用管道）　指城市或乡镇范围内的用于公用事业或民用的燃气管道和热力管道，划分为 GB1 级和 GB2 级。

① GB1 级：燃气管道；

② GB2 级：热力管道。

（3）GC 类（工业管道）　指企业、事业单位所属的用于输送工艺介质的工艺管道、公用工程管道及其他辅助管道，划分为 GC1 级、GC2 级、GC3 级。

① GC1 级

a. 输送毒性程度为极度危害介质的管道（GB 5044《职业性接触毒物危害程度分级》）；

b. 输送火灾危险性为甲、乙类可燃气体或甲类可燃液体介质且设计压力 $p≥4.0MPa$ 的管道；

c. 输送可燃流体介质、有毒流体介质，设计压力 $p≥4.0MPa$ 且设计温度≥400℃的管道；

d. 输送流体介质且设计压力 $p≥10.0MPa$ 的管道。

② GC2 级

a. 输送火灾危险性为甲、乙类可燃气体或甲类可燃液体介质，且设计压力 $p<4.0MPa$ 的管道；

b. 输送可燃流体介质、有毒流体介质，设计压力 $p<4.0MPa$ 且设计温度≥400℃的管道；

c. 输送非可燃流体介质、无毒流体介质，设计压力 $p<10.0MPa$ 且设计温度≥400℃的管道；

d. 输送流体介质，设计压力 $p<10.0MPa$ 且设计温度<400℃的管道。

③ GC3 级（符合下列条件之一的 GC2 级管道划分为 GC3 级）：输送可燃流体介质、有毒流体介质，设计压力 $p<1.0MPa$，且设计温度<400℃的管道；

④ 输送非可燃流体介质、无毒流体介质，设计压力 $p<4.0MPa$ 且设计温度<400℃的管道。

（4）GD 类（动力管道）　指火力发电厂用于输送蒸汽、汽水两相介质的管道，划分为 GD1 级、GD2 级。

注：

① 输送距离指产地、储存库、用户间的用于输送商品介质管道的直接距离；

② GB 5044《职业性接触毒物危害程度分级》规定的；

③ GB 50160《石油化工企业设计防火标准（2018 年版）》规定的。

其次，SH 3059 对管道的分级，见表 4-3。

表 4-3 管道的分级

管道级别	适用范围
SHA	1. 毒性程度为极度危害介质管道(苯管道除外)
	2. 毒性程度为高危害介质的丙烯腈、光气、二氧化碳和氟化氢介质管道
	3. 设计压力大于或等于 10.0MPa 的介质管道
SHB	1. 毒性程度为极度危害介质的苯管道
	2. 毒性程度为高危害介质管道(丙烯腈、光气、二硫化碳、氟化氢介质除外)
	3. 甲类、乙类可燃气体和甲 A 类液化烃、甲 B 类、乙 A 类可燃液体介质管道
SHC	1. 毒性程度为中度、轻度危害介质管道
	2. 乙 B 类、丙类可燃液体介质管道
SHD	设计温度低于 −29℃ 的低温管道
SHE	设计压力小于 10.0MPa 且设计温度高于或等于 −29℃ 的无毒、非可燃介质管道

注：1. 毒性程度是根据《职业性接触毒物危害程度分级》(GB 5044) 划分的。极度危害属于Ⅰ级，车间空气中有害物质最高容许浓度 <0.1mg/m³；高度危害属于Ⅱ级，最高容许浓度 0.1mg/m³。极度危害的介质，如苯、氯乙烯、氯甲醚、氰化物等；高度危害的介质，如二硫化碳、氯、丙烯腈、硫化氢、甲醛、氟化氢、一氧化碳等。详见 GB 5044。

2. 甲类、乙类可燃气体是根据《石油化工企业设计防火标准（2018 年版）》(GB 50160) 中可燃气体的火灾危险性分类划分的。甲类指可燃气体与空气混合物和爆炸下限 <10%（体积分数）；乙类是 ≥10%（体积分数）。甲类可燃气体如乙炔、环氧乙烷、氢气合成气、硫化氢、乙烯、丙烯、甲烷、乙烷、丙烷、丁烷等。详见 GB 50160。

3. 可燃气体、液化烃、可燃液体的火灾危险性分类是根据 GB 50160 确定的，见表 4-4。

4. 混合物料应以其主导物料作为分级依据。

5. 当操作温度超过其闪点的乙类液体，应视为甲 B 类液体；当操作温度超过其闪点的丙类液体，应视为乙 A 类液体。

表 4-4 可燃气体、液化烃、可燃液体的火灾危险性分类

类别		名称	特征	举例
甲	A	液化烃	15℃时的蒸气压力 >0.1MPa 的烃类液体及其他类似的液体	液化石油气、液化天然气、液化甲烷、液化丙烷等
	B	可燃液体	甲 A 类以外，闪点 <28℃	汽油、戊烷、二硫化碳、石油醚、原油等
乙	A		28℃≤闪点≤45℃	喷气燃料、煤油、丙苯、苯乙烯等
	B		45℃≤闪点≤60℃	−35 号轻柴油、环戊烷等
丙	A		60℃≤闪点≤120℃	轻柴油、重柴油、20 号重油、锭子油等
	B		闪点≥120℃	蜡油、100 号重油、渣油、润滑油、变压器油等
甲		可燃气体	可燃气体与空气混合物的爆炸下限 <10%（体积分数）	
乙			可燃气体与空气混合物的爆炸下限 ≥10%（体积分数）	

4.3.2.2 管道等级

管道材料等级代号是由字母和数码组成的，一般是由三个单元组合。它表示了管道公称压力、序号、主要材质。

（1）第一单元

为管道的公称压力（MPa）等级代号，用大写英文字母表示。A～K 用于 ANSEB16.5 标准压力等级代号（其中Ⅰ、J 不用），L～Z 用于国内标准压力等级代号（其中 O、X 不用）。常用的国内标准压力等级代号：L—1.0MPa；M—1.6MPa；N—2.5MPa；P—4.0MPa。

（2）第二单元

为顺序号，用阿拉伯数字表示，由 1 开始，表示一、三单元相同时，不同的材质和（或）不同的管路连接形式。

（3）第三单元

为管道材质的类别，用大写英文字母表示，与顺序号组合使用。

A—铸铁；B—碳钢；C—普通低合金钢；D—合金钢；1E—304 不锈钢；2E—316L 不锈钢；F—有色金属；1G—聚丙烯塑料；2G—聚四氟乙烯塑料；H—衬里及内防腐。

例如：N1B 表示主要材质是碳钢，公称压力为 2.5MPa；L1C 表示需要低温冲击试验的碳钢管道（用于低温介质），工程压力为 1.0MPa；W1B 表示主要材质为碳钢管道，公称压力为 32MPa；U1E 表示主要材质为不锈钢管道（00Cr17Ni14Mo3N），公称压力为 22MPa，流体为尿素工艺物料。

注：

① 国内设计项目：管道材料代号可按上述编制。这些符号究竟如何排序，可由各公司、设计单位自定，不过在设计中要加以说明其代号的意义。其代号不宜过长，简单明了即可，以免复杂而增加管道绘图、系统 CAD 绘图等工作量。

② 与国外合作设计项目：一般按国外该公司管道材料等级编号，其中国内分交部分，可按上述编制。

③ 国外设计项目：全部按国外工程公司规定。

4.3.3 管理规则

根据《危险化学品输送管道安全管理规定》（以下简称《规定》）第三十条规定，省级、设区的市级安全生产监督管理部门应当按照国家安全生产监督管理总局有关危险化学品建设项目安全监督管理的规定，对新建、改建、扩建管道建设项目办理安全条件审查、安全设施设计审查、试生产（使用）方案备案和安全设施竣工验收手续。

安全生产监督管理部门接到管道单位依照《规定》第十七条、第十九条、第二十一条、第二十二条、第二十三条、第二十四条提交的有关报告后，应当及时依法予以协调、移送有关主管部门处理或者报请本级人民政府组织处理。

县级以上安全生产监督管理部门接到危险化学品管道生产安全事故报告后，应当按照有关规定及时上报事故情况，并根据实际情况采取事故处置措施。

4.3.4 事故应急处理

（1）加强第一出动

处理管道事故时，除了加强第一出动以外，对于埋地管线还需调集大型挖掘设备。

（2）现场侦察与问询

到场后迅速进行侦察和询问知情人，了解掌握管道的基本情况（输送介质、材质、管径、压力、走向管线周边的沟井涵渠分布）；介质情况：理化特性，燃烧爆炸特性、有毒危害；事故的大概状况（泄漏量、有无次生着火、爆炸及人员伤亡等）；事故产生的大概原因。管道经过区域、周边人口密度与数量、周边主要建筑物性质（学校、村庄、居民区、工矿企业、易燃易爆场所、有毒有害环境、重要基础设施等），与周边建筑物的距离等情况。

（3）警戒与监测

设置警戒范围。尤其是输气管道事故，严格控制进入现场车辆、人员。设置可燃气体和有毒气体监测点，全程监测；设立现场安全员，全员掌握警报信号、撤离路线和联络方式。警戒区内严禁烟火；警戒区内禁止使用手机等通信工具及非防爆型的机电设备和仪器、仪表等；夜间抢险现场照明须采用安全照明灯。

（4）车辆和人员防护

救援队伍到场后，要确认空气中可燃气体（蒸气）没有爆炸危险后方可让车辆、人员进场，进入有毒气体（蒸气）事故现场时要做好个人防护，着防化服、佩戴隔绝式空气呼吸器。操作人员进入警戒区前应按规定穿戴防静电服、鞋及防护用具，并严禁在作业区内穿脱和摘戴。作业现场应有专人监护，严禁单独操作。

（5）工艺处置措施

发生管道事故时，应迅速关闭事故管段上、下游阀门，切断介质输送，防止起火时火势沿管线向下游蔓延造成更大的损失。

（6）可燃液体管道处置

当为输油（可燃液体）管道事故时，若泄漏液体未被引燃，应迅速用泡沫覆盖泄漏液体，并设置围油栏（若泄漏液体已流入江、河、湖，应设置围油栅），尽量回收泄漏液体减少对环境的污染；若现场泄漏液体已被引燃，应迅速组织力量消灭火势，待检测空气中可燃气体浓度无爆炸危险后，方可进行挖掘、堵漏作业。

（7）输气管道处置

当为输气管道事故时，若现场已发生爆炸、燃烧，切断事故管道上、下游阀门后，组织力量设置防御阵地，射水保护周围设施，待事故管道内气体燃尽为止，不可盲目灭火；若现场未发生爆炸、燃烧，可在外围用雾状水稀释、驱散可燃气体，待检测没有爆炸危险后，方可进入现场进行挖掘、堵漏作业。

（8）其他处置措施

进入狭小、密闭空间内救人时，救援人员切忌单人进入救援，需至少 2 人以上进入，并安排专人记录进入时间。处理完事故现场后，现场的消防污水和残留的可燃液体要集中收集处理。

第 5 章

危险化学品储存安全

5.1 危险化学品储存安全概述

5.1.1 危险化学品储存安全基本要求

1995 年颁布的《常用化学危险品贮存通则》（GB 15603）规定了常用化学危险品储存的基本要求。对危险化学品出入库，储存及养护提出了严格的要求，是危险化学品安全储存的主要标准。

5.1.1.1 危险化学品储存的基本要求

① 储存危险化学品必须遵照国家法律法规的规定。

② 危险化学品必须储存在经公安部门批准设置的专门的危险化学品仓库中，经销部门自管仓库储存危险化学品及储存数量必须经公安部门批准。未经批准不得随意设置危险化学品储存仓库。

③ 危险化学品露天堆放，应符合防火、防爆的安全要求，爆炸物品、一级易燃物品、遇湿燃烧物品、剧毒物品不得露天堆放。

④ 储存危险化学品的仓库必须配备有专业知识的技术人员，其库房及场所应设专人管理，管理人员必须配备可靠的个人安全防护用品。

⑤ 标志。储存的危险化学品应有明显的标志，标志应符合《危险货物包装标志》（GB 190）的规定。同一区域储存两种或两种以上不同级别的危险品时，应按最高等级危险物品的性能标志。

⑥ 根据危险品性能分区、分类、分库储存。各类危险品不得与禁忌物料混合储存，禁忌物料配置见《常用化学危险品贮存通则》（GB 15603）及图 5-1 中的相应规定。

⑦ 储存危险化学品的建筑物、区域内严禁吸烟和使用明火。

5.1.1.2 储存场所的要求

① 储存危险化学品的建筑物不得有地下室或其他地下建筑，其耐火等级、层数、占地

化学危险品的种类和名称				配存顺号																								
化学危险品	爆炸品		点火器材	1	1																							
化学危险品	爆炸品		起爆器材	2	×	2																						
化学危险品	爆炸品		炸药及爆炸性药品(不同品名的不得在同一库内配存)	3	×	×	3																					
化学危险品	爆炸品		其他爆炸品	4	△	×	×	4																				
化学危险品	氧化剂		有机氧化剂	5	×	×	×	×	5																			
化学危险品	氧化剂		亚硝酸盐、亚氯酸盐、次亚氯酸盐①	6	△	△	△	△	×	6																		
化学危险品	氧化剂		其他无机氧化剂②	7	△	△	△	△	×	×	7																	
化学危险品	压缩气体和液化气体		剧毒(液氯与液氨不能在一库内配存)	8		×	×	×	×	×	×	8																
化学危险品	压缩气体和液化气体		易燃	9	△	×	×	△	×	△	△		9															
化学危险品	压缩气体和液化气体		助燃(氧及氧空钢瓶不得与油脂在同一库内配存)	10	△	×	×	△					△	10														
化学危险品	压缩气体和液化气体		不燃	11		×	×								11													
化学危险品	自燃物品		一级	12	△	×	×	×	×	△	△	×	×	×		12												
化学危险品	自燃物品		二级	13		×	×	△				×	△	△			13											
化学危险品	遇水燃烧物品(不得与含水液体货物在同一库内配存)			14		×	×	×	△	△	△	△	△	△		×		14										
化学危险品	易燃液体			15	△	×	×	×	×	△	×	×		×		×	△		15									
化学危险品	易燃固体(H发孔剂不可与酸性腐蚀物品及有毒或易燃酯类危险货物配存)			16		×	×	△	×	△	△	×		×		×				16								
化学危险品	毒害品		氰化物	17		△	△														17							
化学危险品	毒害品		其他毒害品	18		△	△															18						
化学危险品	腐蚀物品	酸性腐蚀物品	溴	19	△	×	×	×	×				△			×	△	△	△		×	△	19					
化学危险品	腐蚀物品	酸性腐蚀物品	过氧化氢	20	△	×	×	△	△							△	△	×	△		×	△		20				
化学危险品	腐蚀物品	酸性腐蚀物品	硝酸、发烟硝酸、硫酸、发烟硫酸、氯磺酸	21	△	×	×	×	×	×	①	×	×	△	△	×	×	△	△	△	×	△	△	△	21			
化学危险品	腐蚀物品	酸性腐蚀物品	其他酸性腐蚀物品	22	△	×	×	△	△	△	△	△	△			△		△			×	△		△	△	22		
化学危险品	腐蚀物品	碱性及其他腐蚀物品	生石灰、漂白粉	23		△	△	△		△	△								△					△	×	△	23	
化学危险品	腐蚀物品	碱性及其他腐蚀物品	其他(无水肼、水合肼、氨水不得与氧化剂配存)	24														△							×			24
普通物品	易燃物品			25		×	×	△	△			×	×										△	△	×		△		25
普通物品	饮食品、粮食、饲料、药品、药材类、食用油脂③④			26		×	×					×	△			×		×	△	△	×	×	×	△	×	×	×	△	26
普通物品	非食用油脂			27		×	×																×	△	×		△		27
普通物品	活动物③			28		×	×	△	△	△	△	×	×			×		×	△	△	×	×	×	×	×	×	×	×	28
普通物品	其他③④			29																									29
配存顺号					1	2	3	4	5	6	7	8	9	10	11	12	13	14	15	16	17	18	19	20	21	22	23	24	

注：1. 无配存符号表示可以配存。

2. △表示可以配存。堆放时至少隔离2m。

3. ×表示不可以配存。

4. 有注释时按注释规定办理。

① 除硝酸盐(如硝酸钠、硝酸钾、硝酸铵等)与硝酸、发烟硝酸可以配存外，其他情况均不得配存。

② 无机氧化剂不得与松软的粉状可燃物(如煤粉、焦粉、炭黑、糖、淀粉、锯末等)配存。

③ 饮食品、粮食、饲料、药品、药材、食用油脂及活动物不得与贴毒品标志及有恶臭易使食品污染熏味的物品以及畜禽产品中的生皮张和生毛皮(包括碎皮)，畜禽毛、骨、蹄、角、鬃等物品配存。

④ 饮食品、粮食、饲料、药品、药材、食用油脂与按普通货物条件贮存的化工原料、化学试剂、非食用药剂、香精、香料应隔离1m以上。

图 5-1 常用化学危险品储存禁忌物料配置

面积、安全疏散和防火间距，应符合国家有关规定。

② 储存地点及建筑结构的设置，除了应符合国家的有关规定外，还应考虑对周围环境和居民的影响。

③ 储存场所的电气安装

a. 危险化学品储存建筑物、场所消防用电设备应能充分满足消防用电的需要，具体要求如下：

建筑高度大于50m的乙、丙类厂房和丙类仓库消防用电应按一级负荷供电。

室外消防用水大于30L/s的厂房（仓库），室外消防用水大于35L/s的可燃材料堆场、可燃气体储罐（区）和甲、乙类液体储罐（区）消防用电应按二级负荷供电。

其他场所消防用电按三级负荷供电。

建筑内消防应急照明和灯光疏散指示标志的备用电源的连续供电时间应不少于0.5h。

消防用电设备应采用专用的供电回路，当建筑内的生产、生活用电被切断时，应仍能保证消防用电。

消防控制室、消防水泵房、防烟和排风机房的消防用电设备及消防电梯等的供电，应在其配电线路的最末一级配电箱处设置自动切换装置。

按一、二级负荷供电的消防设备，其配电箱应独立设置；按三级负荷供电的消防设备，其配电箱宜独立设置。消防配电设备应设置明显标志。

b. 危险化学品储存区域或建筑物内输配电线路、灯具、火灾事故照明和疏散指示标志，都应符合安全要求。

c. 储存易燃、易爆危险化学品的建筑，必须安装避雷设备。

④ 储存场所通风或温度调节

a. 储存危险化学品的建筑必须安装通风设备，并注意设备的防护措施。

b. 储存危险化学品的建筑通排风系统应设有导除静电的接地装置。

c. 通风管应采用非燃烧材料制作。

d. 通风管道不宜穿过防火墙等防火分隔物，如必须穿过时应用非燃烧材料分隔。

e. 储存危险化学品建筑采暖的热媒温度不应过高，热水采暖不应超过80℃，不得使用蒸汽采暖和机械采暖。

f. 采暖管道和设备的保温材料，必须采用非燃烧材料。

5.1.1.3 危险化学品储存方式

危险化学品的储存方式分为隔离储存、隔开储存和分离储存。

① 隔离储存。即在同一房间或同一区域内，不同的物料之间分开一定的距离，非禁忌物料间用通道保持空间的储存方式。

② 隔开储存。即在同一建筑或同一区域内，用隔板或墙，将其与禁忌物料分离开的储存方式。

③ 分离储存。即在不同的建筑物或远离所有建筑的外部区域内的储存方式。

禁忌物料是指化学性质相抵触或灭火方法不同的化学物料。禁忌物料禁止混合储存，如果储存管理不当，往往会酿成严重的事故。例如：无机酸本身不可燃，但是与可燃物质相遇能引起着火及爆炸；氯酸盐与可燃的金属相混合时能使金属着火或爆炸；松节油、磷及金属粉末在卤素中能自行着火等。表 5-1 中列举了常见的几种混合能引起燃烧的物质。

表 5-1 接触或混合后能引起燃烧的物质

序号	接触或混合后能引起燃烧的物质	序号	接触或混合后能引起燃烧的物质
1	溴与磷、锌、镁粉	5	高温金属磨屑与油性织物
2	浓硫酸、浓硝酸与木材、织物	6	过氧化钠与乙酸、甲醇、乙二醇等
3	铝粉与氯仿	7	硝酸铵与亚硝酸钠
4	王水与有机物		

《常用危险化学品储存通则》（GB 15603）中规定了危险化学品储存量及储存安排，具体见表 5-2。

表 5-2 危险化学品储存量及储存安排

储存要求	露天储存	隔离储存	隔开储存	分离储存
平均单位面积储存量/(t/m²)	1.0～1.5	0.5	0.7	0.7
单一储存区最大储量/t	2000～2400	200～300	200～300	400～600
垛距限制/m	2	0.3～0.5	0.3～0.5	0.3～0.5
通道宽度/m	4～6	1～2	1～2	5
墙距宽度/m	2	0.3～0.5	0.3～0.5	0.3～0.5
与禁忌品距离/m	10	不得同库储存	不得同库储存	7～10

危险化学品储存安排取决于危险化学品分类、分项、容器类型、储存方式和消防的要求。

① 遇火、遇热、遇潮能引起燃烧、爆炸或发生化学反应，产生有毒气体的危险化学品不得在露天或在潮湿、积水的建筑物中储存。

② 受日光照射能发生化学反应引起燃烧、爆炸、分解、化合或能产生有毒气体的危险化学品应储存在一级建筑物中。其包装应采取避光措施。

③ 爆炸物品不准和其他类物品同储，必须单独隔离限量储存，仓库不准建在城镇，还应与周围建筑、交通干道、输电线路保持一定安全距离。

④ 压缩气体和液化气体必须与爆炸物品、氧化剂、易燃物品、自燃物品、腐蚀性物品隔离储存。易燃气体不得与助燃气体、剧毒气体同储；氧气不得与油脂混合储存，盛装液化气体的容器属于压力容器，必须有压力表、安全阀、紧急切断装置，并定期检查，不得超装。

⑤ 易燃液体、遇湿易燃物品、易燃固体不得与氧化剂混合储存，具有还原性氧化剂应单独存放。

⑥ 有毒物品应储存在阴凉、通风、干燥的场所，不要露天存放，不要接近酸类物质。

⑦ 腐蚀性物品，包装必须严密，不允许泄漏，严禁与液化气体和其他物品共存。

5.1.1.4 危险化学品储存过程中的安全要求

（1）危险化学品出入库管理

① 储存危险化学品的仓库，必须建立严格的出入库管理制度。

② 危险化学品出入库前，均应按合同进行检查验收、登记，验收内容包括：数量、包装、危险标志。经核对后方可入库、出库，当物品性质未弄清时不得入库。

③ 进入危险化学品储存区域的人员、机动车辆和作业车辆，必须采取防火措施。

④ 装卸对人身有毒有害及腐蚀性的物品时，操作人员应根据危险性，穿戴相应的防护用品。

⑤ 装卸、搬运危险化学品时应按有关规定进行，做到轻装、轻卸。严禁摔、碰、撞、击、拖拉、倾倒和滚动。

⑥ 不得用同一车辆运输互为禁忌的物料。

⑦ 修补、换装、清扫、装卸易燃、易爆物料时，应使用不产生火花的铜制、合金制或其他工具。

（2）危险化学品养护

① 危险化学品入库时，应严格检验物品质量、数量、包装情况及有无泄漏。

② 危险化学品入库后应采取适当的养护措施，在储存期内，定期检查，发现其品质变化、包装破损、渗漏、稳定剂短缺等，应及时处理。

③ 库房温度、湿度应严格控制、经常检查，发现变化及时调整。常见危险物质温湿度条件见表 5-3。

表 5-3　常见危险物质温湿度条件

类别	品名	温度/℃	相对湿度/%
爆炸物	黑火药、化合物	≤32	≤80
	水稳定剂的爆炸品	≥1	<80
压缩气体和液化气体	易燃、不燃、有毒	≤30	—
易燃液体	低闪点	≤29	—
	中、高闪点	≤37	—
易燃固体	易燃固体	≤35	—
	硝酸纤维素酯	≤25	—
	安全火柴	≤35	—
	红磷、硫化磷、铝粉	≤35	—
自燃物品	黄磷	>1	—
	烃基金属化合物	≤30	≤80
	含油制品	≤32	≤80
遇湿易燃物品	遇湿易燃物品	≤32	≤75
氧化剂和有机过氧化物	氧化剂和有机过氧化物	≤30	≤80
	过氧化钠、镁、钙等	≤30	≤75
	硝酸锌、钙、镁等	≤28	≤75
	硝酸铵、亚硝酸钠	≤30	≤75
	过氧化苯甲酰	2~25	—
	过氧化丁酮等有机氧化剂	≤25	—
酸性腐蚀品	发烟硫酸、亚硫酸	0~30	≤80
	硝酸、盐酸及氢卤酸、磷酸等	≤30	≤80
	发烟硝酸	≤25	≤80
	溴素、溴水	0~28	—
	甲酸、乙酸、乙酸酐等有机酸类	≤32	≤80
碱性腐蚀品	氢氧化钾（钠）、硫化钾（钠）	≤30	≤80

（3）消防措施

① 根据危险品特性和仓库条件，必须配置相应的消防设备、设施和灭火药剂。并配备经过培训的兼职和专职的消防人员。

② 储存危险化学品建筑物内应根据仓库条件安装自动监测和火灾报警系统。

③ 储存危险化学品的建筑物内，如条件允许，应安装灭火喷淋系统（遇水燃烧危险化学品，不可用水扑救的火灾除外），其喷淋强度和供水时间为：喷淋强度 15L/（min·m^2）；持续时间 90min。常见危险物质灭火方法见表 5-4。

表 5-4 常见危险物质灭火方法

类别	品名	灭火方法	备注
爆炸物	黑火药	雾状水	—
	化合物	雾状水、水	—
压缩气体和液化气体	压缩气体和液化气体	大量水	冷却钢瓶
易燃液体	中、低、高闪点	泡沫、干粉	—
	甲醇、乙醇、丙酮	抗溶泡沫	—
易燃固体	易燃固体	水、泡沫	—
	发乳剂	水、干粉	禁用酸碱泡沫
	硫化磷	干粉	禁用水
自燃物品	自燃物品	水、泡沫	—
	烃基金属化合物	干粉	禁用水
遇湿易燃物品	遇湿易燃物品	干粉	禁用水
	钠、钾	干粉	禁用水、二氧化碳、四氯化碳
氧化剂和有机过氧化物	氧化剂和有机过氧化物	雾状水	—
	过氧化钠、钾、镁、钙等	干粉	禁用水
酸性腐蚀品	发烟硝酸、硝酸	雾状水、砂土、二氧化碳	高压水
	发烟硫酸、硫酸	干砂、二氧化碳	水
	盐酸	雾状水、砂土、干粉	高压水
	磷酸、氢氟酸、氢溴酸、溴素、氢碘酸、氟硅酸、氟硼酸	雾状水、砂土、二氧化碳	高压水
	高氯酸、氯磺酸	干砂、二氧化碳	—
	乙酸、乙酸酐	雾状水、砂土、二氧化碳、泡沫	高压水
	氯乙酸、三氯乙酸、丙烯酸	雾状水、砂土、泡沫、二氧化碳	高压水
碱性腐蚀品	氢氧化钠、氢氧化钾、氢氧化锂	雾状水、砂土	高压水
	氨水	水、砂土	氨水

（4）废弃物处理

① 禁止在危险化学品储存区域内堆积可燃废弃物品。

② 泄漏或渗漏危险品的包装容器应迅速移至安全区域。

③ 按危险化学品特性，用化学的或物理的方法处理废弃物品，不得任意抛弃而污染环境。

（5）人员培训

① 仓库工作人员应进行培训，经考核合格后持证上岗。培训应包含危险化学品术语、种类、危险特性、储存条件、MSDS、发放配送、应急物资准备与应急处置方法、危险货物包装标志，等等。

② 对危险化学品的装卸人员进行必要的教育，使其按照有关规定进行操作。

③ 仓库的消防人员除了具有一般消防知识之外，还应进行在危险品库工作的专门培训，使其熟悉各区域储存的危险化学品种类、特性、储存地点、事故的处理程序及方法。

5.1.2 危险化学品储存事故原因

危险化学品储存发生事故的主要原因有：

（1）点火源管控不严

点火源是指可燃物燃烧的一切热能源，包括火焰、火星、火花、热表面等。危险化学品储存过程中的点火源主要有两个方面：

① 外来火种。如烟囱飞火，汽车排气管的火星，库房周围的作业明火，未灭的烟头等。

② 内部设备不良、操作不当引起的电火花、撞击火花和太阳能、化学能等。如电器设备不防爆或防爆等级不够，装卸作业使钢铁质工具碰击打火，露天存放时太阳的曝晒等。

（2）性质相互抵触的物品混存

出现混存性质抵触的危险化学品往往是由于保管人员缺乏相关知识，或者是有关危险化学品出厂时缺少鉴定分类，或者有的企业因缺少储存场地而任意临时混存等。造成性质抵触的危险化学品因包装容器渗漏等原因发生化学反应而起火。

（3）产品变质

有些危险化学品已经长期不用，仍废置在仓库中，又不及时处理，往往因变质而引起事故。如硝化甘油安全储存期为 8 个月，逾期后自燃的可能性很大，而且在低温时容易析出结晶，当固液两相共存时灵敏性特别高，微小的外力作用就会使其分解而爆炸。

（4）养护管理不善

仓库建筑条件差，达不到所存物品的存放要求，如不采取隔热措施，使物品受热；因保管不善，仓库漏雨进水使物品受潮；盛装的容器破漏，使物品接触空气等均会引起着火或爆炸。

（5）包装损坏或不符合要求

制造商未按规定选择符合要求的包装物或容器，危险化学品容器包装损坏，或者出厂的包装不符合安全要求，都会引起事故。

（6）违反操作规程

搬运危险化学品没有轻装轻卸；或者堆垛过高不稳，发生倒桩；或者库内改装打包、封焊修理等违反安全操作规程造成事故。

（7）建筑物不符合存放要求

危险品库房的建筑设施不符合要求，造成库内温度过高，通风不良，湿度过大，漏雨进水，阳光直射，有的缺少保温设施，使物品达不到安全储存的要求而发生事故等。

（8）雷击

危险品仓库一般都设在城镇郊外空旷地带的独立建筑物内或是露天的储罐、堆垛区，如果防雷措施缺失或不满足相关标准要求等，则十分容易遭雷击。

（9）着火扑救不当

员工对危险化学品的危险特性和应急措施不熟悉或不了解，造成着火时因不熟悉危险化学品的性能，灭火方法和灭火器材使用不当而事故扩大，造成更大的损失。

5.2　危险化学品仓库储存安全

5.2.1　仓库消防要求

根据《建筑设计防火规范（2018 年版）》（GB 50016），储存仓库根据储存物品的火灾危险性分为五类，即甲类、乙类、丙类、丁类和戊类仓库。其中，丁类和戊类不涉及危险化学品。因此，危险化学品储存的火灾危险性可分为甲、乙、丙三类，如各类仓库的火灾危险性特征见表 5-5。

表 5-5　危险化学品储存的火灾危险性特征

火灾危险性类别	火灾危险性特征	举例
甲	1. 闪点小于 28℃ 的液体 2. 爆炸下限小于 10% 的气体，以及受到水或空气中水蒸气的作用，能产生爆炸下限小于 10% 的气体的固体物质 3. 常温下能自行分解或在空气中氧化能导致迅速自燃或爆炸的物质 4. 常温下受到水或空气中水蒸气的作用，能产生可燃气体并引起燃烧或爆炸的物质 5. 遇酸、受热、撞击、摩擦以及遇有机物或硫黄等易燃的无机物，极易引起燃烧或爆炸的强氧化剂 6. 受撞击、摩擦或与氧化剂、有机物接触时能引起燃烧或爆炸的物质	1. 己烷、戊烷、环戊烷、石脑油、二硫化碳、苯、甲苯、甲醇、乙醇、乙醚、硝酸乙酯、汽油、丙酮、丙烯、60 度以上的白酒 2. 乙炔、氢、甲烷、环氧乙烷、水煤气、液化石油气、乙烯、丙烯、丁二烯、硫化氢、氯乙烯、电石、碳化铝 3. 硝化棉、硝化纤维胶片、喷漆棉、火胶棉、赛璐珞棉、黄磷 4. 金属钾、钠、锂、钙、锶、氢化锂、氢化钠、四氢化锂铝 5. 氯酸钾、氯酸钠、过氧化钾、过氧化钠、硝酸铵 6. 赤磷、五硫化磷、三硫化磷
乙	1. 闪点不小于 28℃，但小于 60℃ 的液体 2. 爆炸下限不小于 10% 的气体 3. 不属于甲类的氧化剂 4. 不属于甲类的易燃固体 5. 助燃气体 6. 常温下与空气接触能缓慢氧化，积热不散引起自燃的物品。	1. 煤油、松节油、丁烯醇、异戊醇、丁醚、乙酸丁酯、硝酸戊酯、乙酰丙酮、环己胺、溶剂油、冰醋酸、樟脑油、蚁酸 2. 氨气、液氨 3. 硝酸铜、铬酸、亚硝酸钾、重铬酸钠、铬酸钾、硝酸、硝酸汞、硝酸钴、发烟硫酸、漂白粉 4. 硫黄、镁粉、铝粉、赛璐珞（板）片、樟脑、萘、生松香、硝化纤维漆布、消化纤维色片 5. 氧气、氟气 6. 漆布及其制品、油布及其制品、油纸及其制品、油绸及其制品
丙	1. 闪点不小于 60℃ 的液体 2. 可燃固体	1. 动物油、植物油、沥青、蜡、润滑油、机油、重油、闪点大于等于 60℃ 的柴油、糖醛、大于 50 度至小于 60 度的白酒 2. 化学、人造纤维及其织物，纸张、棉、毛、丝、麻及其织物，谷物、面粉、天然橡胶及其制品，竹、木及其制品，中药材，电视机、收录机等电子产品，计算机房已录数据的磁盘储存间、冷库中的鱼肉间

储存物品的火灾危险性不同，建筑物的耐火等级、工艺布置、电气设备型式，以及

防火防爆泄压面积、安全疏散距离、消防用水、采暖通风方式、灭火器设置数量等均有不同要求。具体请参见《建筑设计防火规范（2018年版）》（GB 50016）。表5-6列举了应采取的部分防火措施。

其中，建筑物的耐火等级是按组成建筑物构件的燃烧性能和耐火极限来划分，构件的燃烧性能和耐火极限与构成构件的材料和构件的构造做法有关，由消防检测部门试验检测确定。

建筑物的耐火等级分为四级：

一级耐火等级建筑是钢筋混凝土结构或砖墙与钢混凝土结构组成的混合结构；

二级耐火等级建筑是钢结构屋架、钢筋混凝土柱或砖墙组成的混合结构；

三级耐火等级建筑物是木屋顶和砖墙组成的砖木结构；

四级耐火等级是木屋顶、难燃烧体墙壁组成的可燃结构。

表5-6　不同火灾危险性库房应采取的防范措施举例

火灾危险性类别	甲	乙	丙
建筑耐火等级/级	一、二	一、二	一～三
防爆泄压面积/m²	0.05～0.1	0.05～0.1	通常不需要
安全疏散距离/m	不大于25	不大于50	不大于50
室外消防用水量/(L/s)	15	15	15
通风	空气不应循环使用，排送风机防爆	空气不应循环使用，排送风机防爆	空气净化后可以循环使用
采暖	热水蒸气或热风采暖，不得用火炉	热水蒸气或热风采暖，不得用火炉	不作具体要求

储存可燃物的各种场所要根据火灾类别配置灭火器。在建筑中即使安装了消防栓、灭火系统，也应配置灭火器用于扑救初期火灾。灭火方法及灭火器的选择见本书第8章8.3.5.1小节。库房灭火器的选择和数量设置见表5-7。

表5-7　储存库房灭火器的选择和数量设置

场所	类型选择	数量设置
甲、乙类火灾危险性的库房	泡沫灭火区	1个/80m²
	干粉灭火器	
丙类火灾危险性的库房	泡沫灭火器	1个/100m²
	清水灭火器	
	酸碱灭火器	
液化石油气	干粉灭火器	按储罐数量计算，每个设2个

5.2.2　仓库建筑及安全设施要求

储存危险化学品的库房应符合国家标准、规范等要求，其耐火等级、层数、占地面积应符合表5-8的要求。

甲类仓库之间及与其他建筑、明火等的防火间距应符合表5-9的要求。乙、丙类库房之间的防火间距应符合表5-10的要求。

乙类物品库房（乙类6项物品除外）与重要公共建筑之间防火间距不宜小于30m，与其他民用建筑不宜小于25m。库区的围墙与库区内建筑的距离不宜小于5m，并应满足围墙两侧建筑物之间的防火距离要求。

表 5-8　危险化学品库房的耐火等级、层数和占地面积

储存物品类别		耐火等级/级	最多允许层数	最大允许建筑面积/m²						库房地下室、半地下室
				单层库房		多层库房		高层库房		
				每座库房	防火隔墙	每座库房	防火墙间	每座库房	防火墙间	防火墙间
甲	3、4 项	一	1	180	60	—	—	—	—	—
	1、2、5、6 项	一、二	1	750	250	—	—	—	—	—
乙	1、3、4 项	一、二	3	2000	500	900	300	—	—	—
		三	1	500	250	—	—	—	—	—
	2、5、6 项	一、二	5	2800	700	1500	500	—	—	—
		三	1	900	300	—	—	—	—	—
丙	1 项	一、二	5	4000	1000	2800	700	—	—	150
		三	1	1200	400	—	—	—	—	
	2 项	一、二	不限	6000	1500	4800	1200	4000	1000	300
		三	3	2100	700	1200	400	—	—	—

注：1. 仓库内的防火分区之间必须采用防火墙分隔，甲、乙类仓库内防火分区之间的防火墙不应开设门、窗、洞口；地下或半地下仓库（包括地下或半地下室）的最大允许占地面积，不应大于相应类别地上仓库的最大允许占地面积。

2. 独立建造的硝酸铵仓库、电石仓库、聚乙烯等高分子制品仓库、尿素仓库、配煤仓库、造纸厂的独立成品仓库，当建筑的耐火等级不低于二级时，每座仓库的最大允许占地面积和每个防火分区的最大允许建筑面积可按本表的规定增加 1.0 倍。

3. 一、二级耐火等级粮食平房仓的最大允许占地面积不应大于 12000m²，每个防火分区的最大允许建筑面积不应大于 3000m²；三级耐火等级粮食平房仓的最大允许占地面积不应大于 3000m²，每个防火分区的最大允许建筑面积不应大于 1000m²。

4. 一、二级耐火等级且占地面积不大于 2000m² 的单层棉花库房，其防火分区的最大允许建筑面积不应大于 2000m²。

5. 一、二级耐火等级冷库的最大允许占地面积和防火分区的最大允许建筑面积，应符合现行国家标准《冷库设计规范》GB 50072 的规定。

在同一个库房或同一个防火间内，如储存数种火灾危险性不同的物品时，其库房或隔间的最低耐火等级、最多允许层数和最大允许占地面积，应按其中火灾危险性最大的物品确定。甲、乙类物品库房不应设在建筑物的地下室、半地下室，50℃ 以上的白酒库房不宜超过三层。甲类仓库之间及与其他建筑等的防火间距见表 5-9。乙、丙类物品库房之间的防火间距见表 5-10。

表 5-9　甲类仓库之间及与其他建筑等的防火间距　　　　　单位：m

名称		甲类仓库（储量）/t			
		甲类储存物品第 3、4 项		甲类储存物品第 1、2、5、6 项	
		≤5	>5	≤10	>10
高层民用建筑、重要公共建筑		50			
裙房、其他民用建筑、明火或散发火花地点		30	40	25	30
甲类仓库		20	20	20	20
厂房和乙、丙、丁、戊类仓库	一级、二级	15	20	12	15
	三级	20	25	15	20
	四级	25	30	20	25
电力系统电压 35～500kV 且每台变压器容量不小于 10MV·A 的室外变、配电站，工业企业的变压器总油量大于 5t 的室外降压变电站		30	40	25	30

注：甲类仓库之间的防火间距，当第 3、4 项物品储量不大于 2t，第 1、2、5、6 项物品储量不大于 5t 时，不应小于 12m，甲类仓库与高层仓库的防火间距不应小于 13m。

表 5-10　乙、丙类物品库房之间的防火间距

耐火等级	与不同耐火等级库房之间的防火间距/m		
	一级、二级	三级	四级
一级、二级	10	12	14
三级	12	14	16
四级	14	16	18

库房或每个防火隔间（冷库除外）的安全出口数目不宜少于两个。但一座多层库房的占地面积不超过 $300m^2$ 时，可设一个疏散楼梯；面积不超过 $100m^2$ 的防火隔间，可设置一个门。高层库房应采用封闭楼梯。库房（冷库除外）的地下室、半地下室的安全出口数目应不少于两个，但面积小于 $100m^2$ 时，可设一个。

甲、乙类库房内部不应设置办公室、休息室。设在丙、丁类库房的办公室、休息室，应采用耐火极限不低于 2.50h 不燃烧体隔墙和 1.00h 的楼板隔开，其出口应直通室外或疏散通道。

危险化学品储存仓库内的照明系统、监控系统、机械排风系统、电力控制系统等电气设备设施应按照《爆炸危险环境电力装置设计规范》（GB 50058）的要求正确选择防爆型并进行有效安装。

储存易燃、易爆危险化学品的建筑，必须安装避雷设备。建筑物必须安装通风设备，并注意设备的防护措施。建筑通、排风系统应设有导除静电的接地装置。通风管应采用非燃烧材料制作，通风管道不宜穿过防火墙等防火分隔物，如必须穿过时应用非燃烧材料分隔。建筑采暖的热媒温度不应过高，热水采暖不应超过 80℃。

有爆炸危险的仓库或仓库内有爆炸危险的部位应设置泄压设施。泄压设施宜采用轻质屋面板、轻质墙体和易于泄压的门、窗等，应采用安全玻璃等在爆炸时不产生尖锐碎片的材料。泄压设施的设置应避开人员密集场所和主要交通道路，并宜靠近有爆炸危险的部位。作为泄压设施的轻质屋面板和墙体的质量不宜大于 $60kg/m^2$。屋顶上的泄压设施应采取防冰雪积聚措施。

仓库的泄压面积宜按下式计算，但当仓库的长径比大于 3 时，宜将建筑划分为长径比不大于 3 的多个计算段，各计算段中的公共截面不得作为泄压面积：

$$A = 10CV^{\frac{2}{3}} \tag{5-1}$$

式中　A——泄压面积，m^2；

　　　V——仓库的容积，m^3；

　　　C——泄压比，可按表 5-11 选取，m^2/m^3。

表 5-11　仓库内爆炸性危险物质的类别与泄压比规定值　　　　　单位：m^2/m^3

仓库内爆炸性危险物质的类别	C 值
氨、粮食、纸、皮革、铅、铬、铜等 $K_{尘} < 10MPa \cdot m/s$ 的粉尘	$\geqslant 0.030$
木屑、炭屑、煤粉、锑、锡等 $10MPa \cdot m/s \leqslant K_{尘} \leqslant 30MPa \cdot m/s$ 的粉尘	$\geqslant 0.055$
丙酮、汽油、甲醇、液化石油气、甲烷、喷漆间或干燥室，苯酚树脂、铝、镁、锆等 $K_{尘} > 30MPa \cdot m/s$ 的粉尘	$\geqslant 0.110$
乙烯	$\geqslant 0.160$
乙炔	$\geqslant 0.200$
氢	$\geqslant 0.250$

注：1. 长径比为建筑平面几何外形尺寸中的最长尺寸与其横截面周长的积和 4.0 倍的建筑横截面积之比。

2. $K_{尘}$ 是指粉尘爆炸指数。

散发较空气轻的可燃气体、可燃蒸气的甲类仓库，宜采用轻质屋面板作为泄压面积。顶棚应尽量平整、无死角，仓库上部空间应通风良好。

散发较空气重的可燃气体、可燃蒸气的甲类仓库和有粉尘、纤维爆炸危险的乙类仓库，应符合下列规定：

① 应采用不发火花的地面，采用绝缘材料作整体面层时，应采取防静电措施；

② 散发可燃粉尘、纤维的仓库，其内表面应平整、光滑，并易于清扫；

③ 仓库内不宜设置地沟，确需设置时，其盖板应严密，地沟应采取防止可燃气体、可燃蒸气和粉尘、纤维在地沟积聚的有效措施，且应在与相邻厂房或仓库连通处采用防火材料密封。

甲、乙、丙类液体仓库应设置防止液体流散的设施。遇湿会发生燃烧爆炸的物品仓库应采取防止水浸渍的措施。

有粉尘爆炸危险的筒仓，其顶部盖板应设置必要的泄压设施。粮食筒仓工作塔和上通廊的泄压面积应按公式（5-1）计算确定。有粉尘爆炸危险的其他粮食储存设施应采取防爆措施。

危险化学品仓库地面应防潮、平整、坚实、易于清扫，不发生火花，储存腐蚀性危险品的仓库的地面、踢脚应做防腐处理。

5.2.3 中间仓库

中间仓库是指为满足日常连续生产需要，在厂房内存放从仓库或上道工序的厂房（或车间）取得的原材料、半成品、辅助材料的场所。中间仓库不仅要求靠外墙设置，有条件时，中间仓库还要尽量设置直通室外的出口。

厂房内设置中间仓库时，应符合下列规定：

① 甲、乙类中间仓库应靠外墙布置，其储量不宜超过 1 昼夜的需要量。对于甲、乙类物品中间仓库，由于工厂规模、产品不同，1 昼夜需用量的绝对值有大有小，难以规定一个具体的限量数据，当需用量较少的厂房，如有的手表厂用于清洗的汽油，每昼夜需用量只有 20kg，可适当调整到存放 1～2 昼夜的用量；如 1 昼夜需用量较大，则要严格控制为 1 昼夜用量。

② 甲、乙、丙类中间仓库应采用防火墙和耐火极限不低于 1.50h 的不燃性楼板与其他部位分隔（如图 5-2）。甲、乙、丙类仓库的火灾危险性和危害性大，故厂房内的这类中间仓库要采用防火墙进行分隔，甲、乙类仓库还需考虑墙体的防爆要求，保证发生火灾或爆炸时，不会危及到生产区。

③ 设置丁、戊类中间仓库时，应采用耐火极限不低于 2.00h 的防火隔墙和 1.00h 的楼板与其他部位分隔（图 5-3）。为减小库房火灾对建筑的危害，火灾危险性较大的物品库房要尽量设置在建筑的上部。

④ 仓库的耐火等级和面积应符合表 5-8 的要求。中间仓库与所服务车间的建筑面积之和不应大于该类厂房一个防火分区的最大允许建筑面积。例如：在一级耐火等级的丙类多层厂房内设置丙类 2 项物品库房，厂房每个防火分区的最大允许建筑面积为 6000m²，每座仓库的最大允许占地面积为 4800m²，每个防火分区的最大允许建筑面积为 1200m²，则该中间仓库与所服务车间的防火分区最大允许建筑面积之和不应大于 6000m²，但对厂房占地面积不作限制。其中，用于中间仓库的最大允许建筑面积一般不能大于 1200m²；当仓库内设置

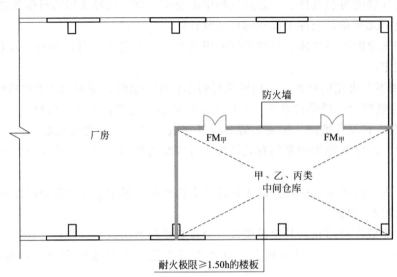

图 5-2　甲、乙、丙类中间仓库布局图

FM—防火门

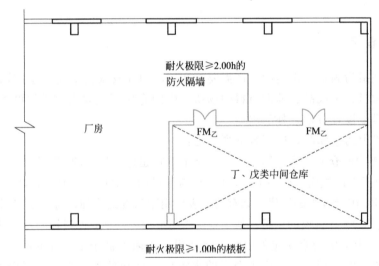

图 5-3　丁、戊类中间仓库布局图

自动灭火系统时，除冷库的防火分区外，每座仓库的最大允许占地面积和每个防火分区的最大允许建筑面积可按表 5-8 的要求增加 1.0 倍。

　　⑤ 在厂房内设置中间仓库时，生产车间和中间仓库的耐火等级应当一致，且该耐火等级要按仓库和厂房两者中要求较高者确定。

5.3　危险化学品气瓶储存安全

5.3.1　定义

　　气瓶属于压力容器，不论充装的是压缩气体还是液化气体，一旦逸出瓶外，极易扩散。

且压缩气体或液化气体中大多具有易燃、易爆、剧毒、氧化性，起火、爆炸和中毒的危险性很大。

相当部分危险化学品在常温下处于气态。以压缩气体或液化气体形式盛装危险化学品可以大大减少成本，提高效率，但同时也带来新的危险因素。

我国《气瓶安全技术规程》（TSG 23—2021）定义的气瓶是指在正常环境温度（−40～60℃）的，公称工作压力为 0.2～70MPa（表压）且压力与容积的乘积大于或等于 1.0MPa·L，公称容积为 0.4～3000L，盛装压缩气体、高（低）压液化气体、低温液化气体、溶解气体、吸附气体、标准沸点小于或等于 60℃的液体以及混合气体（两种或两种以上气体）的可重复充气的可搬运的压力容器。

5.3.2　分类

5.3.2.1　按充装介质的性质分类

（1）永久气体气瓶

永久气体（压缩气体）因其临界温度小于−10℃，常温下呈气态，所以称为永久气体，如氢、氧、氮、空气、煤气及氩、氦、氖、氪等。这类气瓶一般都可以较高的压力充装气体。目的是增加气瓶的单位容积充气量，提高气瓶利用率和运输效率。常见的充装压力为 15MPa，也有充装 20～30MPa 的。

（2）液化气体气瓶

液化气体气瓶充装时都以低温液态灌装。有些液化气体的临界温度较低，装入瓶内后受环境温度的影响而全部气化；有些液化气体的临界温度较高，装瓶后在瓶内始终保持气液平衡状态，因此可分为高压液化气体和低压液化气体。

① 高压液化气体。临界温度大于或等于−10℃，且小于或等于 70℃。常见的有乙烯、乙烷、二氧化碳、氧化亚氮、六氟化硫、氯化氢、三氟氯甲烷（F-13）、三氟甲烷（F-23）、六氟乙烷（F-116）、氟乙烯等。常见的充装压力有 15MPa 和 12.5MPa 等。

② 低压液化气体。临界温度大于 70℃。如溴化氢、硫化氢、氨、丙烷、丙烯、异丁烯、1,3-丁二烯、1-丁烯、环氧乙烷、液化石油气等。《气瓶安全技术规程》(TSG 23—2021) 规定，液化气体气瓶的最高工作温度为 60℃。低压液化气体在 60℃时的饱和蒸气压都在 10MPa 以下，所以这类气体的充装压力都不高于 10MPa。

5.3.2.2　按制造方法分类

（1）钢制无缝气瓶

以钢坯为原料，经冲压拉伸制造，或以无缝钢管为材料，经热旋压收口收底制造的气瓶。瓶体材料为采用碱性平炉、电炉或吹氧碱性转炉冶炼的镇静钢，如优质碳钢、锰钢、铬钼钢或其他合金钢。这类气瓶用于盛装永久气体（压缩气体）和高压液化气体。

（2）钢制焊接气瓶

以钢板为原料，经冲压卷焊制造的气瓶。瓶体及受压元件材料为采用平炉、电炉或氧化转炉冶炼的镇静钢，要求有良好的冲压和焊接性能。这类气瓶用于盛装低压液化气体。常见的氯气瓶和氨气瓶主要由筒体、1个大护罩、1个小护罩、2根防震圈、2个瓶帽、2只瓶阀、3个螺塞、2根内壁管组成。瓶体则由一条纵向焊缝和两条环向焊缝组成。

（3）缠绕玻璃纤维气瓶

以玻璃纤维加黏结剂缠绕或碳纤维制造的气瓶。一般有一个铝制内筒，其作用是保证气瓶的气密性，承压强度则依靠玻璃纤维缠绕的外筒，这类气瓶由于绝热性能好、重量轻，多用于盛装呼吸用压缩空气，供消防、毒区或缺氧区域作业人员随身背挎并配以面罩使用。一般容积较小（1～10L），充气压力多为15～30MPa。

（4）焊接绝热气瓶

焊接绝热气瓶作为一种低温绝热压力容器，DPL（立式）与DPW（卧式）气瓶主要用于存储和运输液氮、液氧、液氩、液态二氧化碳或液化天然气，并能自动提供连续的气体。气瓶设计有双层（真空）结构，内胆用来储存低温液体，其外壁缠有多层绝热材料，具有超强的隔热性能，同时夹层（两层容器之间的空间）被抽成高真空，共同形成良好的绝热系统。

5.3.2.3 按公称工作压力分类

气瓶按公称压力分为高压气瓶和低压气瓶。

① 高压气瓶是指公称工作压力大于或者等于10MPa的气瓶。高压气瓶公称压力（MPa）有30、20、15、12四级。

② 低压气瓶是指公称工作压力小于10MPa的气瓶。低压气瓶公称工作压力（MPa）有5、3、2、1.6、1.0五级。

5.3.2.4 按公称容积分类

气瓶按公称容积分为小容积、中容积、大容积气瓶。

① 小容积气瓶是指公称容积小于或者等于12L的气瓶；

② 中容积气瓶是指公称容积大于12L，并且小于或者等于150L气瓶；

③ 大容积气瓶是指公称容积大于150L的气瓶。

5.3.3 安全储存管理规则

5.3.3.1 气瓶标志

气瓶标志包括制造标志和定期检验标志。

气瓶制造标志通常有制造钢印标记（含铭牌上的标记）、标签标记（粘贴于瓶体上或透明的保护层下）、印刷标记（印刷在气瓶瓶体上）以及气瓶颜色标志等。其中气瓶颜色标志、字样和色环，应当符合《气瓶颜色标志》（GB/T 7144）的规定，常见气瓶的颜色举例如表5-12所示。对颜色标志、字样和色环有特殊要求的，应当符合相应气瓶产品标准的规定，并在瓶体上以明显字样注明充装单位和气瓶编号。

气瓶的制造标志是识别气瓶的依据，标记的排列方式和内容应当符合《气瓶安全技术规程》（TSG 23—2021）以及相应标准的规定，其中，制造单位代号（如字母、图案等标记）应当报气瓶标准化机构备查。

制造单位应当按照相应标准的规定，在每个气瓶上做出永久性标志，钢质气瓶或铝合金气瓶采用钢印、缠绕气瓶采用塑封标签、非重复充装焊接气瓶采用瓶体印字，焊接绝热气瓶（含车用焊接绝热气瓶）、液化石油气钢瓶采用压印凸字或者封焊铭牌等方法进行标记。

定期检验标志通常有检验钢印标记、标签标记、检验标志环以及检验色标，同时应符合《气瓶安全技术规程》（TSG 23—2021）的规定。无法辨识有效气瓶检验合格钢印或检验合格标志的气瓶，不得充装使用。

表 5-12　气瓶颜色标志一览表

序号	充装气体名称	瓶身颜色	字色
1	空气	黑	白
2	氩	银灰	深绿
3	氦	银灰	深绿
4	氮	黑	白
5	氧	淡蓝	黑
6	氢	淡绿	大红
7	甲烷	棕	白
8	天然气	棕	白
9	乙烷	棕	白
10	乙烯	棕	淡黄
11	氨	淡黄	黑
12	丙烷	棕	白
13	乙炔	白	大红

5.3.3.2　气瓶储存安全

为保障气瓶储存安全，气瓶储存时应遵循以下事项。

① 气瓶宜储存在室外带遮阳、雨篷的场所。

② 气瓶储存时不得设在地下室或半地下室，也不能和办公室或休息室设在一起。

③ 气瓶在室内储存期间，特别是在夏季，应定期测试储存场所的温度和湿度，并做好记录。储存场所最高允许温度应根据盛装气体性质而定，储存场所的相对湿度应控制在80%以下。

④ 储存场所应通风、干燥，防止雨（雪）淋、水浸，避免阳光直射。严禁明火和其他任何热源，不得有地沟、暗道和底部通风孔，并且严禁任何管线穿过。

⑤ 气瓶应直立储存，用栏杆或支架加以固定或扎牢，防止气瓶倾倒。栏杆或支架应采用阻燃材料，同时应保护气瓶的底部免受腐蚀。禁止利用气瓶的瓶阀或头部固定气瓶，禁止将气瓶放置在可能导电的地方。

⑥ 气瓶应分类储存：空瓶和满瓶分开，氧气或其他氧化性气体与燃料气瓶和其他易燃材料分开；乙炔气瓶与氧气瓶、氯气瓶及易燃物品分室，毒性气体气瓶分室，瓶内介质相互接触能引起燃烧、爆炸、产生毒物的气瓶分室。

⑦ 储存可燃、爆炸性气体气瓶的库房内照明设备必须防爆，电器开关和熔断器都应设

置在库房外，同时应设避雷装置。储存场所的 15m 范围以内，禁止吸烟、从事明火和产生火花的工作，并设置相应的警示标志。

⑧ 使用乙炔气瓶的现场，乙炔气的储存不得超过 30m³（相当于 5 瓶，指公称容积为 40L 的乙炔瓶）。乙炔气的储存量超过 30m³ 时，应用非燃烧材料隔离出单独的储存间，其中一面应为固定墙壁。乙炔气的储存量超过 240m³（相当于 40 瓶）时，应建造耐火等级不低于二级的储存仓库，与建筑物的防火间距不应小于 10m，否则应以防火墙隔开。

气瓶（包括空瓶）储存时应将瓶阀关闭，卸下减压阀，戴上并旋紧气瓶帽，整齐排放。

⑨ 盛装不宜长期存放或限期存放气体的气瓶，如氯乙烯、氯化氢、甲醚等气瓶，均应注明存放期限。气瓶存放到期后，应及时处理。

⑩ 盛装容易发生聚合反应或分解反应气体的气瓶，如乙炔气瓶，必须规定储存期限，根据气体的性质控制储存点的最高温度，并应避开放射源。

⑪ 储存毒性气体或可燃气体气瓶的室内储存场所，必须监测储存点空气中毒性气体或可燃气体的浓度。如果浓度超标，应强制换气或通风，并查明危险气体浓度超标的原因，采取整改措施。

⑫ 如果气瓶漏气，首先应根据气体性质做好相应的人体保护。在保证安全的前提下，关闭瓶阀，如果瓶阀失控或漏气点不在瓶阀上，应采取相应紧急处理措施。

⑬ 应定期对储存场所的用电设备、通风设备、气瓶搬运工具和栅栏、防火和防毒器具进行检查，发现问题及时处理。

5.4 危险化学品储罐储存安全

5.4.1 危险化学品储罐储存建筑布局要求

① 危险化学品储罐区应布置在邻近城镇或居民区全年最小频率风向的上风侧。
② 危险化学品储罐区应布置在本单位全年最小频率风向的上风侧。
③ 易燃液体储罐区，液化气体储罐区，可燃、助燃气体储罐区，应与装卸区、辅助生产区及生活、办公区分开布置。

5.4.2 危险化学品储罐储存消防要求

① 石油化工企业的危险化学品储罐区的防火间距符合《石油化工企业设计防火标准（2018 年版）》(GB 50160) 中 4.1.9、6.2.8、6.3.3、6.4.1 的规定，石油库的危险化学品储罐区的防火间距应符合《石油库设计规范》(GB 50074) 中 4.0.7、4.0.8、5.0.3、6.0.4、6.0.5 的规定，其他危险化学品储罐区的防火间距应符合《建筑设计防火规范》(GB 50016) 中的 4.2、4.3、4.4 的规定。

② 采用阻隔防爆技术的成品油储罐区的防火间距按照上条的规定减少 50%。

③ 石油化工企业的危险化学品储罐区的灭火装备的设置应符合《石油化工企业设计防火标准（2018 年版）》(GB 50160) 的规定，石油库的危险化学品储罐区的灭火装备的设置应符合《石油库设计规范》(GB 50074) 的规定，其他危险化学品储罐区的灭火装备的设置应符合《建筑设计防火规范》(GB 50016) 的规定。

④ 危险化学品储罐区应设置事故状态下收集、储存泄漏出来的危险化学品和事故废水的设施，收集、储存设施包括事故应急池、事故罐、防火堤内或围堰内区域等，事故应急池、防火堤内或围堰内区域应做防渗透处理。

⑤ 高度超过 15m 或单罐容积＞2000m^3 的易燃液体储罐、液化气体储罐、强酸和强碱的储罐，应设置固定式消防冷却水系统，并应定期试验其有效性并做记录，记录保存至少 2 年；固定式消防冷却水系统设计应符合《建筑设计防火规范》(GB 50016) 中 8.1、8.2 的规定。

⑥ 易燃、易爆危险化学品储罐区四周道路边应设置防爆型手动火灾报警按钮，其间距不宜大于 100m，并应在控制室设置火灾声光报警装置。

⑦ 属于易燃易爆且储存量大于临界量 50％的储罐区，应设置火灾自动报警系统，并应设置消防控制室。火灾自动报警系统和消防控制室应符合《建筑设计防火规范》(GB 50016) 中 11.4 的规定。火灾自动报警信号传输至本单位消防控制室。

⑧ 易燃气体储罐区、可燃的液化气体储罐区、易燃液体储罐区应设置消防车道。消防车道的设置应符合《建筑设计防火规范》(GB 50016—2014) 中 6.0.7 的规定。

5.4.3 危险化学品储罐储存设施要求

5.4.3.1 电气安全

(1) 危险化学品储罐区应设置防雷保护系统，防雷保护系统设计应符合《石油库设计规范》(GB 50074) 的规定：

① 钢储罐必须做防雷接地，接地点不应少于 2 处。

② 钢储罐接地点沿储罐周长的间距，不宜大于 30m，接地电阻不宜大于 10Ω。

③ 储存易燃液体的储罐防雷设计，应符合下列规定：

装有阻火器的地上卧式储罐的壁厚和地上固定顶钢储罐的顶板厚度大于或等于 4mm 时，不应装设接闪杆（网）。铝顶储罐和顶板厚度小于 4mm 的钢储罐，应装设接闪杆（网），接闪杆（网）应保护整个储罐。

外浮顶储罐或内浮顶储罐不应装设接闪杆（网），但应采用两根导线将浮顶与罐体做电气连接。外浮顶储罐的连接导线应选用截面积不小于 50mm^2 的扁平镀锡软铜复绞线或绝缘阻燃护套软铜复绞线；内浮顶储罐的连接导线应选用直径不小于 5mm 的不锈钢钢丝绳。

外浮顶储罐应利用浮顶排水管将罐体与浮顶做电气连接，每条排水管的跨接导线应采用一根横截面不小于 50mm^2 扁平镀锡软铜复绞线。

外浮顶储罐的转动浮梯两侧，应分别与罐体和浮顶各做两处电气连接。

覆土储罐的呼吸阀、量油孔等法兰连接处，应做电气连接并接地，接地电阻不宜大于 10Ω。

④ 储存可燃液体的钢储罐，不应装设接闪杆（网），但应做防雷接地。

⑤ 装于地上钢储罐上的仪表及控制系统的配线电缆应采用屏蔽电缆，并应穿镀锌钢管保护管，保护管两端应与罐体做电气连接。

⑥ 储罐上安装的信号远传仪表，其金属外壳应与储罐体做电气连接。

⑦ 易燃液体泵房（棚）的防雷应按第二类防雷建筑物设防。

⑧ 在平均雷暴日大于 40d/a 的地区，可燃液体泵房（棚）的防雷应按第三类防雷建筑物设防。

⑨ 装卸易燃液体的鹤管和液体装卸栈桥（站台）的防雷，应符合下列规定。

露天进行装卸易燃液体作业的，可不装设接闪杆（网）。

在棚内进行装卸易燃液体作业的，应采用接闪网保护。棚顶的接闪网不能有效保护爆炸危险 1 区时，应加装接闪杆。当罩棚采用双层金属屋面，且其顶面金属层厚度大于 0.5mm、搭接长度大于 100mm 时，宜利用金属屋面作为接闪器，可不采用接闪网保护。

进入液体装卸区的易燃液体输送管道在进入点应接地，接地电阻不应大于 20Ω。

⑩ 在爆炸危险区域内的工艺管道，应采取下列防雷措施：

工艺管道的金属法兰连接处应跨接。当不少于 5 根螺栓连接时，在非腐蚀环境下可不跨接。

平行敷设于地上或非充沙管沟内的金属管道，其净距小于 100mm 时，应用金属线跨接，跨接点的间距不应大于 30m。管道交叉点净距小于 100mm 时，其交叉点应用金属线跨接。

接闪杆（网、带）的接地电阻，不宜大于 10Ω。

（2）易燃易爆危险化学品装卸区、泵房、防火堤内区域应采取防静电地面。

（3）易产生静电的危险化学品装卸系统，应设置防静电接地装置。防静电接地装置设计应符合《防止静电事故通用导则》(GB 12158—2006) 的规定：

金属物体应采用金属导体与大地做导通性连接，金属以外的静电导体及亚导体则应做间接接地。

静电导体与大地间的总泄漏电阻值在通常情况下均不应大于 $1 \times 10^6 \Omega$。每组专设的静电接地体的接地电阻值一般不应大于 100Ω，在山区等土壤电阻率较高的地区，其接地电阻值也不应大于 1000Ω。

对于某些特殊情况，有时为了限制静电导体对地的放电电流，允许人为地将其泄漏电阻值提高到 $1 \times 10^4 \sim 1 \times 10^6 \Omega$，但最大不得超过 $1 \times 10^9 \Omega$。

（4）属于爆炸和火灾危险环境内的电气设备选型要求符合《爆炸危险环境电力装置设计规范》(GB 50058) 的规定：

① 在爆炸性环境内，电气设备应根据下列因素进行选择：

爆炸危险区域的分区，见表 5-13；

可燃性物质的分级；

可燃性物质的引燃温度。

表 5-13　气体爆炸危险场所区域等级

区域等级	说明
0 区	连续出现爆炸性气体环境或长期出现爆炸性气体环境的区域
1 区	在正常运行时，可能出现爆炸性气体环境的区域
2 区	在正常运行时，不可能出现爆炸性气体环境，即使出现也仅可能是短时存在的区域

注：1. 除了封闭的空间，如密闭的容器、储油罐等内部气体空间外，很少存在 0 区。

2. 有高于爆炸上限的混合物环境或有空气进入时可能使其达到爆炸极限的环境，应划为 0 区。

② 爆炸性环境内电气设备保护级别的选择应符合表 5-14 的规定。

表 5-14　爆炸性环境内电气设备保护级别的选择

危险区域	设备保护级别（EPL）
0 区	Ga
1 区	Ga 或 Gb
2 区	Ga、Gb 或 Gc

③ 电气设备保护级别（EPL）与电气设备防爆结构的关系应符合表 5-15 的规定。

表 5-15　电气设备保护级别（EPL）与电气设备防爆结构的关系

设备保护级别（EPL）	电气设备防爆结构	防爆型式
Ga	本质安全型	"ia"
	浇封型	"ma"
	由两种独立的防爆类型组成的设备，每一种类型达到保护级别"Gb"的要求	—
	光辐射式设备和传输系统的保护	"op is"
Gb	隔爆型	"d"
	增安型	"e"
	本质安全型	"ib"
	浇封型	"mb"
	油浸型	"o"
	正压型	"px""py"
	充砂型	"q"
	本质安全现场总线概念（FISCO）	—
	光辐射式设备和传输系统的保护	"op pr"
Gc	本质安全型	"ic"
	浇封型	"mc"
	无火花	"n""nA"
	限制呼吸	"nR"
	限能	"nL"
	火花保护	"nC"
	正压型	"pz"
	非可燃现场总线概念（FNICO）	—
	光辐射式设备和传输系统的保护	"op sh"

④ 防爆电气设备的级别和组别不应低于该爆炸性气体环境内爆炸性气体混合物的级别和组别，并应符合下列规定：

气体、蒸气分级与电气设备类别的关系应符合表 5-16 的规定。当存在有两种以上可燃性物质形成的爆炸性混合物时，应按照混合后的爆炸性混合物的级别和组别选用防爆设备，无据可查又不可能进行试验时，可按危险程度较高的级别和组别选用防爆电气设备。

⑤ 对于标有适用于特定的气体、蒸气的环境的防爆设备，没有经过鉴定，不得用于其他的气体环境内。

表 5-16　气体或蒸气分级与电气设备类别的关系

气体或蒸气分级	设备类型
ⅡA	ⅡA、ⅡB 或 ⅡC
ⅡB	ⅡB 或 ⅡC
ⅡC	ⅡC

⑥ Ⅱ类电气设备的温度组别、最高表面温度和气体、蒸气引燃温度之间的关系符合表 5-17 的规定。

表 5-17　Ⅱ类电气设备的温度组别、最高表面温度和气体、蒸气引燃温度

电气设备温度组别	电气设备允许最高表面温度/℃	气体/蒸气引燃温度/℃	适用的设备温度级别
T1	450	＞450	T1～T6
T2	300	＞300	T2～T6
T3	200	＞200	T3～T6
T4	135	＞135	T4～T6
T5	100	＞100	T5～T6
T6	85	＞85	T6

（5）消防用水量超过 35L/s 的易燃液体储罐区的消防用电，应按二级负荷供电；其他储罐（区）的消防用电设备，可采用三级负荷供电。

5.4.3.2　监控与报警

① 危险化学品储罐区宜进行安全监控，易燃、易爆、剧毒危险化学品储罐和危险化学品压力储罐、构成危险化学品重大危险源的危险化学品储罐应进行安全监控；安全监控主要参数包括：罐内介质的液位，温度，压力，流量/流速，罐区内可燃/有毒气体浓度，气象参数等；危险化学品安全监控装备应符合《危险化学品重大危险源 罐区现场安全监控装备设置规范》（AQ 3036）的规定，并定期进行检验。

② 可燃气体和有毒气体检测报警系统应符合《石油化工可燃气体和有毒气体检测报警设计标准》（GB/T 50493）的规定。

③ 根据危险化学品储罐的实际情况，宜设置由温度、液位、压力等参数控制物料的自动切断、转移、喷淋降温等连锁自动控制装备，并设置就地手动控制装置或手动遥控装置备用。

④ 危险化学品储罐区控制室应设置易燃、易爆、有毒危险化学品声光报警装置。

⑤ 危险化学品储罐区宜设置视频监控报警系统；临界量 50％的储罐区应设置视频监控报警系统，应与罐区安全监控系统联网。

⑥ 危险化学品储罐区宜设置入侵报警系统，易燃、易爆、剧毒危险化学品储罐和储存量大于《危险化学品地上储罐区安全要求》（DB11/T 833）中附表 A 和附表 B 中所列的危险化学品临界量 50％的危险化学品储罐区应设置入侵报警系统；入侵报警系统应符合《安全防范工程技术标准》（GB 50348）中 6.4.3 的规定。

⑦ 危险化学品储罐区的压力上限报警、高低液位报警、温度报警、气体浓度报警、入侵报警、视频监控报警等信号宜选用数字信号、触电信号、毫安信号或毫伏信号，传输至本单位的控制室，安全监控信号应满足异地调用需要。

⑧ 安全监控信号应能自动巡查并记录；视频监控图像应保存 30 天以上，其他安全监控信号应保存 180 天以上。

5.4.3.3　安全附件及安全作业

① 金属储罐内壁应根据储存危险化学品的特性采取相应防腐措施。

② 危险化学品储罐进出口管道靠罐壁的第一道阀门应设置自动或手动紧急切断阀或阀门组，并保证正常有效。

③ 危险化学品压力储罐应设置安全阀等安全附件，压力储罐和安全阀等应定期检验。

④ 危险化学品固定顶储罐应设通气管或呼吸阀，宜选用呼吸阀，呼吸阀应配有阻火器及呼吸阀挡板，阻火器及呼吸阀应有防冻措施。

⑤ 危险化学品储罐的巡检作业、检维修作业、吹扫作业、清线作业、清罐作业等应符合《危险化学品储罐区作业安全通则》(AQ 3018) 的规定。

⑥ 危险化学品储罐区作业场所应设置安全标志，安全标志应符合《安全标志及其使用导则》(GB 2894) 的规定。

⑦ 易燃、易爆、有毒和产生刺激气体的危险化学品储罐区应在显著位置设置风向标。

5.4.3.4　安全管理

① 应建立健全危险化学品储罐区的岗位安全责任制度、安全操作规程、安全管理规章制度、收发管理制度、安全保卫制度等。

② 从业人员应当接受安全教育、法制教育和岗位技术培训教育和培训，考核合格后上岗作业；对有资格要求的岗位，应当配备依法取得相应资格的人员。

③ 危险化学品储罐区有醒目并与罐内危险化学品相符的中文化学品安全标签，储罐现场应有中文化学品安全技术说明书。化学品安全技术说明书和化学品安全标签应符合《化学品安全技术说明书 内容和项目顺序》(GB/T 16483) 和《化学品安全标签编写规定》(GB 15258) 的规定。

④ 针对储存的危险化学品的种类和性质，为从业人员配备必要的防护用品。防护用品选用应符合《个体防护装备配备规范》(GB 39800) 的规定。

⑤ 应制定危险化学品泄漏、火灾、爆炸、急性中毒等事故应急救援预案，事故应急救援预案应符合《生产经营单位安全生产事故应急预案编制导则》(AQ/T 9002) 的规定，配备应急救援人员和必要的应急救援器材、设备，并定期组织演练，每年不得少于 2 次。

5.4.3.5　易燃液体储罐

① 危险化学品储罐区应设置不燃烧体防火堤。防火堤的设置应符合《储罐区防火堤设计规范》(GB 50351) 的规定。

② 防火堤的有效容量：

固定顶危险化学品储罐区，防火堤的有效容量不应小于一个最大罐体的容量；

浮顶或内浮顶危险化学品储罐区，防火堤的有效容量不应小于一个最大罐体容量的一半；

当固定顶和浮顶或内浮顶危险化学品储罐同时布置，防火堤的有效容量应取最大值。

③ 防火堤内地面应采取防渗措施。

④ 有毒或有刺激性危险化学品储罐区应设置现场急救用品、洗眼器、淋洗器。

5.4.3.6　液化气体储罐

① 储存介质相对蒸气密度＞1（空气＝1）的危险化学品储罐区应设置防火堤或围堤，防火堤或围堤的有效容积不应小于储罐区内一个最大储罐的容积。

② 无毒不燃气体储罐区可不设置围堤。

③ 有毒或有刺激性气体储罐区应配备空气呼吸器。

5.4.3.7　腐蚀性液体储罐

① 储罐区内的地面应采取防渗漏和防腐蚀措施。

② 储罐区应设置围堤，围堤的有效容积不应小于罐组内一个最大储罐的容积。

③ 储罐区应设置现场急救用品、洗眼器、淋洗器。

5.5　易燃易爆物质储存安全

易燃易爆品包括易燃性物质和易爆性物质两类。

易燃性物质是指自燃点低、暴露在空气中易发生氧化反应而自行燃烧的物质，包括易燃气体、易燃液体、易燃固体。

易爆性物质是指固体或液体物质（或物质混合物），自身能够通过化学反应产生气体，其温度、压力和速度高到能对周围造成破坏的物质。

《易燃易爆性商品储存养护技术条件》(GB 17914)，对爆炸品、压缩气体和液化气体、易燃液体、易燃固体、自燃物品、遇湿易燃物品、氧化剂和有机过氧化物等易燃易爆性物质的储藏条件、养护技术和储藏期限等提出了技术要求。

5.5.1　储存要求

库房应干燥、易于通风、密闭和避光并安装避雷装置；库房内可能散发（或泄漏）可燃气体、可燃蒸气的场所应安装可燃气体检测报警装置。

各类易燃易爆物质依据性质和灭火方法的不同，应严格分区分类和分库存放。

易爆性物质应储存于一级轻耐火建筑的库房内。低、中闪点液体，一级易燃固体，自燃物品，压缩气体和液化气体类应储存于一级耐火建筑的库房内；遇湿性物质、氧化剂和有机过氧化物应储存于一级、二级耐火建筑的库房内；二级易燃固体、高闪点液体应储存于耐火等级不低于二级的库房内；易燃气体不应与助燃气体同库储存。

物质应避免阳光直射，远离火源、热源、电源及产生火花的环境。爆炸品应专库储存，如黑色火药类、爆炸性化合物；易燃气体、助燃气体和有毒气体应专库储存；易燃液体可同库储存，但灭火方法不同的物质应分库储存；易燃固体可同库储存，但发乳剂 H 与酸或酸性物质应分库储存；硝酸纤维素酯、安全火柴、红磷及硫化磷、铝粉等金属粉类应分库储存；自燃物质如黄磷、烃基金属化合物，浸动植物油的制品应分库储存；遇湿易燃物质应专库储存；氧化剂和有机过氧化物，一级、二级无机氧化剂与一级、二级有机氧化剂应分库储存。

存放易燃易爆物质的库房周围应无杂草和易燃物。库房内地面无漏洒物质，保持地面与货垛清洁卫生。库房内温湿度要适宜，具体见表5-18。

表 5-18　各类易燃易爆物质库房温湿度条件

类别	品名	温度/℃	相对湿度/%
爆炸品	黑火药、化合物	≤32	≤80
	水稳定剂的爆炸品	≥1	<80
压缩气体和液化气体	易燃、不燃、有毒	≤30	—
易燃液体	低闪点	≤29	—
	中、高闪点	≤37	—
易燃固体	易燃固体	≤35	—
	硝酸纤维素酯	≤25	—
	安全火柴	≤35	—
	红磷、硫化磷、铝粉	≤35	—
自燃物品	黄磷	>1	—
	烃基金属化合物	≤30	≤80
	含油制品	≤32	≤80
遇湿易燃物品	遇湿易燃物品	≤32	≤75
氧化剂和有机过氧化物	氧化剂和有机过氧化物	≤30	≤80
	过氧化钠、镁、钙等	≤30	≤75
	硝酸锌、钙、镁等	≤28	≤75
	硝酸铵、亚硝酸钠	≤30	≤75
	结晶硝酸锰	<25	—
	过氧化苯甲酰	2~25	—
	过氧化丁酮等有机氧化剂	≤25	—

各种易燃易爆物质（气瓶装除外）不应直接落地存放，应根据库房条件、物质性质和包装形态采取适当的堆码和垫底方法，一般应垫高 15cm 以上。遇湿易燃物品、易吸潮溶化和吸潮分解的物品应适当增加下垫高度。各种易燃易爆物质应码行列式压缝货垛，做到牢固、整齐、出入库方便，无货架的垛高不应超过 3m。垛堆间距应保持：主通道大于或等于180cm；支通道大于或等于 80cm；墙距大于或等于 30cm；柱距大于或等于 10cm；垛距大于或等于 10cm；顶距大于或等于 50cm。

5.5.2　安全管理

5.5.2.1　安全检查

库房内设置温湿度表（重点库可设自记温湿度计），按规定时间进行观测和记录。根据物质的不同性质，采取密封、通风和库内吸潮相结合的温湿度管理办法，严格控制并保持库房内的温湿度，符合表 5-18 的要求。

每天对库房内外进行安全检查，检查地面是否有散落物、货垛牢固程度和异常现象等，发现问题及时处理。定期检查库内设施、消防器材、防护用具是否齐全有效。

根据物质的性质，定期进行以感官为主的库内质量检查，每种物质抽查 1~2 件，检查物质自身变化，物质容器、封口、包装和衬垫等在储存期间的变化。

爆炸品：检查外包装，不应拆包检查。爆炸性化合物可拆箱检查。

压缩气体和液化气体：用称量法检查其质量；可用检漏仪检查钢瓶是否漏气；也可用棉球蘸稀盐酸（用于氨）、稀氨水（用于氯）、肥皂水等涂在瓶口处进行检查，如有漏气，则会立即产生大量烟雾或泡沫。

易燃液体：检查封口是否严密，有无挥发或渗漏，有无变色、变质和沉淀现象。

易燃固体：检查有无溶（熔）化、升华和变色、变质现象。含稳定剂的要检查稳定剂是否足量，否则立即添足补满。例如，对于硝酸纤维素（硝化棉、火棉胶），如果用手触动有粉末飞扬，说明稳定剂乙醇已挥发，应立即添加；对于赛璐珞板及其制品，发现板上有不规则的斑点时，说明已发生物质分解，有酸性物质产生，应拒绝入库。

自燃物品：温度升高会加速物品的氧化速度，使物品发热。热量散发不及时，就会引发着火事故。物质的检查，应根据物品的性质和包装条件的功能采取不同的方法。例如，黄磷，应重点检查物质是否露出水面，必要时可以打开包装；三乙基铝和铝铁溶剂，一般为充氮密封包装，因此不宜开启包装，即使包装破损也不宜打开，必须用不带水分的糊补剂修补，并通知商家尽快取走；对于硝酸纤维片和桐油配料制品，可用温度计插入物品检测，如发现物品温度比室温高，则说明已发热，应尽快采取措施散热。

遇湿易燃物品：查有无包装破损、渗漏、吸潮等，如电石入库时要检查容器设备是否完好，对未充氮气的铁桶应放气，发现温度较高时更应放气。活泼金属类一般都采用液体石蜡或煤油为保存介质，金属锂用固体石蜡密封保存。金属氢化物一般不加稳定剂，但包装封口要严密，如果发现封口破损，应及时修补。电石类的碳化物，如果发现已经受潮，应选择安全的地点及时放出具有恶臭气味的乙炔气体，再用熔化的沥青和浓硅酸钠糊毛头纸封闭，防止吸水变质。其他，如保险粉，为白色粉状，吸潮后容易结块，同时放出有毒的二氧化硫气体，如果包装破损，应及时用修补剂修补。

氧化剂和有机过氧化物：检查包装封口是否严密，有无吸潮熔化、变色变质；有机过氧化物、含稳定剂的容器内要足量，封口严密有效。有些有机过氧化物，如过氧化叔丁酯，受热后不仅易于挥发和膨胀，而且还能起到加速分解的作用，因此，库房温度不应超过28℃；一些含有结晶水的硝酸盐类，如硝酸铟、硝酸锰等熔点低，受热后能溶解于本身的结晶水中，如果密封不严，又极易吸潮熔化，所以库房温度必须保持在28℃以下。有些过氧化物易吸潮变质，如过氧化钠、三氧化铬等。储存这些物品的库房应保持干燥，相对湿度不宜超过75％。

每次质量检查后，外包装上均应做出明显的标记，并做好记录。

检查中发现的问题，及时填写问题物质通知单通知存货方。若问题严重或危及安全时立即汇报和通知存货方，采取应急措施。

5.5.2.2　安全操作

易燃易爆物质作业人员应穿防静电工作服，戴手套和口罩等防护用具，禁止穿钉鞋。操作中轻搬轻放，防止摩擦和撞击。汽车出入库要带好防火罩，排气管不应直接对准库房门。各项操作不应使用能产生火花的工具，不应使用叉车搬运、装卸压缩和液化的气体钢瓶，热源与火源应远离作业现场。库房内不应进行分类、改装、开箱、开桶、验收等，以上活动应在库房外进行。

5.5.3　应急处理

在灭火与抢救时，作业人员应站在上风头，佩戴防毒面具或自救式呼吸器，采用表5-19中所列灭火方法。当作业人员如发现异常情况时，如头晕、呕吐、呼吸困难等，应立即撒离现场。

表 5-19　易燃易爆性物质灭火方法

类别	品名	灭火方法	备注
爆炸物	黑火药	雾状水	—
	化合物	雾状水、水	—
压缩气体和液化气体	压缩气体和液化气体	大量水	冷却钢瓶
易燃液体	中、低、高闪点	泡沫、干粉	—
	甲醇、乙醇、丙酮	抗溶泡沫	—
易燃固体	易燃固体	水、泡沫	
	发乳剂	水、干粉	禁用酸碱泡沫
	硫化磷	干粉	禁用水
自燃物品	自燃物品	水、泡沫	
	烃基金属化合物	干粉	禁用水
遇湿易燃物品	遇湿易燃物品	干粉	禁用水
	钠、钾	干粉	禁用水、二氧化碳、四氯化碳
氧化剂和有机过氧化物	氧化剂和有机过氧化物	雾状水	—
	过氧化钠、钾、镁、钙等。	干粉	禁用水

5.6　腐蚀性物质储存安全

　　腐蚀性物质是指通过化学作用，使生物组织接触时会造成严重损伤，或在渗漏时会严重损害甚至毁坏其他货物或运载工具的物质。

　　腐蚀品按化学性质分类三类：酸性腐蚀品、碱性腐蚀品和其他腐蚀品。腐蚀品的总体特性如下：

　　① 强烈的腐蚀性。它对人体、设备、建筑物、构筑物、车辆、船舶的金属结构都易发生化学反应，而使之腐蚀并遭受破坏。

　　腐蚀性物质如浓硫酸、硝酸、氯磺酸、漂白粉等都是氧化性很强的物质，与还原剂接触会发生强烈的氧化还原反应，放出大量的热，容易引起燃烧。

　　② 稀释放热反应。多种腐蚀品遇水会放出大量热，使液体四处飞溅，造成人体灼伤。除此以外，有些腐蚀品挥发的蒸气，能刺激眼睛、黏膜，吸入会中毒，有机腐蚀品还具有可燃性或易燃性。

　　《腐蚀性商品储存养护技术条件》（GB 17915）中规定了腐蚀性物质的储存条件、储存技术、储存期限等。

5.6.1　储存要求

　　储存腐蚀品的库房应经过防腐和防渗处理，并且阴凉、干燥、通风、避光。库房的建筑及各种设备实施应符合《建筑设计防火规范》（GB 50016）的规定。按不同类别、性质、危险程度、灭火方法等分区、分类储藏，性质相抵的禁止同库储藏。

　　建筑物最好经过防腐蚀处理。储存发烟硝酸、溴素、高氯酸的库房应干燥通风，耐火等级不低于二级；氢溴酸、氢碘酸应避光储存，溴素应专库储存；露天储存的货棚应阴凉、通风、干燥，露天货场应比地面高、干燥。

　　库房的温湿度条件应符合表 5-20 的要求。库房内应设置温湿度计，根据库房条件和物质性质，应采用机械、自然等方法通风、去湿、保湿。调节并控制库房内的温湿度在合理的范围之内。每天按时观测并记录。

库房内应保持清洁，库房周边的排水保持畅通，并在库房附近设置紧急喷淋等应急设施。

每天对库房内外进行安全检查，及时清理易燃物，应维护货垛牢固，无异常，无泄漏。如遇特殊天气应及时检查物质有无受潮，货场货垛苫垫是否严密。定期检查库内设施、消防器材、防护用具是否齐全有效。

根据物质性质，定期进行感官质量检查，每种物质抽查1～2件。

检查物质包装、封口、衬垫有无破损、渗漏，物质外观有无变化。发现问题，应采取防止措施，通知存货方及时处理，不应作为正常物质出库。

表 5-20 温度和湿度条件

类别	主要品种	适宜温度/℃	适宜相对湿度/%
酸性腐蚀品	发烟硫酸、亚硫酸	0～30	≤80
	硝酸、盐酸及氢卤酸、氟硅（硼）酸、氯化硫、磷酸等。	≤30	≤80
	磺酰氯、氯化亚砜、氧氯化磷、氯磺酸、溴乙酰、三氯化磷等多卤化物	≤30	≤75
	发烟硝酸	≤25	≤80
	溴素、溴水	0～28	—
	甲酸、乙酸、乙酸酐等有机酸类	≤32	≤80
碱性腐蚀品	氢氧化钾（钠）、硫化钾（钠）	≤30	≤80
其他腐蚀品	甲醛溶液	10～30	—

5.6.2 安全管理

腐蚀品作业人员应穿戴防护服、护目镜、橡胶浸塑手套等防护用具，操作时应轻搬轻放，防止摩擦震动和撞击。作业现场不应使用沾染异物和能产生火花的机具，并远离热源和火源。分装、改装、开箱检查等必须在库房外进行。有氧化性强酸不应采用木质品或易燃材质的货架或垫衬。

5.6.3 应急处理

腐蚀品发生火灾时，消防人员应在上风位并配戴防毒面具，采用表 5-21 所示的灭火方法。

表 5-21 部分腐蚀性物质灭火方法

品名	灭火剂	禁用
发烟硝酸、硝酸	雾状水、砂土、二氧化碳	高压水
发烟硫酸、硫酸	干砂、二氧化碳	水
盐酸	雾状水、砂土、干粉	高压水
磷酸、氢氟酸、氢溴酸、溴素、氢碘酸、氟硅酸、氟硼酸	雾状水、砂土、二氧化碳	高压水
高氯酸、氯磺酸	干砂、二氧化碳	—
氯化硫	干砂、二氧化碳、雾状水	高压水
磺酰氯、氯化亚砜	干砂、干粉	水
氯化铬酰、三氯化磷、三溴化磷	干粉、干砂、二氧化碳	水
五氯化磷、五溴化磷	干粉、干砂	水

续表

品名	灭火剂	禁用
四氯化硅、三氯化铝、四氯化钛、五氯化锑、五氧化磷	干砂、二氧化碳	水
甲酸	雾状水、二氧化碳	高压水
溴乙酰	干砂、干粉、泡沫	高压水
苯磺酰氯	干砂、干粉、二氧化碳	水
乙酸、乙酸酐	雾状水、砂土、二氧化碳、泡沫	高压水
氯乙酸、三氯乙酸、丙烯酸	雾状水、砂土、泡沫、二氧化碳	高压水
氢氧化钠、氢氧化钾、氢氧化锂	雾状水、砂土	高压水
硫化钠、硫化钾、硫化钡	砂土、二氧化碳	水或酸、碱式灭火剂
水合肼	雾状水、泡沫、干粉、二氧化碳	—
氨水	水、砂土	—
次氯酸钙	水、砂土、泡沫	—
甲醛	水、泡沫、二氧化碳	—

当腐蚀品进入呼吸道时，应立即移至新鲜空气处吸氧。接触眼睛或皮肤时，采用表 5-22 所示的方法进行应急处理，并立即送医救治。

表 5-22　应急处置方法

强酸	皮肤沾染,用大量水冲洗,或用小苏打、肥皂水洗涤,必要时敷软膏;溅入眼睛用温水冲洗后,再用 5% 小苏打溶液或硼酸水洗;进入口内立即用大量水漱口,服用大量冷开水催吐,或用氧化镁悬浊液洗胃,呼吸中毒立即移至空气新鲜处,保持体温,必要时吸氧,并送医院诊治
强碱	接触皮肤可用大量水冲洗,或用硼酸水、稀乙酸冲洗后涂氧化锌软膏;触及眼睛用温水冲洗;吸入中毒者(氢氧化铵)移至空气新鲜处,并送医院诊治
氢氟酸	接触眼睛或皮肤,立即用清水冲洗 20min 以上,再用稀氨水敷浸后保暖,并送医院诊治
高氯酸	皮肤沾染后用大量温水及肥皂水冲洗,溅入眼内用温水或稀硼砂水冲洗,并送医院诊治
氯化铬酰	皮肤受伤用大量水冲洗后,再用硫代硫酸钠敷伤处,并送医院诊治
氯磺酸	皮肤受伤用水冲洗后再用小苏打溶液洗涤,并以甘油和氧化镁润湿绷带包扎,并送医院诊治
溴(溴素)	皮肤灼伤以苯洗涤,再涂抹油膏;呼吸器官受伤可嗅氨,并送医院诊治
甲醛溶液	接触皮肤先用大量水冲洗,再用乙醇洗后涂甘油;呼吸中毒可移到新鲜空气处,用 2% 碳酸氢钠溶液雾化吸入,以解除呼吸道刺激,并送医院诊治

5.7　毒性物质储存安全

毒害性物质是指经吞食、吸入或皮肤接触后可能造成死亡或严重受伤或损害人类健康的物质。《毒害性商品储存养护技术条件》(GB 17916) 规定了毒害性物质的储存条件、储存技术、储存期限等技术要求。

5.7.1　储存要求

毒害品库房应设强制排风设施，库房内干燥，机械通风排毒应有安全防护和处理措施。库房耐火等级不低于二级。

仓库应远离居民区和水源。毒害品避免阳光直射、曝晒，远离热源、电源、火源，在库内（区）固定和方便的位置配备与毒害性物质性质相匹配的消防器材、报警装置和急救药箱。

不同种类的毒害性物质，视其危险程度和灭火方法的不同应分开存放，毒害品不得与其他危险类型的物质同库混存。

剧毒品应专库储存或存放在彼此间隔的单间内，并安装防盗报警器和监控系统，库门装双锁，实行双人双发、双人保管制度。

库区和库房内要经常保持整洁。对散落的毒害性物质应按照其安全技术说明书提供的方法妥善收集处理，库区的杂草及时清除。用过的工作服、手套等用品必须放在库外安全地点，妥善保管或及时处理。更换储藏毒品品种时，要将库房清扫干净。

库房温度不超过35℃为宜，易挥发的毒害品温度应控制在32℃下，相对湿度应在85%以下，对于易潮解的毒害品，库房相对湿度应控制在80%以下。库房内设置温湿度表，按时观测、记录。

5.7.2 安全管理

毒害品装卸人员应具有操作毒害品的一般知识，操作时轻拿轻放，不得碰撞、倒置，防止包装破损、物质外溢。

作业人员要佩戴手套和相应的防毒口罩或面具，穿防护服；作业中不得饮食，不得用手擦嘴、脸、眼睛。每次作业完毕，必须及时用肥皂（或专用洗涤剂）洗净面部、手部，用清水漱口，防护用具应及时清洗，集中存放。

货垛下应有防潮设施，垛底距离地面距离不小于15cm。货垛应牢固、整齐、通风，垛高不超过3m。

每天对库区进行检查，检查易燃物等是否清理，货垛是否牢固，有无异常。遇特殊天气及时检查毒害品有无受损。定期检查库内设施、消防器材、防护用具是否齐全有效。根据毒害品性质，定期进行质量检查，每种物质抽查1~2件，发现问题扩大检查比例。

5.7.3 应急处理

5.7.3.1 消防方法

常见毒害性物质灭火方法见表5-23。

表5-23 常见毒害性物质灭火方法

类别	品名	灭火剂	禁用
无机剧毒害性物质	砷酸、砷酸钠	水	—
	砷酸盐、砷及其化合物、亚砷酸、亚砷酸盐	水、砂土	—
	亚硒酸盐、亚硒酸酐、硒及其化合物	水、砂土	—
	硒粉	砂土、干粉	水
	氯化汞	水、砂土	—
	氰化物、氰熔体、淬火盐	水、砂土	酸碱泡沫
	氢氰酸溶液	二氧化碳、干粉、泡沫	—
有机剧毒害性物质	敌死通、氯化苦、氟磷酸异丙酯，1240乳剂、3911乳剂、1440乳剂	水、砂土	—
	四乙基铝	干砂、泡沫	—
	马钱子碱	水	—
	硫酸二甲酯	干砂、泡沫、二氧化碳、雾状水	—
	1605乳剂，1059乳剂	水、砂土	酸碱泡沫

续表

类别	品名	灭火剂	禁用
无机有毒害性物质	氟化钠、氟化物、氟硅酸盐、氧化铅、氯化钡、氧化汞、汞及其化合物、碲及其化合物、碳酸铍、铍及其化合物	水、砂土	—
有机有毒害性物质	氰化二氯甲烷，其他含氰的化合物	二氧化碳、雾状水、砂土	—
	苯的氯代物(多氯代物)	砂土、泡沫、二氧化碳、雾状水	—
	氯酸酯类	泡沫、水、二氧化碳	—
	烷烃(烯烃)的溴代物，其他醛、醇、酮、酯、苯等的溴化物	泡沫、砂土	—
	各种有机物的钡盐、对硝基苯氯(溴)甲烷	泡沫、砂土、雾状水	—
	砷的有机化合物、草酸、草酸盐类	泡沫、砂土、水、二氧化碳	—
	草酸酯类、硫酸酯类、磷酸酯类	泡沫、水、二氧化碳	—
	胺的化合物、苯胺的各种化合物、盐酸苯二胺(邻、间、对)	砂土、泡沫、雾状水	—
	二氨基甲苯、乙萘胺、二硝基二苯胺、苯肼及其化合物、苯酚的有机化合物、硝基的苯酚钠盐、硝基苯酚、苯的氯化物	砂土、泡沫、雾状水、二氧化碳	—
	糖醛、硝基萘	泡沫、二氧化碳、雾状水、砂土	—
	滴滴涕原粉、毒杀酚原粉、666原粉	泡沫、砂土	—
	氯丹、敌百虫、马拉松、烟雾剂、安妥、苯巴比妥钠盐、阿米妥尔及其钠盐、赛力散原粉、1-萘甲腈、炭疽芽孢苗、鸟来因、粗蒽、依米丁及其盐类、苦杏仁酸、戊巴比妥及其钠盐	砂土、水、泡沫	—

5.7.3.2　中毒急救方法

呼吸道（吸入）中毒：有毒的蒸气、烟雾、粉尘被人吸入呼吸道各部，发生中毒现象，多为喉痒、咳嗽、流涕、气闷、头晕、头疼等。发现上述情况后，中毒者应立即离开现场，到空气新鲜处静卧。对呼吸困难者，可使其吸氧或进行人工呼吸。在进行人工呼吸前，应解开上衣，但勿使其受凉，人工呼吸至恢复正常呼吸后方可停止，并立即予以治疗。无警觉性毒物的危险性更大，如溴甲烷，在操作前应测定空气中的气体浓度，以保证人身安全。

消化道（口服）中毒：中毒者可用手指刺激咽部或注射 1% 阿朴吗啡 0.5mL 以催吐，或用当归三两、大黄一两、生甘草五钱，用水煮服以催泻，如系一○五九、一六○五等油溶性毒品中毒，禁用蓖麻油、液体石蜡等油质催泻剂。中毒者呕吐后应卧床休息，注意保持体温，可饮热茶水。

皮肤（接触）中毒：皮肤中毒或被腐蚀品灼伤时，立即用大量清水冲洗，然后用肥皂水洗净，再涂一层氧化锌药膏或硼酸软膏以保护皮肤，重者应送医院治疗。

毒物进入眼睛：应立即用大量清水或低浓度医用氯化钠（食盐）水冲洗 10～15min，然后去医院治疗。

第6章

工贸行业危险化学品使用安全及典型工艺

6.1 工贸行业危险化学品使用情况

6.1.1 工贸行业危险化学品使用用途

根据工贸行业中使用危险化学品的目的可划分为四类：①化工原材料使用；②辅助材料使用；③温度调节；④灾害防治。

6.1.1.1 化工原材料

作为化工原材料使用的危险化学品主要适用于从事生产的企业。例如，机械行业中的金属制品业，常常以甲苯、二甲苯作为金属漆稀释剂使用。轻工行业中农副食品加工业，使用亚硒酸钠、氢氧化钠等作为饲料添加剂等。机械行业中的电气机械和器材制造业，电池制造使用硫酸、硫酸铅、氢气、甲醇、锂等；照明器具使用砷化镓、汞等有毒物质作为生产原材料。

6.1.1.2 辅助材料

危险化学品作为辅助性材料使用，涉及诸多行业，使用过程简单，但涉及的危险化学品种类繁多，见第1章1.2.1节。

6.1.1.3 温度调节

作为温度调节中使用到的危险化学品主要是液氨，包括包装间、分割间、产品整理间等人员较多的场所以及冷库，通过液氨直接蒸发制冷来调节环境温度和消除产品表面温度，达到降温或保质效果。涉及的行业有机械行业中的专用设备制造业、汽车制造业以及商贸行业中的批发业等。

6.1.1.4　灾害防治

在我国通常使用磷化铝等农药作为熏蒸杀虫剂，主要用于熏蒸各种仓库害虫，同时也能有效地灭杀仓鼠，主要为商贸行业中的仓储业。工贸行业涉及危险化学品及危害性的统计详见附录 D。

6.1.2　危险化学品使用相关术语

特种作业：是指容易发生事故，对操作者本人、他人的安全健康及设备、设施的安全可能造成重大危害的作业。

特种作业人员：是指直接从事特种作业的从业人员。

特种设备作业人员：锅炉、压力容器、压力管道、电梯、起重机械、客运索道、大型游乐设施、场（厂）内专用机动车辆的作业人员及其相关管理人员称为特种设备作业人员。

特殊作业：化学品生产单位设备检修过程中可能涉及的动火、进入受限空间、盲板抽堵、高处作业、吊装、临时用电、动土、断路等，对操作者本人、他人及周围建（构）筑物、设备、设施的安全可能造成危害的作业。

动火作业：直接或间接产生明火的工艺设备以外的禁火区可能产生火焰、火花或炽热表面的非常规作业，如使用电焊、气焊（割）、喷灯、电钻、砂轮等进行的作业。

受限空间：进出口受限，通风不良，可能存在易燃易爆、有毒有害物质或缺氧，对进入人员的身体健康和生命安全构成威胁的封闭、半封闭设施及场所，如反应器、塔、釜、槽、罐、炉膛、锅筒、管道以及地下室、窖井、坑（池）、下水道或其他封闭、半封闭场所。

受限空间作业：进入或探入受限空间进行的作业。

盲板抽堵作业：在设备、管道上安装和拆卸盲板的作业。

高处作业：在距坠落基准面 2m 及 2m 以上有可能坠落的高处进行的作业。

吊装作业：利用各种吊装机具将设备、工件、器具、材料等吊起，使其发生位置变化的作业过程。

临时用电：正式运行的电源上所接的非永久性用电。

动土作业：挖土、打桩、钻探、坑探、地锚入土深度在 0.5m 以上；使用推土机、压路机等施工机械进行填土或平整场地等可能对地下隐蔽设施产生影响的作业。

断路作业：在化学品生产单位内交通主、支路与车间引道上进行工程施工、吊装、吊运等各种影响正常交通的作业。

安全标志：用以表达特定安全信息的标志，由图形符号、安全色、几何形状或文字构成。

安全色：传递安全信息含义的颜色，包含红、黄、蓝、绿四种颜色。

禁止标志：禁止人们不安全行为的图形标志。

警告标志：提醒人们对周围环境引起注意，以避免可能发生危险的图形标志。

指令标志：强制人们必须做出某种动作或采用防范措施的图形标志。

提示标志：向人们提供某种信息（如标明安全设施或场所等）的图形标志。

6.2 工贸行业危险化学品使用安全

6.2.1 危险有害因素辨识

将危险化学品使用中的危险有害因素分为四大类，人的因素、物的因素、管理因素、环境因素。

（1）人的因素

人的因素在这里指的是，从事使用危险化学品活动中，来自人员自身或人为性的危险有害因素，包括人的心理、生理危险和有害因素，行为性危险和有害因素。其中人的心理、生理危险和有害因素包括健康状况异常，如伤、病期等；辨识功能缺陷，如嗅觉有问题从事有害气体操作等；心理异常，如情绪异常、冒险心理、过度紧张等。行为性危险和有害因素，包括指挥错误、操作错误、监护失误等。

（2）物的因素

物的因素是指使用危险化学品涉及的机械、设备、设施、材料等存在的危险有害因素，包括物理危险和有害因素、化学危险和有害因素。其中物理性危险和有害因素，包括设备设施、工具、附件缺陷，如使用密封性不良容器盛装有毒、有害气体或液体，再如设备设施存在漏电现象，空气中弥漫易燃、易爆气体。化学性危险和有害因素，包括爆炸品、易燃品、毒性物品、助燃性物质、腐蚀品等。

（3）管理因素

管理因素是指在使用时存在管理和管理缺失所导致的危险有害因素。包括安全管理规章制度不健全、操作规程不规范、培训制度不完善等几个方面。如气瓶混放、使用危险化学品未编制操作规程等。

（4）环境因素

环境因素是指使用危险化学品作业环境中的危险有害因素。包括：使用危险化学品场所温度、湿度不适宜，室内通风不良，场地（所）光照不良等。如使用危险化学品场所，未进行有效通风，室内积聚大量有毒、易燃易爆气体。

6.2.2 危险化学品安全使用许可证

根据《危险化学品安全使用许可证实施办法》在工矿商贸行业中，使用危险化学品从事生产并且使用量达到规定数量的化工企业（属于危险化学品生产企业的除外），应当申请取得危险化学品安全使用许可证。具体适用行业及最低使用数量见附录 E 和附录 F。

6.2.2.1 申请安全使用许可证的条件

企业申请危险化学品安全使用许可证应当满足下列条件要求：

（1）企业与重要场所、设施、区域的距离和总体布局应当符合下列要求，并确保安全：

① 储存危险化学品数量构成重大危险源的储存设施，与《危险化学品安全管理条例》

第十九条第一款规定的八类场所、设施、区域的距离符合国家有关法律、法规、规章和国家标准或者行业标准的规定。

② 总体布局符合《工业企业总平面设计规范》(GB 50187)、《化工企业总图运输设计规范》(GB 50489)、《建筑设计防火规范》(GB 50016) 等相关标准的要求；石油化工企业还应当符合《石油化工企业设计防火标准 (2018 年版)》(GB 50160) 的要求。

③ 新建企业符合国家产业政策、当地县级以上（含县级）人民政府的规划和布局。

（2）企业的厂房、作业场所、储存设施和安全设施、设备、工艺应当符合下列要求：

① 新建、改建、扩建使用危险化学品的化工建设项目（以下统称建设项目）由具备国家规定资质的设计单位设计和施工单位建设；其中，涉及国家安全生产监督管理总局公布的重点监管危险化工工艺、重点监管危险化学品的装置，由具备石油化工医药行业相应资质的设计单位设计。

② 不得采用国家明令淘汰、禁止使用和危及安全生产的工艺、设备；新开发的使用危险化学品从事化工生产的工艺（以下简称化工工艺），在小试、中试、工业化试验的基础上逐步放大到工业化生产；国内首次使用的化工工艺，经过省级人民政府有关部门组织的安全可靠性论证。

③ 涉及国家安全生产监督管理总局公布的重点监管危险化工工艺、重点监管危险化学品的装置装设自动化控制系统；涉及国家安全生产监督管理总局公布的重点监管危险化工工艺的大型化工装置装设紧急停车系统；涉及易燃易爆、有毒有害气体化学品的作业场所装设易燃易爆、有毒有害介质泄漏报警等安全设施。

④ 新建企业的生产区与非生产区分开设置，并符合国家标准或者行业标准规定的距离。

⑤ 新建企业的生产装置和储存设施之间及其建（构）筑物之间的距离符合国家标准或者行业标准的规定。

同一厂区内（生产或者储存区域）的设备、设施及建（构）筑物的布置应当适用同一标准的规定。

（3）企业应当依法设置安全生产管理机构，按照国家规定配备专职安全生产管理人员。配备的专职安全生产管理人员必须能够满足安全生产的需要。

（4）企业主要负责人、分管安全负责人和安全生产管理人员必须具备与其从事的生产经营活动相适应的安全知识和管理能力，参加安全资格培训，并经考核合格，取得安全资格证书，其他从业人员应当按照国家有关规定，经安全教育培训合格。

特种作业人员应当依照《特种作业人员安全技术培训考核管理规定》，经专门的安全技术培训并考核合格，取得特种作业操作证书。

（5）企业应当建立全员安全生产责任制，保证每位从业人员的安全生产责任与职务、岗位相匹配。

（6）企业根据化工工艺、装置、设施等实际情况，至少应当制定、完善下列主要安全生产规章制度：

① 安全生产例会等安全生产会议制度；

② 安全投入保障制度；

③ 安全生产奖惩制度；

④ 安全培训教育制度；

⑤ 领导干部轮流现场带班制度；

⑥ 特种作业人员管理制度；

⑦ 安全检查和隐患排查治理制度；

⑧ 重大危险源的评估和安全管理制度；

⑨ 变更管理制度；

⑩ 应急管理制度；

⑪ 生产安全事故或者重大事件管理制度；

⑫ 防火、防爆、防中毒、防泄漏管理制度；

⑬ 工艺、设备、电气仪表、公用工程安全管理制度；

⑭ 动火、进入受限空间、吊装、高处作业、作业盲板抽堵、临时用电、动土、断路、设备检维修等作业安全管理制度；

⑮ 危险化学品安全管理制度；

⑯ 职业健康相关管理制度；

⑰ 劳动防护用品使用维护管理制度；

⑱ 承包商管理制度；

⑲ 安全管理制度及操作规程定期修订制度。

（7）企业应当根据工艺、技术、设备特点和原辅料的危险性等情况编制岗位安全操作规程。

（8）企业应当依法委托具备国家规定资质条件的安全评价机构进行安全评价，并按照安全评价报告的意见对存在的安全生产问题进行整改。

（9）企业应当有相应的职业病危害防护设施，并为从业人员配备符合国家标准或者行业标准的劳动防护用品。

（10）企业应当依据《危险化学品重大危险源辨识》（GB 18218），对本企业的生产、储存和使用装置、设施或者场所进行重大危险源辨识。

对于已经确定为重大危险源的，应当按照《危险化学品重大危险源监督管理暂行规定》进行安全管理。

（11）企业应当符合下列应急管理要求：

① 按照国家有关规定编制危险化学品事故应急预案，并报送有关部门备案；

② 建立应急救援组织，明确应急救援人员，配备必要的应急救援器材、设备设施，并按照规定定期进行应急预案演练。

储存和使用氯气、氨气等对皮肤有强烈刺激的吸入性有毒有害气体的企业，除符合本条①的规定外，还应当配备至少两套以上全封闭防护服；构成重大危险源的，还应当设立气体防护站（组）。

（12）企业除符合（11）规定的安全使用条件外，还应当符合有关法律、行政法规和国家标准或者行业标准规定的其他安全使用条件。

6.2.2.2　安全使用许可证的申请

企业向发证机关申请安全使用许可证时，应当提交下列文件、资料，并对其内容的真实性负责：

① 申请安全使用许可证的文件及申请书；

② 新建企业的选址布局符合国家产业政策、当地县级以上人民政府的规划和布局的证

明材料复制件；

③ 安全生产责任制文件，安全生产规章制度、岗位安全操作规程清单；

④ 设置安全生产管理机构，配备专职安全生产管理人员的文件复制件；

⑤ 主要负责人、分管安全负责人、安全生产管理人员安全资格证和特种作业人员操作证复制件；

⑥ 危险化学品事故应急救援预案的备案证明文件；

⑦ 由供货单位提供的所使用危险化学品的安全技术说明书和安全标签；

⑧ 工商营业执照副本或者工商核准文件复制件；

⑨ 安全评价报告及其整改结果的报告；

⑩ 新建企业的建设项目安全设施竣工验收报告；

⑪ 应急救援组织、应急救援人员，以及应急救援器材、设备设施清单。

有危险化学品重大危险源的企业，还应当提交重大危险源的备案证明文件。对于新建企业安全使用许可证的申请，应当在建设项目安全设施竣工验收通过之日起 10 个工作日内提出。

6.2.3　危险化学品使用人员要求

6.2.3.1　人员教育

随着企业改制和企业用工形式的变化，不少化工企业，尤其是中小化工企业，大量使用未经正规职业教育、未经严格培训的临时工。这些工人文化水平较低，不具备基本的化工专业知识和操作技能，违规操作、冒险蛮干，导致事故发生频繁。针对这一特点，危险化学品使用单位从负责人、安全管理人员到基层员工应做好安全教育、法制教育和岗位技术培训工作，考试合格后方可上岗。

工贸行业危险化学品使用企业安全负责人以及安全生产管理人员，应具备与工作相关的安全知识和管理能力。企业负责人的培训工作，应从职业道德、安全意识、法律知识、安全基础知识、安全管理技能等为主线，对危险化学品安全法律法规、安全生产管理、危险化学品安全技术知识、职业危害及其防护、危险化学品重大危险源与事故应急管理以及安全管理技能等方面进行培训。

危险化学品使用单位应对本单位新上岗人员进行厂级、车（工段、区、队）间级和班组级三级教育培训，具体内容如下：

（1）厂级岗前安全培训

① 本单位安全生产情况及安全生产基本知识；

② 本单位安全生产规章制度和劳动纪律；

③ 从业人员安全生产权利和义务；

④ 有关事故案例等。

（2）车间（工段、区、队）级岗前安全培训

① 工作环境及危险因素；

② 所从事工种可能遭受的职业伤害和伤亡事故；

③ 所从事工种的安全职责、操作技能及强制性标准；

④ 自救互救、急救方法、疏散和现场紧急情况的处理；

⑤ 安全设备设施、个人防护用品的使用和维护；

⑥ 本车间（工段、区、队）安全生产状况及规章制度；

⑦ 预防事故和职业危害的措施及应注意的安全事项；

⑧ 有关事故案例；

⑨ 其他需要培训的内容。

（3）班组级岗前安全培训

① 岗位安全操作规程；

② 岗位之间工作衔接配合的安全与职业卫生事项；

③ 有关事故案例；

④ 其他需要培训的内容。

从业人员在本单位内调整工作岗位或离岗一年以上重新上岗时，应当重新接受车间（工段、区、队）级和班组级的安全培训。本企业中实施新工艺、新技术或者使用新设备、新材料时，应当对有关从业人员重新进行有针对性的安全培训。

6.2.3.2 操作审批及从业证书

（1）特殊作业

使用危险化学品企业涉及的特殊作业，如动火作业、动土作业、断路作业、高处作业、临时用电作业、盲板抽堵作业、吊装作业及受限空间作业，作业单位在施工前应严格执行作业审批制度。作业前，作业单位应办理作业审批手续，取得生产经营单位审批的"作业安全证"，如"动火作业安全证""高处安全作业证""受限空间安全作业证"等，并有相关责任人签名确认，确保施工安全条件，在专人监护下方可作业。

根据作业风险大小，将动火作业分为三级，特殊动火、一级动火、二级动火，特殊动火和一级动火作业，作业证有效期为8h，二级动火作业证为72h；受限空间作业证有效期为24h，特殊情况应办理延期手续；高处作业安全证有效期为7天；临时用电作业安全证有效期为15天，特殊情况下不应超过一个月。

（2）特种作业

使用危险化学品单位，在生产、经营及使用过程中可能涉及一些特种作业，根据国家安全生产监督管理总局第80号令《关于废止和修改劳动防护用品和安全培训等领域十部规章的决定》，将特种作业分为12种，见表6-1。

表 6-1 特种作业种类

序号	特种作业	序号	特种作业
1	电工作业	7	石油天然气安全作业
2	焊接与热切割作业	8	冶金（有色）生产安全作业
3	高处作业	9	危险化学品安全作业
4	制冷与空调作业	10	烟花爆竹安全作业
5	煤矿安全作业	11	工地升降货梯升降作业
6	金属非金属矿山安全作业	12	安全监管总局认定的其他作业

其中危险化学品安全作业是指从事危险化工工艺过程操作及化工自动化控制仪表安装、维修、维护的作业，包括的作业类型见表 6-2。

表 6-2　危险化学品安全作业类型

光气及光气化工艺作业	氯碱电解工艺作业	氯化工艺作业	硝化工艺作业
裂解（裂化）工艺作业	合成氨工艺作业	氟化工艺作业	加氢工艺作业
重氮化工艺作业	氧化工艺作业	过氧化工艺作业	胺基化工艺作业
化工自动化控制仪表作业	聚合工艺作业	烷基化工艺作业	磺化工艺作业

特种作业人员必须接受与本工种相适应的、专门的安全技术培训，经安全技术理论考核和实际操作技能考核合格，取得特种作业操作证后，方可上岗作业；未经培训，或培训考核不合格者，不得上岗作业。特种作业人员应当满足以下条件：

① 年满 18 周岁，且不超过国家法定退休年龄；

② 经社区或者县级以上医疗机构体检健康合格，并无妨碍从事相应特种作业的器质性心脏病、癫痫病、美尼尔氏症、眩晕症、癔病、震颤麻痹症、精神病、痴呆症以及其他疾病和生理缺陷；

③ 具有初中及以上文化程度；

④ 具备必要的安全技术知识与技能；

⑤ 相应特种作业规定的其他条件。

危险化学品特种作业人员除符合以上 5 条外，还应当具备高中或者相当于高中及以上文化程度。

特种作业操作证有效期为 6 年，每 3 年复审一次，满 6 年需要重新考核换证。特种作业人员在特种作业操作证有效期内，连续从事本工种 10 年以上，严格遵守有关安全生产法律法规的，经原考核发证机关或者从业所在地考核发证机关同意，特种作业操作证的复审时间可以延长至每 6 年 1 次。

（3）特种设备作业

特种设备是指涉及生命安全、危险性较大的锅炉、压力容器（含气瓶，下同）、压力管道、电梯、起重机械、客运索道、大型游乐设施和场（厂）内专用机动车辆。特种设备作业人员在作业前应考试合格，并取得特种设备作业证，方可从事特种设备作业。根据 TSG Z6001《特种作业人员考核规则》规定，申请特种设备考试人员应当具备以下条件：

① 年龄 18 周岁以上且不超过 60 周岁，并且具有完全民事行为能力；

② 无妨碍从事作业的疾病和生理缺陷，并且满足申请从事的作业项目对身体条件的要求；

③ 具有初中以上学历，并且满足相应申请作业项目要求的文化程度；

④ 符合相应的考试大纲专项要求。

特种设备作业人员的考试包括理论考试和实际操作技能考试，特种设备安全管理人员只进行理论知识考试。考试人员单科成绩达到 70 分为合格；每科均合格的评定为考试合格。

特种设备持证人员应当在持证项目有效期届满前一个月，向工作所在地或户籍所在地发证机关提出复审申请，并提交以下资料：

① "特种设备作业人员资格复审申请表"；

② "特种设备安全管理和作业人员证"。

满足以下要求的复审合格：

① 年龄不超过 65 周岁；

② 持证期间，无违章作业、未发生责任事故；

③ 持证期间，"特种设备安全管理和作业人员证"的聘用记录中所从事持证项目的作业时间连续中断未超过 1 年。

6.2.4　危险化学品档案

6.2.4.1　危险化学品档案建立的意义

危险化学品使用安全除了进行有效的现场管理外，还应建立完善明晰的管理档案，这对实现危险化学品全生命周期各个重要环节的安全可控，有着重要的意义。企业对危险化学品档案的有序分类，可便于部门管理人员查询、取阅、统计和分析，从而提高效率和管理能力。同时在应急状态下，根据整理的危险化学品管理档案，能够及时对危险状态发生场所进行准确定点和定位，预估事件引发的后果和可能采取的有效措施，避免事故的发生和蔓延。

6.2.4.2　危险化学品使用单位档案内容

企业危险化学品管理档案的质量体现着一个企业危险化学品安全管理的能力和水平，只有建立起合理有序、分类清晰、内容完善、数据可靠的档案资料，才能更切实有利于企业危险化学品达到安全可控状态。档案内容应包括法律法规与管理制度、风险管理制度、教育培训制度、安全设施制度、应急管理制度等。

（1）法律法规与管理制度

① 法律法规　危险化学品使用企业应建立识别和获取适用的安全生产法律、法规、标准及其他要求管理制度，明确责任部门，确定获取渠道、方式和时机，及时识别和获取，定期更新。将适用的安全生产法律、法规、标准及其他要求及时对从业人员进行宣传和培训，并及时传达给相关方。企业应每年至少 1 次对适用的安全生产法律、法规、标准及其他要求的执行情况进行符合性评价，消除违规现象和行为。

② 规章制度　企业应制定健全的安全生产规章制度，至少包括表 6-3 的内容。

表 6-3　安全生产规章制度内容

安全生产职责	重大危险源管理	检维修管理
识别和获取适用的安全生产法律法规、标准及其他要求	危险化学品安全管理，包括剧毒化学品安全管理及危险化学品储存、出入库、运输、装卸等	安全作业管理，包括动火作业、进入受限空间作业、临时用电作业、高处作业、起重吊装作业、破土作业、断路作业、设备检维修作业、高温作业、抽堵盲板作业等管理
安全生产会议管理	风险评价	消防管理
安全生产费用	隐患治理	生产设施拆除和报废管理
安全生产奖惩管理	事故管理	管理制度评审和修订
监视和测量设备管理	仓库、罐区安全管理	安全检查管理
劳动防护用品（具）和保健品管理	关键装置、重点部位安全管理	作业场所职业危害因素检测管理
特种作业人员管理	变更管理	应急救援管理
职业卫生管理，包括防尘、防毒管理	生产设施管理，包括安全设施、特种设备等管理	防火、防爆管理，包括禁烟管理
安全培训教育	管理部门、基层班组安全活动管理	承包商管理、供应商管理

③ 操作规程　安全操作规程是员工操作机器设备、调整仪器仪表和其他作业过程中，必须遵守的程序和事项，规定了操作者在操作过程中应该做什么，不应该做什么，设施或者环境应该处于什么状态等。企业应根据危险化学品、设备设施特点及危险性，编制操作规程，并发放到相关岗位。

安全操作规程编制的依据有以下几点：

a. 现行的法律、行政法规、部门规章、地方性法规、地方性规章以及国家标准、行业标准等；

b. 设备生产厂商提供的安全技术说明书、工作原理资料，以及设计制造过程中的图纸等；

c. 曾经出现过的危险、事故案例及与本项操作有关的其他不安全因素等；

d. 与设备相关的作业条件、作业环境、规章制度等。

④ 化学品安全技术说明书　MSDS 是化学品生产商和进口商用来阐明化学品的理化性质以及对使用者的健康可能产生危害的一份综合性文件。

（2）风险管理制度

① 风险评价　使用危险化学品用于生产的企业应进行安全评价，应从影响人、财产和环境等三个方面的可能性和严重程度分析，评价的范围应包括以下内容：

a. 规划、设计和建设、投产、运行等阶段；

b. 常规和非常规活动；

c. 事故及潜在的紧急情况；

d. 所有进入作业场所人员的活动；

e. 原材料、产品的运输和使用过程；

f. 作业场所的设施、设备、车辆、安全防护用品；

g. 丢弃、废弃、拆除与处置；

h. 企业周围环境；

i. 气候、地震及其他自然灾害等。

② 隐患治理　企业应对风险评价出的隐患项目，下达隐患治理通知，限期治理，做到定治理措施、定负责人、定资金来源、定治理期限，建立隐患治理台账。对重大隐患项目应建立档案，档案内容应包括：

a. 评价报告与技术结论；

b. 评审意见；

c. 隐患治理方案，包括资金概预算情况等；

d. 治理时间表和责任人；

e. 竣工验收报告。

③ 重大危险源

应按照 GB 18218 辨识并确定重大危险源，建立重大危险源档案，定期对重大危险源进行安全评估。企业应对重大危险源的设备、设施定期检查、检验，并做好记录。重大危险源详细介绍见第 8 章第 8.2 节。

（3）教育培训制度

依据国家、地方及行业规定和岗位需要，制定适宜的安全培训教育目标和要求。根据不断变化的实际情况和培训目标，定期识别安全培训教育需求，制定并实施安全培训教育计划。建立从业人员安全培训教育档案，并对培训教育效果及时进行评价。企业主要负责人、安全管理人员以及从业人员培训内容及培训程序见本章 6.2.3.1。

（4）安全设施制度

危险化学品使用企业应严格执行安全设施管理制度，定期对安全设施进行维护保养，建立安全设施台账。

① "三同时"管理　根据《建设项目安全设施"三同时"监督管理办法》(国家安全监管总局令第 36 号) 规定，建设项目安全设施设计应当包括表 6-4 的内容。

表 6-4　建设项目安全设施设计内容

序号	设计内容	序号	设计内容
1	设计依据	8	从业人员安全生产教育和培训要求
2	建设项目概述	9	工艺、技术和设备、设施的先进性和可靠性分析
3	建设项目潜在的危险、有害因素和危险、有害程度及周边环境安全分析	10	安全预评价报告中的安全对策及建议采纳情况
4	建筑及场地布置	11	安全设施专项投资概算
5	重大危险源分析及检测监控	12	预期效果以及存在的问题与建议
6	安全设施设计采取的防范措施	13	可能出现的事故预防及应急救援措施
7	安全生产管理机构设置或者安全生产管理人员配备要求	14	法律、法规、规章、标准规定需要说明的其他事项

建设项目安全设施建成后，生产经营单位应当对安全设施进行检查，对发现的问题及时整改。建设项目竣工后，根据规定建设项目需要试运行（包括生产、使用，下同）的，应当在正式投入生产或者使用前进行试运行。对于生产、储存危险化学品的建设项目和化工建设项目，应当在建设项目试运行前将试运行方案报负责建设项目安全许可的安全生产监督管理部门备案。

建设项目竣工投入生产或者使用前，使用危险化学品单位应当组织对安全设施进行竣工验收，并形成书面报告备查。安全设施竣工验收合格后，方可投入生产和使用。同时应当按照档案管理的规定，建立建设项目安全设施"三同时"文件资料档案，并妥善保存。

② 安全设施　安全设施是预防、控制、减少与消除事故的重要措施，其设置程序不仅要满足有关法律、法规及技术规范的要求，同时还要做好日常管理，才能发挥其应有的作用。

a. 安全设施实行安全监督和专业管理相结合的管理方法。

b. 要建立安全设施档案、台账，监督检查安全设施的配备、校验与完好情况，定期组织对安全设施的使用、维护、保养、校验情况进行专业性安全检查。

c. 在安全设施采购时应确保符合设计要求，保证质量，应选用工艺技术先进、产品成熟可靠、符合国家标准和规范、有政府部门颁发的生产经营许可的安全设施，其功能、结构、性能和质量应满足安全生产要求；不得选用国家明令淘汰、未经鉴定、带有试用性质的安全设施。

d. 严格执行建设项目"三同时"规定，确保安全设施与主体工程同时施工，必须按照批准的安全设施设计施工，并对安全设施的工程质量负责，施工结束后，要组织安全设施的检验调试、竣工验收，确保竣工资料齐全和安全设施性能良好，并与主体工程同时投入使用。

e. 对建设项目中消防、气防设施"三同时"制度执行情况进行监督检查，做好消防、气防设施更新、停用（临时停用）、报废的审查备案，建立消防、气防设施档案和台账，组织编制和修订消防、气防设施安全操作规定，定期对相关岗位员工进行培训，确保正确使用。

③ 特种设备

a. 登记标志：特种设备使用单位应当将使用登记证明文件置于设备的显著位置，包括设备本体、附近或者操作间，如可置于锅炉房内墙上或者操作间内，可置于电梯轿厢内。也可将登记编号置于显著位置，如压力容器本体铭牌上留有标贴使用登记证编号的位置，气瓶可以在瓶体上加登记标签，移动式压力容器采用在罐体上喷涂使用登记证编号等方式。

b. 操作规程及作业人员：特种设备操作规程是指特种设备使用单位为保证设备正常运行制定的具体作业指导文件和程序，内容和要求应当结合本单位的具体情况和设备的具体特性，符合特种设备使用维护保养说明书要求。操作人员严格按照规程实施作业，是保证特种设备安全使用的一种具体实施措施。

特种设备的作业人员及其相关管理人员统称特种设备作业人员。从事特种设备作业的人员应当按照规定，经考核合格取得特种设备作业人员证，方可从事相应的作业或者管理工作。特种设备作业人员应当遵守以下规定：作业时随身携带证件，并自觉接受用人单位的安全管理和质量技术监督部门的监督检查；积极参加特种设备安全教育和安全技术培训，严格执行特种设备操作规程和有关安全规章制度；拒绝违章指挥；发现事故隐患或者不安全因素，应当立即向现场管理人员和单位有关负责人报告；其他有关规定。

（5）应急管理制度

使用危险化学品企业应根据使用危险化学品种类、数量及事故风险类型等来制定应急预案，应急预案分为综合应急预案、专项应急预案和现场处置方案。应急预案的编制应当符合下列基本要求：

① 有关法律、法规、规章和标准的规定；

② 本地区、本部门、本单位的安全生产实际情况；

③ 本地区、本部门、本单位的危险性分析情况；

④ 应急组织和人员的职责分工明确，并有具体的落实措施；

⑤ 有明确、具体的应急程序和处置措施，并与其应急能力相适应；

⑥ 有明确的应急保障措施，满足本地区、本部门、本单位的应急工作需要；

⑦ 应急预案基本要素齐全、完整，应急预案附件提供的信息准确；

⑧ 应急预案内容与相关应急预案相互衔接。

危险化学品使用单位应建立应急指挥系统，针对厂、车间、班组分级管理，同时建立相应的应急救援队伍，明确各级指挥系统和救援队伍的职责。在风险区，如刷漆、喷漆、配料等车间、场所应按照国家规定，配备足够的应急救援器材，安全管理人员及相关人员应经常性地对其进行维护保养，保证处于完好状态并作好记录。

根据《生产安全事故应急预案管理办法》（中华人民共和国应急管理部令第2号）规定，生产经营单位应当制定本单位的应急预案演练计划，根据本单位的事故风险特点，每年至少组织一次综合应急预案演练或者专项应急预案演练，每半年至少组织一次现场处置方案演练。易燃易爆物品、危险化学品等危险物品的生产、经营、储存、运输单位，矿山、金属冶炼、城市轨道交通运营、建筑施工单位，以及宾馆、商场、娱乐场所、旅游景区等人员密集场所经营单位，应当至少每半年组织一次生产安全事故应急预案演练，并将演练情况报送所在地县级以上地方人民政府负有安全生产监督管理职责的部门。

6.2.5　典型危险化学品使用安全基本原则

危险化学品使用安全应以防止人员伤害、防止与减少财产损失以及环境保护为基本原则，通过采取适当的工程技术措施，消除或降低工作场所的危害，防止与减少操作人员在作业时受到危险化学品的伤害以及环境受到化学品的污染。危险化学品安全技术包括两大方面的内容。

（1）防止事故发生的安全技术措施

防止事故发生的安全技术措施包括：消除危险源、限制能量或有害物质、安全监控系统等。

① 消除危险源：通过选择合理的设备设施，选择无毒无害的化学品来代替有毒有害的危险化学品。例如，在易燃易爆场所，采用防爆设备来代替普通的设备，避免危险化学品与点火源接触；在喷涂行业，采用水性油漆来代替油性油漆，减少向空气中挥发有毒有害气体等。

② 限制能量或有害物质：限制能量和有害物质可有效地预防事故的发生。例如，存在易燃易爆物的场所，在设备设施上安装导静电装置，避免能量集聚；镁铝金属加工车间通过在加工工位设置吸尘罩可有效地降低环境中的粉尘浓度。

③ 安全监控系统：危险化学品使用单位使用场所可安装可燃、有毒有害气体检测报警装置，当可燃气体或有毒有害气体浓度达到预设值时，发出报警信号，提醒作业人员采取有效的安全防范措施。

（2）减少事故损失的安全技术措施

减少事故损失的安全技术措施包括：隔离、设置薄弱环节、监控、个体防护、避难与救援等。

① 隔离：隔离是减少事故发生的有效手段。例如在危险化学品使用车间安装防火门，当危险化学品发生泄漏，伴随着火灾发生时，防火门能够有效地阻挡火势的蔓延，减小事故的损失。

② 设置薄弱环节：使用危险化学品生产的企业，在生产加工中经常会用到伴随压力产生的容器，通常在产生压力的容器上安装泄爆装置，一旦压力超过额定压力值，通过泄压来保护。

③ 监控：主要是通过监控人的不安全行为，及时地制止和纠正违章指挥、违规作业等。减少事故损失的监控一般通过摄像头等监控装置来实现。

④ 个体防护：个体防护是避免发生人身伤害的最后一道屏障。主要有面罩、呼吸器、防静电服、耐高温手套、防腐蚀手套等。

⑤ 避难与救援：设置避难场所，事先选择好撤退路线，组织有效的应急救援力量，来

实现应急救助。

6.2.6　使用易燃、易爆危险品的安全控制措施

易燃、易爆化学品包括易燃气体、易燃液体、易燃固体、自燃物品和遇湿易放出易燃气体的固体。控制此类化学品的措施主要是防火防爆，可分为以下几类：

① 消除点火源或引爆源。例如严格管理明火、避免摩擦撞击、隔离高温表面、防止电气火花、消除静电、安装避雷装置、预防发热自燃等。

② 防止危险化学品混合接触的危险性。禁止禁忌物品混放。如强酸和强碱类物质混放，一旦发生泄漏，两种物质发生化学反应产生大量的热，易引发周围的可燃物着火。

③ 泄漏控制和通风控制。采取设备密闭、防止泄漏、加强通风等措施。例如，在危险化学品储存室内设置防泄漏槽或在地面设置排液槽。

④ 惰化和稀释。使用惰性气体代替空气或添加稀释气体防止爆炸等措施。

⑤ 安全防护设施。阻火器、安全液封、过压保护、紧急切断、信号报警、可燃气体检测等。

⑥ 耐燃、抗爆建筑结构。合适的耐火等级、防火墙、防火门、不发火地面、防火堤、防火间距等。

⑦ 厂房防爆泄压措施。例如，化学品车间，可设计单层钢架结构等。

6.2.7　使用有毒类危险化学品的安全控制措施

采取防毒技术措施就是要控制有毒物质，不让它从使用设施中散发出来危害操作人员。采取的措施如下：

① 以无毒或低毒物质代替有毒或高毒物质。

② 设备的密闭化、机械化，让有毒物质在设备中密闭运行、自动化操作，避免操作人员直接接触有毒物质。

③ 隔离操作和自动控制。把操作地点与使用设备隔离开来，采用自动控制系统，起到隔离操作人员的目的。

④ 通风排毒，采取强制通风，降低毒气浓度。

⑤ 有毒气体检测，设置有毒气体报警器。

⑥ 个体防护，包括佩戴各种防护器具，属于防御性措施，是防止毒气进入人体的最后一道屏障。

6.3　危险化学品使用场所安全要求

6.3.1　安全色

6.3.1.1　安全色的规范使用

安全色是表示安全信息含义的颜色。工贸行业中采用安全色可以使人的感官适应能力在

长期生活中形成和固定下来，以利于生活和工作，目的是使人们通过明快的色彩能够迅速发现和分辨安全标志，提醒人们注意，防止事故发生。

根据《安全色》(GB 2893)，安全色包括红、黄、蓝、绿四种颜色。

红色：传递禁止、停止、危险或提示消防防备、设施的信息。各种禁止标志（参照 GB 2894）；交通禁止标志（参照 GB 5768）；消防设备标志（参照 GB 13495）；机械的停止按钮、刹车及停车装置的操纵手柄；机械设备转动部件的裸露部分；仪表盘上的极限位置的刻度；各种危险信号旗等。

黄色：传递注意、警告的信息。各种警告标志；道路交通标志和标线中警告标志；警告信号等。

蓝色：传递必须遵守规定的指令性信息。各种指令标志；道路交通标志和标线中指示标志等。

绿色：传递安全的提示性信息。各种提示标志；机器启动按钮；安全信号旗；急救站、疏散通道、避险处、应急避难场所等。

6.3.1.2　安全色和对比色相间条纹

安全色与对比色同时使用时应按照表 6-5 进行搭配使用。

表 6-5　安全色与对比色搭配

安全色	对比色	安全色	对比色
红	白	蓝	白
黄	黑	绿	白

（1）红色与白色相间条纹

应用于交通运输等方面所使用的防护栏杆及隔离墩；液化石油气汽车槽车的条纹；固定禁止标志的标志杆上的色带（见图 6-1）等。

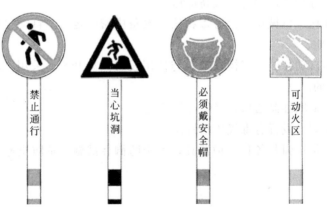

图 6-1　安全标志杆上的色带

（2）黄色与黑色相间条纹

应用于各种机械在工作或移动时容易碰撞的部位，如移动式起重机的外伸腿、起重臂端部、起重吊钩和配重；剪板机的压紧装置；冲床的滑块等有暂时或永久性危险的场所或设备；固定警告标志的标志杆上的色带（如图 6-1）等。

设备所涂条纹的倾斜方向应以中心线为轴线对称，见图 6-2。两个相对运动（剪切或挤压）棱边上条纹的倾斜方向应相反，见图 6-3。

图 6-2　以设备中心为轴线对称的相同条纹

图 6-3　相对运动棱边上条纹的倾斜方向

（3）蓝色与白色相间条纹

应用于道路交通的指示性标志（见图 6-4）；固定指令标志杆上的色带（见图 6-1）等。

图 6-4　指示性导向标志

（4）绿色与白色相间条纹

应用于固定提示标志杆上的色带（见图 6-1）等。

使用安全色时要考虑周围的亮度及同其他颜色的关系，要使安全色能正确的辨识。在明亮的环境中，照明光源应接近自然白昼光光源，在黑暗的环境中为避免炫光或干扰应减小亮度。

6.3.2　安全标志及其使用

6.3.2.1　安全标志

安全标志是向工作人员警示工作场所或周围环境的危险状况，指导人们采取合理行为的标志。安全标志能够提醒工作人员预防危险，从而避免事故发生；当危险发生时，能够指示人们尽快疏散，或者指示人们采取正确、有效、得力的措施，对危害加以遏制。安全标志不仅类型要与所警示的内容相吻合，而且设置位置要正确合理，否则就难以真正充分发挥其警示作用。

根据《安全标志及其使用导则》（GB 2894），危险化学品使用现场的安全标志通常有四种：禁止标志、警告标志、指令标志、提示标志。

（1）禁止标志

禁止标志的几何图形是带斜杠的圆环，其中圆环与斜杠相连，用红色；图形符号用黑色，背景用白色。

我国规定的禁止标志共有 40 个，其中与使用危险化学品相关的，如禁止放置易燃物、禁止吸烟、禁止通行、禁止烟火、禁止用水灭火、禁止带火种、运转时禁止加油等（表 6-6）。

表 6-6　危险化学品使用安全常见禁止标志

序号	图形标志	名称	设置范围和地点
1		禁止烟火	有甲、乙、丙类火灾危险物质的场所
2		禁止用水灭火	生产、储运、使用中有不准用水灭火的物质的场所
3		禁止放置易燃物	具有明火设备或高温的作业场所
4		禁止入内	易造成事故或对人员有害的场所
5		禁止带火种	有甲类火灾危险物质及其他禁止带火种的各种危险场所

（2）警告标志

警告标志的几何图形是黑色的正三角形、黑色符号和黄色背景。

我国规定的警告标志共有 30 个，与危险化学品使用安全相关的，如注意安全、当心触电、当心爆炸、当心火灾、当心腐蚀、当心中毒、当心机械伤人、当心伤手、当心吊物、当心弧光、当心电离辐射、当心裂变物质等（表 6-7）。

表 6-7　危险化学品使用安全常见警告标志

序号	图形标志	名称	设置范围和地点
1		注意安全	易造成人员伤害的场所及设备

序号	图形标志	名称	设置范围和地点
2		当心火灾	易发生火灾的危险场所,如:可燃性物质的生产、储运、使用等地点
3		当心爆炸	易发生爆炸危险的场所,如易燃易爆物质的生产、储运、使用或受压容器等地点
4		当心腐蚀	有腐蚀性物质的作业地点
5		当心中毒	剧毒品及有毒物质的生产、储运及使用场所
6		当心感染	易发生感染的场所

（3）指令标志

指令标志的几何图形是圆形,蓝色背景,白色图形符号。

我国规定的指令标志共有 15 个,与危险化学品相关的,如必须戴安全帽、必须穿防护鞋、必须戴防护眼镜、必须戴防毒面具、必须戴护耳器、必须戴防护手套、必须穿防护服等（表 6-8）。

表 6-8　危险化学品使用安全常见指令标志

序号	图形标志	名称	设置范围和地点
1		必须戴防尘口罩	有粉尘的作业场所
2		必须戴防毒面具	有对人体有害的气体、气溶胶、烟尘等的作业场所

续表

序号	图形标志	名称	设置范围和地点
3		必须穿防护服	有放射、微波、高温及其他需要穿防护服的作业场所
4		必须戴防护手套	易伤害手部的作业场所
5		必须穿防护鞋	易伤害脚部的作业场所

（4）提示标志

提示标志的几何图形是方形，绿、红色背景，白色图形符号及文字。

提示标志共有 13 个，与危险化学品使用安全相关的，如紧急出口（表 6-9）；消防设备提示标志有 7 个：消防警铃、火警电话、地下消火栓、地上消火栓、消防水带、灭火器、消防水泵结合器。

表 6-9   危险化学品使用安全常见提示标志

序号	图形标志	名称	设置范围和地点
1		紧急出口	便于安全疏散的紧急出口处，与方向箭头结合设在通向紧急出口的通道、楼梯口等处

6.3.2.2 安全标志的布置

安全标志应设置在与安全有关的明显地方，并保证人们有足够的时间注意其所表示的内容。应当满足以下条件：

① 设立于某一特定位置的安全标志应被牢固地安装，保证其自身不会发生危险，所有的标志均应具有坚实的结构。

② 当安全标志被置于墙壁或其他现存的结构上时，背景色应与标志上的主色形成对比色。

③ 对于显示的信息已经无用的安全标志，应立即由设置处卸下，否则会导致观察者对其他有用标志的忽视和干扰。

6.3.2.3　安全标志管理

为了有效地发挥标志的作用，应对其定期检查、定期清洗，发现有变形、损坏、变色、图形符号脱落、亮度老化等现象存在时，应立即更换或修理，从而使之保持良好状况。危险化学品使用单位安全管理部门或专职、兼职安全管理人员应做好监督检查工作，发现问题，及时纠正。

化学品作业场所安全警示标志应采用坚固耐用、不锈蚀的不燃材料制作，有触电危险的作业场所使用绝缘材料，有易燃易爆物质的场所使用防静电材料。标志的制作应清晰、醒目，应在边缘加一个黄黑相间条纹的边框，边框宽度大于等于 3mm，设置的高度，应尽量与人眼的视线高度相一致。悬挂式和柱式的下缘距地面的高度不宜小于 1.5m。

6.3.3　危险化学品使用场所静电控制

危险化学品使用场所静电主要危害是引起火灾和爆炸，因此根据静电的作用效果，主要从以下几个方面采取控制措施：

（1）工艺控制法

从工艺流程、设备结构、材料选择和操作管理等方面采取措施限制静电的产生或控制静电的积累，使之不能达到危险的程度。具体方法有：限制输送速度；对静电的产生区和逸散区采取不同的防静电措施，正确选择设备和管理的材料，合理安排物料的投入顺序消除产生静电的附加源，如液流的喷溅、冲击、粉尘在料斗内的冲击等。

增加湿度的主要作用是降低绝缘体的表面电阻率，从而便于绝缘体通过自身泄放静电。因此，如工艺许可，可增加室内空气的相对湿度至 50% 以上。

（2）泄漏导走法

将带静电设备接地，使之与大地连接，消除导体上的静电。这是消除静电最基本的方法。可以利用工艺手段对空气增湿、添加抗静电剂，使带电体的电阻率下降或规定静置时间和缓冲时间等，使所带的静电荷得以通过接地系统导入大地。

常用的静电接地连接方式有静电跨接、直接接地、间接接地等三种。静电跨接是将两个以上、没有电气连接的金属导体进行电气上的连接，使相互之间大致处于相同的静电电位。直接接地是将金属体与大地进行电气上的连接，使金属体的静电电位接近于大地，简称接地。间接接地是将非金属全部或局部表面与接地的金属相连，从而获得接地的条件。一般情况下，金属导体应采用静电跨接和直接接地。在必要的情况下，为防止导走静电时电流过大，需在放电回路中串接限流电阻。

所有金属装置、设备、管道、储罐等都必须接地。不允许有与地相绝缘的金属设备或金属零部件。各专设的静电接地端子电阻不应大于 100Ω。

不宜采用非金属管输送易燃液体。如必须采用，应采用可导电的管子或内设金属丝网的管子，并将金属丝、网的一端可靠接地或采用静电屏蔽。

平时不能接地的汽车槽车和槽船在装卸易燃液体时，必须在预设地点按操作规程的要求接地，所用接地材料必须在撞击时不会发生火花。装卸完毕后，必须按规定待物料静置一定时间后才能拆除接地线。

（3）静电中和法

利用静电消除器产生的消除静电所必需的离子来对异性电荷进行中和。非导体，如橡胶、胶片、塑料薄膜、纸张等在生产过程中产生的静电，应采用静电消除器消除。

6.3.4　危险化学品使用场所人体静电控制

危险化学品使用场所人体静电控制主要有以下 3 个方面：

（1）人体接地

在人体必须接地的场所，工作人员应随时用手接触接地棒，以清除人体所带的静电。在重点防火防爆岗位场所的入口处、外侧，应有裸露的金属接地物，如采用接地的金属门、扶手、支架等。属 0 区或 1 区的爆炸危险场所，且可燃物的最小点燃能量在 25mJ 以下时，工作人员应穿防静电鞋、工作服。禁止在爆炸危险场所穿脱衣服、鞋帽。

（2）工作地面导电化

特殊场所的地面，应是导电性或具备导电条件。这个要求可通过洒水或铺设导电地板来实现。

（3）安全操作

工作中应尽量不进行可使人体带电的活动，如接近或接触带电体；操作应有条不紊，避免急动作；在有静电危险的场所，不得携带与工作无关的金属物品，如钥匙、硬币、手表等；合理使用规定的劳保用品和工具，不准使用化纤材料制作的拖布擦洗物体或地面。

6.3.5　危险化学品使用场所防雷电要求

（1）防雷电装置

防雷装置包括接闪器、引下线、接地装置、电涌保护器及其他连接导体。

① 接闪器。用于直接接受雷击的金属体，如避雷针、避雷线、避雷带、避雷网，安装在被保护设施的上方，它更接近雷云，雷云首先对接闪器放电，使雷电流沿接闪器、引下线和接地装置导入大地，从而使被保护设施免遭雷击。

② 引下线。应满足机械强度、耐腐蚀和热稳定的要求，通常采用圆钢或扁钢制成，并采取镀锌或刷漆等防腐措施，绝对不可采用铝线作为引下线。

引下线应取最短途径，尽量避免弯曲，并每隔 1.5～2m 的距离设置 1 个固定点加以固定。可以利用建筑物的金属结构作为引下线，但金属结构的连接点必须焊接可靠。引下线在地面以上 2m 至地面以下 0.2m 的一段应该用角钢、钢管、竹管或塑料管等加以保护，角钢、钢管应与引下线连接，以减小通过雷电流时的电抗。

③ 接地装置。接地装置具有向大地泄放雷电流的作用。接地装置与接闪器一样应有防腐要求，接地体一般采用镀锌钢管或角钢制作，其长度宜为 2.5m，垂直打入地下，其顶端低于地面 0.6m。接地体之间用圆钢或扁钢焊接，并采用沥青漆防腐。

④ 电涌保护器。电涌保护器也叫过电压保护器。它是一种限制瞬态过电压和分走电涌电流的器件。

（2）防雷电基本措施

① 防直击雷　防直击雷的主要措施是装设避雷针、避雷线、避雷带和避雷网。

a. 避雷针。避雷针分为独立和附设两种。独立避雷针是离开建筑物单独安装的，其接地装置一般也是独立的，接地电阻一般不超过 10Ω。严格禁止通信线、广播线和低压线架设在避雷针构架上。独立避雷针构架上若装有照明灯，其电源线应采用金属护套电缆或穿铁管，并将其埋在地中长度 10m 以上，深度 0.5～0.8m，然后才能引进室内。

附设安装在建筑物上的避雷针，其接地装置可以与其他接地装置共用，可以沿建筑物四周敷设。附设避雷针与建筑物顶部的其他接闪器应互相连接起来。

露天装设的金属封闭容器，其壁厚大于 4mm 时，一般可以不装避雷针，而利用金属容器本身作为接闪器，但至少做两个接地点，其间距不应大于 30m。避雷针的高度和支数，应按不同保护对象和保护范围选择。太高的避雷针往往起不到预期的效果，反而增加了雷击的概率。

b. 避雷线。避雷线主要用来保护架空线路免受直击雷破坏。它架设在架空线的上方，并与接地装置连接，也称架空地线。

c. 避雷带和避雷网。它能保护面积较大的建筑物避免直击雷。在避雷带和避雷网下方的被保护物，一般均能得到很好保护，不必计算其保护范围，避雷带一般可取两带间距为 6～10m。避雷网的网格边长一般可取 6～12m。易受雷击屋脊、屋角等处应设避雷带加以保护。

② 防电磁感应及雷电波入侵　雷电感应能产生很高的冲击电压，在电力系统中应与其他过电压同样考虑，在化工厂主要考虑放电火花引起的火灾和爆炸。

为防止雷电感应产生的高电压放电，应将建筑物内的金属设备、金属管道、钢筋构架、电缆金属外皮以及金属屋顶等均做等电位良好接地，钢筋混凝土层面应将钢筋焊接成避雷网，并每隔 18～24m 采用引下线与接地装置连接。

金属管道和架空电线遭到雷击产生的高电压若不能就近导入地下，则必沿着管道或线路，传入相连接的设施，危害人身和设备。因此，防雷电侵入波危害的主要措施是在雷电波未侵入前先将其导入地下。具体措施如下：

a. 架空管道进厂房处及邻近 100m 内，采取 2～4 处接地措施。

b. 在架空电力线路的进户端安装避雷器，避雷器的上端接线路，下端接地。平时避雷器的绝缘间隙保持绝缘状态，不影响电力线路的正常运行。当雷电波传来时，避雷器的间隙被高电压击穿而接地，雷电波就不能侵入设施。雷击后，避雷器的间隙恢复绝缘状态，电力系统仍然正常工作。

c. 建筑物的进出线应分类集中布线，穿金属管保护并与其他金属体做等电位联结。

d. 对建筑物内电子设备分区保护、层层设防，通过接闪、分流、接地、防闪、屏蔽、等电位连接及合理布线等措施，将雷电侵入途径分割成若干能量区域并使冲击能量逐次减小到保护目的。

6.3.6 危险化学品使用场所防火防爆

危险化学品使用场所防火防爆安全措施主要从灭火措施、阻火装置、火灾自动报警装置、防爆泄压装置4个方面阐述。

6.3.6.1 灭火措施

灭火是为了破坏已经产生的燃烧条件三者之一（可燃物、助燃物、点火源），只要失去其中任何一个条件，燃烧就会停止。当燃烧已经开始，消灭点火源已经没有意义，主要是消除前两个可燃物和助燃物。灭火方法及灭火器的选择见第8章8.3.5.1。

6.3.6.2 阻火装置

阻火器的作用是防止火焰窜入设备、容器与管道内，或阻止火焰在设备和管道内扩展。常见的阻火设备包括安全液（水）封、水封井、阻火器和单向阀。

（1）安全液（水）封

安全液（水）封一般安装在压力低于0.02MPa（表压）的管线与生产设备之间，以水作为阻火介质为主。常用的安全液封有开敞式和封闭式两大类。安全液封阻火的基本原理是：由于液封中装有不燃液，无论在液封两侧的哪一侧着火，火焰蔓延到液封处就会熄灭，从而阻止火势蔓延。

（2）水封井

水封井是安全液封的一种，一般设置在含有可燃气（蒸气）或者油污的排污管道上，以防燃烧爆炸沿排污管道蔓延。一般来说，水封高度不应小于250mm以上。

（3）阻火器

阻火器的阻火层主要由拥有许多能够通过气体的、均匀的或不均匀的细小通道或孔隙的固体不燃材料构成。阻火器的阻火原理：当燃烧开始后，在没有外界能量作用的情况下火焰在管道中的传播速度是随着管径减小而降低的，当管径小到某个临界值时，火焰就不能传播（也就是熄灭）。因此，影响阻火器阻火性能的主要因素是阻火层的材质、厚度及其中的管径或者孔隙的大小。

（4）单向阀（止逆阀、止回阀）

仅允许流体向一定方向流动，遇有回流时自动关闭的一种器件，可防止高压燃烧气流逆向窜入未燃低压部分引起管道、容器、设备爆裂。如液化石油气的气瓶上的调压阀就是种单向阀。

6.3.6.3 火灾自动报警装置

火灾自动报警装置的作用是将感烟、感温、感光等火灾探测器接收到的火灾信号，用灯光显示出火灾发生的部位并发出报警声，唤起人们尽早采取灭火措施。火灾自动报警装置主要由检测器、探测器和探头组成，按其结构的不同，大致可分为感温报警器、感光报警器、感烟报警器和可燃气体报警器。如某个房间出现火情，既能在该层的区域报警器上显示出来，又可在总值班室的中心报警器上显示出来，以便及早采取措施，避免火势蔓延。

（1）感温报警器

感温报警器是一种利用起火时产生的热量，使报警器中的感温元件发生物理变化，作用于警报装置而发出警报的报警器。此种报警器种类繁多，可按其敏感元件的不同分为定温式、差温式和差定温组合式三类。

（2）感光电报警器

感光电报警器是利用火焰辐射出来的红外光、紫外光及可见光，探测元件接收了火焰的闪动辐射后随之产生相出电信号来报警的报警装置。该报警器能检测瞬息间燃烧的火焰。它适用于输油管道、燃料仓库、石油化工装置等。

（3）感烟报警器

感烟报警器是利用着火前或着火时产生的烟尘颗粒进行报警的报警装置。主要用来探测可见或不可见的燃烧产物，尤其在引燃阶段，产生大量的烟和少量的热，很少或没有火焰辐射的初期火灾。

（4）可燃气体报警器

可燃气体报警器主要用来检测可燃气体的浓度。当气体浓度超过报警点时，便能发出报警。主要用于易燃易爆场所的可燃性气体检测。如日常生活中的煤气、石油气，工业生产中产生的氢、一氧化碳、甲烷、硫化氢等，如果可燃气体的泄漏浓度超过爆炸下限的 $1/6 \sim 1/4$，就会发出报警信号，必须立即采取应急措施。

6.3.6.4　防爆泄压装置

防爆泄压装置包括安全阀、防爆片、防爆门和放空管等。安全阀主要用于防止物理性爆炸；防爆片和防爆门主要用于防止化学性爆炸；放空管是用来紧急排泄有超温、超压、爆聚和分解爆炸危险的物料。

（1）安全阀

安全阀是为了防止非正常压力升高超过限度而引起爆炸的一种安全装置。设置安全阀时要注意：安全阀应垂直安装，并应装在容器或管道气相界面上；安全阀用于泄放易燃可燃液体时，宜将排泄管接入储槽或容器；安全阀一般可就地排放，但要考虑放空口的高度及方向的安全性；安全阀要定期进行检查。

（2）防爆片

防爆片的作用是排出设备内气体、蒸气或粉尘等发生化学性爆炸时产生的压力，以防设备、容器炸裂。防爆片的爆破压力不得超过容器的设计压力，对于易燃或有毒介质的容器，应在防爆片的排放口装设放空导管，并引至安全地点。防爆片一般装设在爆炸中心的附近效果比较好，并且一般 $6 \sim 12$ 个月更换一次。

（3）防爆门

防爆门一般设置在使用油、气或煤粉作燃料的加热炉燃烧室外壁上，在燃烧室发生爆燃或爆炸时用于泄压，以防止加热炉的其他部分遭到破坏。

6.3.6.5　电气火灾爆炸的预防

在工贸行业使用危险化学品现场，电气设备主要成为火灾爆炸事故发生的点火源。

（1）电气火灾爆炸事故的发生原因

电气火灾爆炸事故发生的主要原因包括如下 7 个方面：

① 短路。不同相的相线之间、相线与零线之间造成金属性接触即为短路。发生短路时，线路中电流增加为正常值的几倍乃至几十倍，温度急剧升高，引起绝缘材料燃烧而发生火灾。

② 过载。电气线路或设备上所通过的电流值超过其允许的额定值即为过载。过载可以引起绝缘材料不断升温直至燃烧，烧毁电气设备或酿成火灾。

③ 接触不良。电气设备或线路上常有连接部件或接触部件。连接部件多用焊接或螺栓连接，当用螺栓连接时，若螺栓生锈松动，则连接部分接触电阻增加而导致接头过热。接触部件多为触头、接点，多靠磁力或弹簧压力接触，接触不好同样发热。

④ 铁芯发热。电气设备的铁芯，由于磁滞和涡流损耗而发热。正常时，其发热量不足以引起高温。当设计不合理、铁芯绝缘损坏时则铁损增加，同样会产生高温。

⑤ 散热不良。电气设备温升不只是和发热量有关，也和散热条件好坏有关。如果电气设备散热措施受到破坏，同样会造成设备过热。

⑥ 电弧火花。由大量的电火花汇集而成。一般电火花温度都很高，特别是电弧，温度可达 6000℃。因此，电火花和电弧不但能引起绝缘材料燃烧，而且可以引起金属熔化、飞溅，构成火灾、爆炸的危险火源。

⑦ 电火花。电气设备正常工作时或正常操作过程中产生的火花。如直流电机电刷与整流片接触处、开关或接触器触头开合时的火花等。

（2）电气火灾爆炸事故的预防

预防电气火灾爆炸事故主要从以下 6 个方面着手：

① 合理选用电气设备。在易燃易爆场所必须选用防爆电器。防爆电器在运行过程中具备不引爆周围爆炸性混合物的性能。防爆电器有各种类型和等级，应根据场所的危险性和不同的易燃易爆介质正确选用合适的防爆电器。

② 保持防火间距。电气火灾是由电火花或电器过热引燃周围易燃物形成的，电器安装的位置应适当避开易燃物。在电焊作业的周围以及天车滑触线的下方不应堆放易燃物。使用电热器具、灯具要防止烤燃周围易燃物。

③ 保持电器、线路正常运行。保持电器和线路的电压、电流、温升不超过允许值，保持足够的绝缘强度，保持连接或接触良好。这样可以避免事故火花和危险温度的出现，消除引起电气火灾的根源。

④ 电气灭火器材的选用。电气火灾有两个特点：一是着火电气设备可能带电；二是有些电气设备充有大量的油，可能发生喷油或爆炸，造成火焰蔓延。

⑤ 带电灭火不可使用普通直流水枪和泡沫灭火器，以防扑救人员触电。应使用二氧化碳、干粉灭火器等。带电灭火一般只能在 10kV 及以下的电器设备上进行。

⑥ 电机着火时，可用喷雾水灭火，使其均匀冷却，以防轴承和轴变形，也可用二氧化碳、七氟丙烷等灭火，但不宜用干粉、砂子、泥土灭火，以免损坏电机。

6.4　工贸行业使用危险化学品典型工艺——涉氨工艺

工贸行业涉及液氨使用环节，主要有两个方面的应用，分为液氨制冷工艺和氨分解制氢工艺。前者主要应用在工商制冷系统，如：农、畜、肉、水产品及果蔬等食品加工、储藏，化工、核电、水利、水电建设等。而后者主要是在金属材料表面热处理、金属制品压延加工热处理等方面使用。由于氨的理化性质，在使用、储存、运输等环节存在一定的危险性，因此涉氨企业在管理等方面应格外注意。

6.4.1　氨的理化特性

6.4.1.1　物理性质

氨的分子式为 NH_3，是一种无色气体，有强烈的刺激气味。密度为 0.771g/L（标准状况下），比空气轻。氨极易液化，沸点较低，在常压下冷却至 -33.34℃ 或在常温下加压至 700~800kPa，气态氨就液化成无色液体，同时放出大量的热。液态氨汽化时要吸收大量的热，使周围物质的温度急剧下降，所以氨常作为制冷剂。氨极易溶于水，在常温、常压下，1 体积水能溶解约 700 体积的氨。

6.4.1.2　化学性质

（1）易燃易爆性

氨的爆炸极限为 15.7%~27.4%，与空气混合能形成爆炸性混合物。遇明火、高热能引起燃烧爆炸。与氟、氯等接触会发生剧烈反应。若遇高热，容器内压增大，有开裂和爆炸的危险。

（2）毒害性

氨对人体的眼、鼻、喉等有刺激作用，吸入大量氨能造成短时间鼻塞，并造成窒息感，眼部接触易造成流泪，接触时应小心。如果不慎接触过多的氨而出现病症，要及时吸入新鲜的空气和水蒸气，并用大量水冲洗眼睛。低浓度氨对黏膜有刺激作用，高浓度可造成组织溶解坏死。高浓度氨可引起反射性呼吸停止。液氨或高浓度氨可致眼灼伤；液氨可致皮肤灼伤。

6.4.2　液氨制冷工艺

6.4.2.1　液氨制冷原理

氨作为制冷剂，低压氨蒸气经过压缩机被压缩成高压气体，经过氨油分离器分离压缩机带出的冷冻油雾后，进入冷凝器被冷凝成高压液氨，进入贮氨器。高压液氨经过节流阀降压后，通过直接膨胀供液、氨泵强制供液（低压循环桶）、重力供液（氨液分离器）等方式送入蒸发器，吸收外界的热量（制冷）由液态转化为气态，再次被压缩机压缩。为确保制冷压缩机吸入气态制冷剂，通过氨液分离器、低压循环桶将未被完全蒸发的制冷剂液体留在容器中继续供给蒸发器吸热制冷；通过集油器收集压缩机带到系统中的冷冻油，适时排出系统；通过空气分离器，排出系统内空气等不凝性气体，避免影响换热效率。

制冷系统根据不同的应用领域、温度要求、场所要求等，采取不同的制冷方式，如直接蒸发制冷系统、载冷剂间接制冷系统、复叠式制冷系统等。

直接蒸发制冷系统如图 6-5 所示。压缩机排出高压氨蒸气，经冷凝器冷凝后成为高压液体；高压液氨经节流装置后进入蒸发器，吸收热量（制冷）；离开蒸发器，气态制冷剂被压缩机吸入压缩成为高压的蒸气。

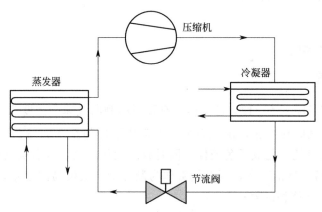

图 6-5　直接蒸发制冷系统简图

载冷剂间接制冷系统如图 6-6 所示。直接蒸发制冷系统的蒸发器被冷凝蒸发器替代，直接蒸发系统的制冷剂通过冷凝蒸发器吸收载冷剂的热量，载冷剂温度降低；低温载冷剂进入储液器，经泵加压送至蒸发器，吸热后温度升高，再次进入冷凝蒸发器，进行放热降温过程。

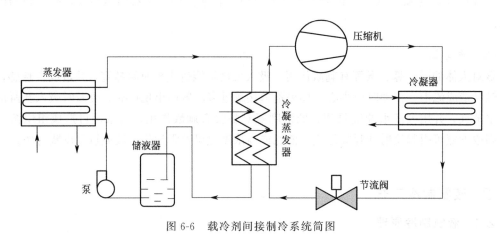

图 6-6　载冷剂间接制冷系统简图

6.4.2.2　液氨制冷应用

由于液氨具有良好的热力学性能和成本较低的特点，被全球制冷行业作为制冷剂广泛应用于工商制冷系统，如：农、畜、肉、水产品及果蔬等食品加工、储藏，化工、核电、水利、水电建设等（表 6-10）。

表 6-10　工贸行业涉及使用液氨制冷安全风险品种目录

工贸行业分类	门类	大类	类别名称	涉及的典型危险化学品	主要安全风险
轻工	C	13	农副产品加工业	屠宰、水产品使用液氨作冷冻剂,使用食用亚硝酸钠、硝酸钠进行腌制	中毒、火灾、爆炸
		14	食品制造业	(1)使用液氨作为冷冻剂,亚硝酸盐作为防腐剂	中毒、火灾、爆炸
				(2)方便食品制造使用液氨等作为冷冻剂	中毒、火灾、爆炸
		15	酒、饮料和精制茶制造业	使用液氨作为冷冻剂	中毒、火灾、爆炸
商贸	F	51	批发业	冷冻涉及液氨等	中毒、火灾、爆炸

6.4.3　氨分解制氢工艺

6.4.3.1　氨分解原理

利用液氨为原料，在 850～900℃ 的催化床中，分解得到氢气占 75%、氮气占 25% 的氢气和氮气的混合气体，并吸收 21.9kcal 热量。其化学反应式为：

$$2NH_3 \longrightarrow 3H_2 + N_2$$

整个过程因是吸热膨胀反应，提高温度有利于氨裂解，同时它又是体积扩大的反应，降低压力有利于氨的分解，氨分解制氢设备为使用最佳状态。

氨分解制氢工艺流程一般为氨瓶中流出的液氨首先进入氨汽化器，液态氨汽化至 45℃ 左右，压力为 1.5MPa，经减压阀组减压至 0.05MPa，再经过与分解炉中出来的高温气体进行换热，预热后的氨气进入分解炉。在高温（铁催化剂 650℃、镍催化剂 850℃）和催化剂作用下进行分解，氨分解成含 75% 氢气和 25% 氮气的氢氮混合气体。分解后的混合气体经热交换器后，与气态氨进行热交换，使分解气降温。热交换后的分解气进一步在水冷却器内冷却后降至常温。

混合气经流量控制后，可进行纯化处理。纯化装置主要由除氧器、冷却器、分子筛吸附干燥器和阀门组、电气控制等组成。除氧器内装有贵金属催化剂，对气氛进行催化除氧；分子筛吸附干燥器采用沸石分子筛，对气氛中的微量水、残氨进行吸附脱除，最终得到高纯度、干燥的产品气。氨分解制氢工艺流程图见图 6-7。

6.4.3.2　氨分解制氢应用

氨分解制氢价格低廉，而且原料消耗较少（每千克氨可产生 2.6m³ 混合气体），用此法制得的气体是一种良好的保护气体，可以广泛地应用于机械设备制造工业、冶金工业，以及需要保护气氛的其他工业和科学研究中。工贸行业涉及使用氨分解制氢安全风险品种目录见表 6-11。

工贸行业危险化学品安全技术

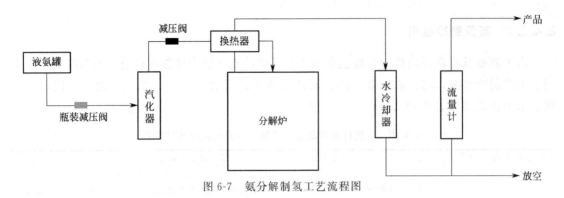

图 6-7　氨分解制氢工艺流程图

表 6-11　工贸行业涉及使用氨分解制氢安全风险品种目录

工贸行业分类	门类	大类	类别名称	涉及的典型危险化学品	主要安全风险
有色	C	32	有色金属冶炼和压延加工	压延加工热处理使用液氨	中毒、火灾、爆炸
机械	C	33	金属制品业	金属热处理使用液氨、氢气、丙烷等	火灾、爆炸、中毒
		34	通用设备制造业	金属热处理使用液氨、氢气、丙烷等	火灾、爆炸、中毒
		35	专用设备制造业	金属热处理使用液氨、氢气、丙烷等	火灾、爆炸、中毒
		36	汽车设备制造业	金属热处理使用液氨、氢气、丙烷等	火灾、爆炸、中毒
		37	铁路、船舶、航空航天和其他运输设备制造业	金属热处理使用液氨、氢气、丙烷等	火灾、爆炸、中毒

6.4.4　安全管理制度及安全操作规程

① 涉氨企业应建立健全安全生产责任制、安全生产规章制度和相关操作规程，并严格落实。

② 安全生产规章制度至少应包括以下内容：安全生产责任制、安全培训教育制度、安全生产检查制度、设备设施安全管理制度、个体防护装备管理制度、消防安全管理制度、应急管理制度等。

③ 涉氨制冷企业应根据氨制冷系统配置情况，制定制冷压缩机操作规程、压力容器操作规程、压力管道操作规程、制冷系统充氨操作规程、制冷系统除霜操作规程、制冷系统加/放油操作规程、速冻装置操作规程（如系统中设置）、电气安全操作规程、救护设施操作规程和交接班制度、设备维护保养制度等。

④ 氨分解制氢企业应根据氨分解制氢工艺流程及设备配置情况，制定氨分解制氢系统生产安全操作规程、分解炉操作规程、汽化器操作规程、电气安全操作规程、救护设施操作规程和交接班制度、设备维护保养制度等。

⑤ 对各项制度和操作规程应进行传达、学习和培训，并做相关记录。

6.4.5　涉氨制冷企业的安全管理规定

（1）证照方面

涉氨制冷企业应持有"企业法人营业执照"。

（2）安全生产基本条件

① 遵守《安全生产法》等有关安全生产的法律、法规，建立健全安全生产责任制度、安全生产规章制度和操作规程。

② 负责制冷运行的作业人员要经专门的安全作业培训，持有特种作业操作证（制冷与空调设备运行操作）、特种设备作业人员证（压力容器、压力管道）等。

③ 安全间距的相关要求

依据《建筑设计防火规范》(GB 50016) 中的 3.4.1、《冷库设计规范》(GB 50072) 中的 4.1.11 和《氨制冷系统安装工程施工及验收规范》(SBJ 12) 中的 4.4.3、4.4.6 等，设计厂房规模和安全间距。

冷库库房视其储存物品的火灾危险性分属于丙类、丁类或戊类仓库（如：鱼肉间为丙 2 类，储冰间为戊类），氨压缩机房属于乙类厂房，变配电室属于丙类厂房，鱼肉蔬果加工间属于丙类或丁类厂房；住宅、办公、商业等建筑均属于民用建筑。

a. 单层、多层乙类厂房与一、二级耐火等级的单层、多层丙类厂房（仓库）之间间距不应小于 10m，与三级耐火等级的单层、多层丙类厂房（仓库）之间间距不应小于 12m。

b. 单层、多层乙类厂房与高层丙类厂房（仓库）之间间距不应小于 13m。两座厂房相邻较高一面的外墙为防火墙时，其防火间距不限，两座一、二级耐火等级的厂房，当相邻较低一面外墙为防火墙且较低一座的屋顶耐火极限不低于 1.00h，甲、乙类厂房之间的防火间距不应小于 6.0m。

c. 单层、多层乙类厂房与民用建筑之间的防火间距应不小于 25m，与重要公共建筑之间的防火间距不宜小于 50m。

d. 办公室、休息室不应设置在液氨厂房内，当必须与本厂房贴邻建造时，其耐火等级不应低于二级，并应采用耐火极限不低于 3.00h 的不燃烧体防爆墙隔开和设置独立的安全出口等。

e. 库房与制冷机房、变配电所和控制室贴邻布置时，相邻侧的墙体，应至少有一面为防火墙，屋顶耐火极限不低于 1.00h。

f. 其他要求参见《建筑设计防火规范》(GB 50016) 的防火间距要求（表 6-12）。

④ 设备、设施方面

a. 液氨管线严禁穿过有人员办公、休息和居住的建筑物。

作业场所与生活场所应分开，作业场所不得住人；禁止氨制冷系统管道穿过人员办公、休息和居住的建筑物及冷库、加工车间内人员办公、休息的房间。避免发生氨制冷系统管道泄漏给房间内人员带来的危险。

b. 包装间、分割间、产品整理间等人员较多生产场所的空调系统严禁采用氨直接蒸发制冷系统，应采用载冷剂间接制冷系统或采用其他制冷方式（载冷剂间接制冷系统指：先通过制冷剂蒸发器冷却载冷剂，再利用载冷剂冷却要被冷却的物体或空间的制冷循环系统）。

c. 快速冻结装置回气集管端部封头等焊缝质量要符合《现场设备、工业管道焊接工程施工规范》(GB 50236) 和《现场设备、工业管道焊接工程施工质量验收规范》(GB 50683) 的要求。

d. 热氨融霜工艺，必须采取有效的超压导致泄漏的预防措施。

⑤ 涉氨制冷企业应达到以下要求，否则，应立即责令停产停业整改，并经政府有关部门验收合格后方可生产经营：

表6-12 《建筑设计防火规范》(GB 50016) 防火间距要求　　　　单位：m

名称			甲类厂房	乙类厂房			丙、丁、戊类厂房(仓库)				民用建筑				
			单层、多层	单层、多层		高层	单层、多层			高层	裙房,单层、多层			高层	
			一、二级	一、二级	三级	一、二级	一、二级	三级	四级	一、二级	一、二级	三级	四级	一类	二类
甲类厂房	单层、多层	一、二级	12	12	14	13	12	14	16	13	25			50	
乙类厂房	单层、多层	一、二级	12	10	12	13	10	12	14	13					
		三级	14	12	14	15	12	14	16	15					
	高层	一、二级	13	13	15	13	13	15	17	13					
丙类厂房	单层、多层	一、二级	12	10	12	13	10	12	14	13	10	12	14	20	15
		三级	14	12	15	15	12	14	16	15	12	14	16	25	20
		四级	16	14	16	17	14	16	18	17	14	16	18		
	高层	一、二级	13	13	15	13	13	15	17	13	13	15	17	20	15
丁、戊类厂房	单层、多层	一、二级	12	10	12	13	10	12	14	13	10	12	14	15	13
		三级	14	12	15	15	12	14	16	15	12	14	16	18	15
		四级	16	14	16	17	14	16	18	17	14	16	18		
	高层	一、二级	13	13	15	13	13	15	17	13	13	15	17	15	13
室外变、配电站	变压器总油量	≥5,≤10	25	25	25	25	12	15	20	12	15	20	25	20	
		>10,≤50					15	20	25	15	20	25	30	25	
		>50					20	25	30	20	25	30	35	30	

注：1. 乙类厂房与重要公共建筑的防火间距不宜小于50m；与明火或散发火花地点不宜小于30m。单层、多层戊类厂房之间及与戊类仓库的防火间距可按本表的规定减少2m，与民用建筑的防火间距可将戊类厂房等同民用建筑的规定执行。为丙、丁、戊类厂房服务而单独设置的生活用房应按民用建筑确定，与所属厂房的防火间距不应小于6m。确需相邻布置时，应符合本表注2、3的规定。

2. 两座厂房相邻较高一面外墙为防火墙，或相邻两座高度相同的一、二级耐火等级建筑中相邻任一侧外墙为防火墙且屋顶的耐火极限不低于1.00h时，其防火间距不限，但甲类厂房之间不应小于4m。两座丙、丁、戊类厂房相邻两面外墙均为不燃性墙体，当无外露的可燃性屋檐，每面外墙上的门、窗、洞口面积之和各不大于外墙面积的5%，且门、窗、洞口不正对开设时，其防火间距可按本表的规定减少25%。

3. 两座一、二级耐火等级的厂房，当相邻较低一面外墙为防火墙且较低一座厂房的屋顶无天窗，屋顶的耐火极限不低于1.00h，或相邻较高一面外墙的门、窗等开口部位设置甲级防火门、窗或防火分隔水幕或按GB 50016—2006中6.5.3的规定设置防火卷帘时，甲、乙类厂房之间的防火间距不应小于6m；丙、丁、戊类厂房之间的防火间距不应小于4m。

4. 发电厂内的主变压器，其油量可按单台确定。

5. 耐火等级低于四级的既有厂房，其耐火等级可按四级确定。

6. 当丙、丁、戊类厂房与丙、丁、戊类仓库相邻时，应符合本表注2、3的规定。

a. 冷库及制冷系统应由具备冷库工程设计、压力管道设计资质的设计单位设计。

i. 冷库（冷藏库）应由具备工程设计综合资质甲级或具备工程设计行业资质、工程设计专业资质和工程设计专项资质的冷藏库专业、专项资质的设计单位承担。

ⅱ．压力容器、压力管道的设计必须由取得国家市场监督管理总局"特种设备设计许可证"的压力容器、压力管道设计单位进行。

ⅲ．冷库应由具备冷库工程设计、压力管道设计资质的单位进行设计等。

b．氨制冷机房储氨器等重要部位应安装氨气浓度检测报警仪器，并与事故排风机自动开启联动。

ⅰ．氨制冷机房应设置氨气浓度报警装置，当空气中氨气浓度达到 100×10^{-6} 或 150×10^{-6} 时，应自动发出报警信号，并应自动开启制冷机房内的事故排风机。氨气浓度传感器应安装在氨制冷机组及贮氨器上方的机房顶板上。

ⅱ．速冻设备加工间内当采用氨直接蒸发的成套快速冻结装置时，在快速冻结装置出口处的上方应安装氨气浓度传感器，在加工间内应布置氨气浓度报警装置。当氨气浓度达到 100×10^{-6} 或 150×10^{-6} 时，应自动发出报警信号，并应自动开启事故排风机、自动停止成套冻结装置的运行，漏氨信号应同时传送至制冷机房控制室报警。

⑥ 压力容器、压力管道及其安全附件应定期检验。

a．压力容器定期检验，是指特种设备检验机构按照一定的时间周期，在压力容器停机时，根据本规则对在用压力容器的安全状况所进行的符合性验证活动。

压力容器一般于投用后 3 年内进行首次定期检验。以后的检验周期由检验机构根据压力容器安全状况等级，按以下要求确定：安全状况等级为一、二级的，一般每 6 年一次；安全状况等级为三级的，一般 3～6 年一次；安全状况等级为四级的，监控使用，其检验周期由检验机构确定，累计监控使用时间不得超过 3 年，在监控使用期间，使用单位应当采取有效的监控措施；安全状况等级为五级的，应当对缺陷进行处理，否则不得继续使用。

b．管道定期检验分为在线检验和全面检验。在线检验是在运行条件下对在用管道进行的检验，在线检验每年至少 1 次；全面检验是按照一定的检验周期在管道停车期间进行的较为全面的检验。安全保护装置实行定期检验制度，安全保护装置的定期检验按照压力管道定期检验等有关安全技术规范的规定进行。

c．库区及氨制冷机房和设备间（靠近贮氨器处）门外应按有关规定设置消火栓，应急通道保持畅通。

⑦ 构成重大危险源的冷库，应登记建档、定期检测、评估、监控等。

依据《危险化学品重大危险源辨识》中 4.1.2 的规定：危险化学品临界量的确定，毒性气体氨的临界量为 10t。用氨量应为系统中氨液的总量，在正规的设计图纸中均有注明。

a．液氨制冷企业应对照《危险化学品重大危险源辨识》标准，并记录辨识过程与结果。

b．委托具有相应资质的安全评价机构进行安全评估，出具有效危险化学品重大危险源安全评估报告，并报送安全生产监督管理部门备案。

c．建立完善重大危险源安全管理规章制度和安全操作规程，并执行。

d．配备温度、压力、液位等信息的不间断采集和视频监控、监测系统以及氨泄漏检测报警装置和事故联动防爆排风机，并具备紧急停车功能。

e．管理和操作岗位人员进行安全操作技能培训。安全设施和安全监测、监控系统定期检测、检验，并做好记录，有关人员签字确认。

f．液氨制冷企业应建立安全生产机构，明确责任人，并健全安全生产状况定期检查制度。建立应急救援组织和队伍，配备至少两套以上全封闭防护装备及应急救援器材、设备、物资。

g. 设置明显的安全警示标志，制订应急处置办法、事故应急预案及演练计划，每年至少进行一次事故应急预案演练。建立重大危险源档案，具体参见第 8 章 8.2.3.2。

6.4.6 液氨中毒处置

6.4.6.1 职业性急性氨中毒诊断及分级标准

依据《职业性急性氨中毒的诊断》(GBZ 14) 将氨中毒患者分为三级：轻度、中度、重度中毒。

(1) 轻度中毒患者

具有下列表现之一者：①咳嗽、咳痰、咽痛、声音嘶哑、胸闷，肺部出现干性啰音；胸部 X 射线检查显示肺纹理增强，符合急性气管-支气管炎表现；②一至二度喉阻塞。

(2) 中度中毒患者

具有下列表现之一者：①剧烈咳嗽、呼吸频速、轻度发绀、肺部出现干、湿啰音；胸部 X 射线检查显示肺野内出现边缘模糊伴散在斑片状渗出浸润阴影，符合支气管肺炎表现；②咳嗽、气急、呼吸困难较严重，两肺呼吸音减低，胸部 X 射线检查显示肺门阴影增宽、两肺散在小点状阴影和网状阴影，肺野透明底减低，常可见水平裂增厚，有时可见支气管袖口征或克氏 B 线，符合间质性肺水肿表现；血气分析常呈现轻度至中度低氧血症；③有坏死脱落的支气管黏膜咳出伴有呼吸困难、三凹症；④三度喉阻塞。

(3) 重度中毒患者

具有下列表现之一者：①剧烈咳嗽、咯大量粉红色泡沫痰伴明显呼吸困难、发绀、双肺广泛干湿啰音；胸部 X 射线检查显示两肺野有大小不等边缘模糊的斑片状或云絮状阴影，有的可融合成大片状或蝶状阴影；符合肺泡性肺水肿表现；血气分析呈现重度低氧血症；②急性呼吸窘迫综合征 (ARDS)；③四度喉阻塞；④并发较重气胸或纵隔气肿；⑤窒息。

6.4.6.2 氨中毒处置措施

① 皮肤接触。应立即脱去被污染的衣着，应用 2% 硼酸液或大量清水彻底冲洗。就医。
② 眼睛接触。应立即提起眼睑，用大量流动清水或生理盐水彻底冲洗至少 15min。就医。
③ 吸入。应迅速脱离现场至空气新鲜处。保持呼吸道通畅。如呼吸困难，给输氧。如呼吸停止，立即进行人工呼吸。就医。

6.4.6.3 氨中毒现场个体防护

现场救援时首先要确保救援工作人员的安全，同时要采取必要措施，避免或减少有关作业人员受到进一步伤害。现场救援要求必须 2 人以上协同进行，并应携带通信工具。并且就事故现场控制措施（如通风、切断气源等）、救援人员的个体防护、现场隔离带设置、人员疏散等及时向现场指挥提出建议。

进入氨气浓度较高的环境内（如出现人员昏迷/死亡或动物死亡的氨气泄漏核心区域，或现场快速检测氨气浓度高于 360mg/m^3），必须使用自给式空气呼吸器（SCBA）和 A 级防护服，并佩戴氨气气体报警器；进入氨气泄漏周边区域，或现场快速检测氨气浓度在 $30\sim360\text{mg/m}^3$ 之间，选用可防含 K 类气体和至少 P2 级别颗粒物的全面型呼吸防护器，并佩戴氨气气体报警器，穿戴 C 级防护服、化学橡胶手套和化学防护靴。进入已经开放通风且现场快速检测氨气浓度低于 30mg/m^3 的环境，一般不需要穿戴个体防护装备。现场洗消人员在给液氨/高浓度氨气灼伤病人洗消时，应使用可防含 K 类气体和至少 P2 级别颗粒物的全面型呼吸防护器、C 级防护服、化学防护手套和化学防护靴。医疗救护人员在现场医疗区救治中毒病人时，可戴乳胶或化学防护手套和防护眼罩。

6.4.6.4　氨中毒现场急救救援

氨中毒事故发生后，首先应迅速将中毒患者移离中毒现场至空气新鲜处，脱去被污染衣服，松开衣领，保持呼吸道通畅，注意保暖；有条件时对危重患者进行洗消；当出现大批中毒患者时，应首先进行现场检伤分类，优先处理红标患者。现场检伤分类如下：

① 红标是指具有下列表现之一者：咳大量泡沫样痰；严重呼吸困难；昏迷；窒息。

② 黄标是指具有下列表现之一者：眼灼伤；皮肤灼伤。

③ 绿标是指具有下列指标者：有流泪、畏光、眼刺痛、流涕、呛咳等表现。

④ 黑标是指同时具有下列指标者：意识丧失，无自主呼吸，大动脉搏动消失，瞳孔散大。

有条件的现场治疗单位，对于红标患者要立即给予吸氧，建立静脉通道，可使用地塞米松 $10\sim20\text{mg}$ 肌内注射或稀释后静脉注射。窒息者，立即予以开放气道；皮肤和眼灼伤者，立即以大量流动清水或生理盐水冲洗灼伤部位 15min 以上。对于黄标患者应密切观察病情变化，有条件可给予吸氧，及时采取对症治疗措施。绿标患者在脱离环境后，暂不予特殊处理，观察病情变化。

中毒患者经现场急救处理后，应立即就近转送至综合医院或中毒救治中心继续观察和治疗。

6.4.7　液氨泄漏处置

6.4.7.1　氨气泄漏事故特点

（1）扩散迅速，危害范围广

液氨储罐压力较高，发生泄漏时，由液相变为气相，体积迅速变大，没有及时汽化的液氨以液滴的形式雾化在蒸气中；在泄漏初期，由于液氨的部分蒸发，使得氨蒸气的云团密度高于空气密度，氨气随风飘移，易形成大面积染毒区和燃烧爆炸区。

（2）易发生燃烧爆炸危险

氨既是有毒气体，又是一种可燃气体，氨的自燃点为 651℃，燃烧值为 $2.37\sim2.51\text{J/m}^3$，临界温度为 132.5℃，临界压力为 11.4MPa，氨在空气中的含量达 $11\%\sim14\%$ 时，遇明火即可燃烧，其火焰呈黄绿色，有油类存在时，更增加燃烧危险；当空气中氨的含量达 $15.7\%\sim27.4\%$ 时，遇火源就会引起爆炸，最易引燃浓度 17%，产生最大爆炸压力 0.58MPa；液氨容器受热膨胀，压力升高能使钢瓶或储罐爆炸。

（3）中毒造成人员伤亡

氨是有毒、有刺激性和恶臭味的气体，容易挥发，氨泄漏至大气中，扩散到一定的范围，易造成急性中毒和灼伤，每立方米空气中最高允许浓度为 $30mg/m^3$，当空气中氨的含量达到 $0.5\%\sim0.6\%$ 时，30min 内即可造成人员中毒；而且液氨是一种工业制冷剂，泄漏时液态变气态吸热导致周围环境温度急剧下降，形成局部低温环境，人员接触会造成冻伤。

（4）处置难度大

由于液氨储存的方式不同、容器内的压力不同、发生泄漏的部位及裂口大小等各不相同，采取堵漏、输转等措施时，技术要求高，处置难度大。

6.4.7.2　氨气泄漏事故处置

（1）报警

通知公司管理、维修、应急抢险等相关人员立即到场。

拨打 119、120 向消防、医疗等部门报警。通知供水部门对事故发生地段管线增压，并将事故情况及时报告当地质监、安监等有关部门。

（2）关阀、断源

工程技术人员或熟悉现场的人员关闭输送物料的管道阀门，切断事故源。打开喷淋装置，用水稀释、吸收泄漏的氨气。消防人员在上风口负责用开花或喷雾水枪进行掩护、协助操作。关阀人员的防护用品必须穿戴齐全。

若不能立即切断气源，则不允许熄灭正在稳定燃烧的气体。喷水冷却容器，如有可能，将容器从火场移至空旷处。

（3）抢救伤员、设定区域、疏散人员

救援小组：穿好全封闭防化服，戴上氧气呼吸器，在消防水幕的掩护下，查找泄漏发生的部位及形态，寻找和抢救伤员。

疏散小组：根据地形、风向、风速、事故设备内液氨量、泄漏程度以及周边道路、重要设施、建筑情况和人员密集程度等，对泄漏影响范围进行评估，在专家的指导下设定危险区域、缓冲区域、疏散区域，实施必要的交通管制和交通疏导。

堵漏小组：根据救援小组现场侦察获得的信息，会同专家组确定堵漏方案。如果设备有爆炸危险须迅速撤离。

6.4.7.3　泄漏处置及堵漏方法

① 泄压排空。当罐体开裂尺寸较大而无法止漏时，迅速将罐内液氨导入空罐或其他储罐中。

② 大量泄漏时，用带压力的水和稀盐酸溶液，在事故现场布置多道水幕，在空中形成严密的水网，中和、稀释、溶解泄漏的氨气。构筑围堤或挖坑收容产生的废水。对附近的雨水口、地下管网入口进行封堵，防止可燃物进入，以免造成二次事故。

③ 体积较小的液氨钢瓶在运输途中发生泄漏，无器具堵漏或泄漏无法控制时，可将其浸入水中。

④ 器具堵漏

a. 管道壁发生泄漏，又不能关阀止漏时，可使用不同形状的堵漏垫、堵漏楔、堵漏胶、堵漏带等器具实施封堵。

b. 微孔泄漏可以用螺丝钉加黏合剂旋入孔内的办法封堵。

c. 罐壁撕裂泄漏可以用充气袋、充气垫等专用器具从外部包裹堵漏。

d. 带压管道泄漏可以用捆绑式充气堵漏袋，或使用金属外壳内衬橡胶垫等专用器具施行堵漏。

e. 阀门、法兰盘或法兰垫片发生泄漏，可用不同型号的法兰夹具并注射密封胶的方法实施封堵，也可直接使用专用阀门堵漏工具实施堵漏。

f. 对液氨钢瓶可先用密封器堵漏，然后用专用工具处置。

6.4.7.4　现场洗消处理

根据液氨的理化性质和受污染的具体情况，可采用化学消毒法和物理消毒法处理，或对污染区暂时封闭等，待环境检测合格后再行启用。

6.4.7.5　现场恢复

经有关部门、专家对事故现场的安全进行检查合格后，方可允许人员进入事故现场清理、维修设备、恢复生产等。

6.4.7.6　安全防护

（1）处理液氨设备泄漏时安全注意事项

① 实施堵漏人员必须经过专门训练，并配备专门的堵漏器材和工具，作业时必须严格执行防火、防静电、防中毒等安全技术要求。

② 佩戴防毒面具。空气呼吸器、穿全密封阻燃防化服。堵较大泄漏时，应内穿棉衣裤，外穿防化服，在处理液态氨泄漏时应佩戴防冻伤防护用品。无防护用品时，可以用湿毛巾捂住鼻嘴，向上风口方向转移。

③ 根据现场情况确定堵漏方案，如现场情况变化，应重新制定方案，不得随意蛮干。

④ 事故救援应以人员安全为首要任务，在必要的情况下，应迅速撤离事故现场。

（2）伤员处置

① 医护人员及相关人员负责事故现场接触人群的检伤分类。分类类别为：表证呼吸停止；重度中毒；轻度中毒；重伤；轻伤等。

② 对表证呼吸停止者，事故现场给予吸氧、人工呼吸及挤压术，并立即由 120 急救人员转送医院。重度中毒、重伤者现场简易清洗，并立即由 120 急救转送医院。轻度中毒、轻伤人员事故现场清洗、包扎护理并根据情况转送医院。

③ 对现场接触人群，有不适感的，进行现场观察至转为正常。

（3）应委派一人专门负责清点进出事故现场抢险人员的人数和名单，以及事故现场人员及伤残人员的人数和名单。

6.4.7.7 总结经验

① 应急工作结束后，应急作业单位应总结本次应急处置工作的经验，在应急工作结束后的 15 日内提出总结报告，送交公司安全科备案。

② 应急带压堵漏人员需经过培训，持有相应的作业资格证书。

6.5 工贸行业使用危险化学品典型工艺——涂装工艺

涂装是指通过喷涂方式在底材上覆盖一层涂膜，满足保护、装饰和特殊功能性的要求，达到延长使用寿命、美观、增加制品附加值之目的。涂装是工程机械、汽车等产品的表面处理中的一个重要环节。防锈、防蚀涂装质量是产品全面质量的重要方面之一。产品外观质量不仅反映了产品防护、装饰性能，而且也是构成产品价值的重要因素。涂装设备则是整个涂装工艺中至关重要的一部分。

喷涂是通过喷枪或碟式雾化器，借助于压力或离心力，分散成均匀而微细的雾滴，施涂于被涂物表面的涂装方法。可分为空气喷涂、无空气喷涂、静电喷涂以及上述基本喷涂形式的各种派生的方式，如大流量低压力雾化喷头，热喷涂、自动喷涂、多组喷涂等。

6.5.1 涂装的发展

喷粉工艺也称粉末涂装，是近几十年迅速发展起来的一种新型涂装工艺，所使用的原料是塑料粉末。早在 20 世纪 40 年代有些国家便开始研究实验，但进展缓慢。1954 年德国的詹姆将聚乙烯用流化床法涂覆成功，1962 年法国的塞姆斯公司发明粉末静电喷涂后，粉末涂装才开始在生产上正式采用，近几年来由于各国对环境保护的重视，对水和大气没有污染的粉末涂料，得到了迅猛发展。

6.5.2 涂装的应用

随着工业技术的发展，涂装已由手工向自动化方向发展，而且自动化的程度越来越高，所以涂装生产线的应用越来越广泛，并深入到国民经济的多个领域。

6.5.2.1 长效防腐

对于长期暴露在户外及海洋大气的钢结构件，热喷涂锌、铝及其合金涂层增强耐腐蚀性。该涂层具有牺牲阳极的阴极保护作用，对基体进行长效防腐，用于桥梁、钢铁塔架、户外广告钢柱、船舶甲板、水闸门、航标浮鼓、化工储罐等的腐蚀防护。

6.5.2.2 磨损保护

（1）钢铁行业

钢铁工业中的大量设备工件，长期满负荷运行在高温、氧化、高温腐蚀、机械磨损以及熔融金属腐蚀的恶劣环境下，极易遭受损坏。如转炉罩裙、烟道的高温腐蚀，连续铸造生产线支承辊、导辊、夹紧的冷热疲劳，连续退火炉炉底辊的高温腐蚀磨损、积瘤，连续热浸镀生产线的沉没辊、导向辊经受熔融金属侵蚀和磨损等故障问题，都可通过热喷涂高强度、高性能的材料予以解决。

（2）造纸行业

造纸机械设备各类辊子的磨损、划伤、刮伤等缺陷问题是制约纸品的主要因素，高速频繁运转的石头辊可用表面喷涂氧化物陶瓷或金属复合陶瓷材料的钢制辊替代。又如机器轧光辊和刮板的黏着磨损，水修整环的腐蚀，光泽压光辊的表面光洁度下降，顶压辊、上浆辊、后干燥辊、缠卷鼓等出现的机械磨损，均可通过热喷涂工艺加工技术解决。

（3）印刷工业

柔板印刷机网纹辊，采用热喷涂高密度、高硬度陶瓷材料，寿命是镀铬辊的10倍。电晕辊采用喷涂陶瓷材料替代橡胶和环氧衬套。热喷涂工艺技术是改善高分子薄膜产品质量等关键性问题的有效手段，如印刷机的送纸、导纸、压印等辊的腐蚀和不防滑缺陷以及纸箱瓦楞辊齿面磨损故障问题。

（4）金属制线工业

金属制线设备的拔丝轮、拔丝塔轮、拔丝缸、收线盘等零件表面可喷涂碳化物陶瓷涂层。对一些耐磨性要求高的工件表面，采用进口超声速设备喷涂碳化钨（硬质合金）涂层，硬度可达到HRC7.5，远比模具钢或冷硬铸铁的耐磨性高，还可使这些零件的基件采用普通钢材或铁铸制造，既降低成本又延长使用寿命。

（5）化纤纺织工业

纺织机械上罗拉、导丝钩、剑杆织布机选纬指的耐磨涂层；疏棉机大压辊、小压辊、锡林轴、铸铁外盘、轧辊表面、上斩刀传动轴；浆纱机通气阀、上浆辊轴头、主轴轴颈、导纱辊、压浆辊、回潮测湿辊、经轴轴颈、布纱机轴颈；大辊（黑辊）、整精机罗拉、导司机罗拉、热辊及分丝辊、导布辊、印花辊辊面及轴颈、摩擦盘（片）等耐磨涂层。

（6）玻璃行业

采用热喷涂的方法在提升辊、输送辊表面喷涂一层陶瓷，提高提升辊、输送辊对熔融玻璃的耐腐蚀能力，抑制辊面熔融液相的附着，减缓熔融玻璃对辊面的侵蚀，使辊面长时间保持光滑，减少提升辊、输送辊的维修保养，提高玻璃质量和生产成品率，降低生产成本。

（7）冶金行业

高炉风口、渣口耐热耐蚀涂层；板坯连铸线的结晶器、导辊和输送辊；钢铁和有色金属加工中的各种工艺辊；钢铁表面处理生产线的各种辊类（如连续退火炉炉辊、镀锌沉没辊及各种导向辊、张紧辊等）的耐磨、耐蚀和抗积瘤等涂层。

（8）石油化工工业

石油钻采、炼化所使用的特种专业设备和特种石油开采工具，在特定的使用环境下，对投入运转设备及其部件的耐磨损、耐腐蚀、抗疲劳特性都提出了特定的要求。如：海上作业平台、石油液化汽化大口径管道，抽油机机身、围栏、护栏，防盗井口房，计量站管道设施等喷涂锌、铝、不锈钢材料进行长效防腐可替代传统的油漆、环氧树脂防腐，其有效防腐寿命为 30～60 年之久。

（9）电力工业

火电厂的循环硫化床锅炉和煤粉锅炉的四管（水冷壁、过热器、再热器、节煤器或节油器）热喷涂防腐蚀，耐冲刷磨损，耐高温材料，能有效地延长锅炉检修周期；对电厂汽轮机缸盖结合面泄漏故障进行热喷涂耐蚀材料修复；排风机叶轮、吸风机叶轮、磨煤系统的磨损强化修复。

（10）机械制造工业

传统和现代的制造加工企业在生产过程中都会或多或少遇到加工产品和设备零部件出现尺寸加工超差和损伤情况，以及新品制造需要特殊的表面性能，通过热喷涂技术不但可以解决产品和零部件缺陷问题，而且还可以增加机械性能，如耐磨损、耐腐蚀、耐高温、抗氧化、隔热、导电、防微波辐射、绝缘等一系列功能与保护。

（11）模具制造工业

塑料模具、压铸模具、冷冲模具、拉延模具等，无论在使用或加工中，都会不同程度地发生磨损或加工超差等问题。通过热喷涂加工，可迅速地解决模具存在的缺陷，并且可大幅地提高模具的使用寿命。螺杆及柱塞注塑机螺杆柱塞超声速喷涂碳化物材料超过原热处理性能 1～2 倍。

（12）汽车船舶工业

汽车发动机基座、同步环、曲轴磨损修复和预保护强化，齿轮箱轴承座、油缸柱塞、前后桥支撑轴、门架导轨、发动机主轴瓦座、摇臂轴、半轴油封位、销轴、缸床密封面、轮毂、万向联轴器的磨损处的耐磨涂层修复及活塞环、气门挺杆的喷涂制造；挖泥船耙头、仿磨环、泥斗、船舶螺旋桨、推进器、耐磨涂层喷涂；甲板、船体、护栏、铁锚等热喷涂耐腐蚀合金材料和塑料。

6.5.3　典型涂装工艺流程及其安全技术

涂装工艺是将涂料涂覆于物体表面，形成具有防护、装饰或特定功能涂层的整个工艺过程，其中包括了涂装前处理、涂料的调配、各种方法的涂覆、干燥或固化以及打磨和刮腻子等几道工序。由于涂装作业的整个过程中都存在危险化学品的接触和使用，若操作不当可能会造成中毒、腐蚀、燃烧甚至爆炸等安全事故的发生。因此在整个涂装工艺流程中都需要格外注意各项安全规程。

6.5.3.1　涂装前处理

在涂装作业中，对工件进行涂料涂覆前需要通过除锈、除油、化学预处理、除尘和除旧漆等工序去除待涂工件表面的各种油污和尘埃等，使待涂工件表面变得清洁，以利于后续的涂覆处理。这整个过程就是涂装的前处理。涂装前处理方式一般分为机械前处理、化学前处理和手工前处理，具体应视被涂物的底材及表面状态等要求来选用。

（1）机械前处理

机械前处理包括喷丸、抛丸、机械打磨等处理方式。喷丸是使用高压风或压缩空气作为动力来喷射钢丸、铸铁丸、玻璃丸、陶瓷丸等各类丸粒进行表面处理的冷加工工艺，其设备简单、成本低廉，清理的灵活性大，不受工件形状和位置限制，操作方便，但工作环境较差且效率较低。抛丸一般是借助高速旋转的飞轮，通过离心力的作用将各类丸粒高速抛射出去进行工件的表面处理。相对而言抛丸比较经济实用，容易控制效率和成本，但会有死角，适合于对形面单一的工件进行处理。机械打磨即使用风动或电动打磨工具，通过砂轮的高速运转来对工件表面进行摩擦打磨。机械打磨的打磨效率高，适合各种角度的操作，常用于对小工件进行打磨加工。在对工件进行机械前处理时需主要注意如下几个安全要素：

① 进行机械前处理时应在专门设置的前处理作业场所进行作业，且前处理作业场所的通风、除尘、报警装置等应符合 GB 7692 的有关规定；

② 机械法除锈或清除旧漆应设置独立排风系统和除尘装置，作业人员呼吸区域空气中的总含尘量应小于 $8mg/m^3$；

③ 作业人员应按 GB 39800 的规定佩戴好个人防护用品，进行喷丸操作时应穿戴封闭型橡胶防护服和供氧面具；

④ 喷丸、抛丸作业的通风系统应和喷丸的压缩空气源联锁；

⑤ 除锈用打磨工具应该按所选用的磨片材料、钢丝抛轮限制其线速度，作业前应空载运行以检验设备可靠性，严禁使用超过损耗限度的磨具；

⑥ 直径 60mm 以上的风动打磨机应设置防护罩，其开口夹角应不大于 150°。

（2）化学前处理

化学前处理包括脱脂、酸洗、水洗、表调、磷化、钝化等处理方式。通常在一个完整的化学前处理过程中，首先用合适的除油剂和除锈剂对工件表面进行脱脂和除锈处理，去除表面的油污、锈蚀、氧化皮。再水洗清除表面残留的表面活性剂和其他杂质，之后用弱碱性的胶体盐溶液进行表调处理，使工件表面活化，以利于后续磷化过程中磷化膜的生长。磷化是一种用含磷酸二氢盐的酸性溶液处理工件，使其表面发生化学反应而生成一层稳定的不溶性磷酸盐膜层的方法。该磷化层膜可以增加涂膜附着力，提高涂层的耐腐蚀性。磷化后通过钝化的进一步氧化封闭处理，能够使磷化膜更加稳定。最后对磷化膜进行干燥处理，即完成了工件表面的化学前处理。在对工件进行化学前处理时需主要注意如下几个安全要素：

① 进行化学前处理时应在专门设置的前处理作业场所进行作业，且前处理作业场所的通风、防腐、排水等应符合 GB 7692 的有关规定；

② 用有机溶剂除油、除旧漆时，作业人员应穿着防静电的工作服和鞋；

③ 有机溶剂除油、除旧漆工作位置周围 15m 内不应堆放易燃易爆品，不应使用明火加热设备和易发火工具；

④ 使用可燃性有机溶剂时，应先拆卸产品上的电源装置，并配置可燃气体浓度测量仪，定期检测；

⑤ 采用喷淋法脱脂、磷化和钝化处理的装置应为密闭式或半密闭式，应设置局部排风装置，工件进出口风速不小于 0.5m/s；

⑥ 气相除油清洗应在半封闭槽内进行，应有严格的防止清洗液蒸汽逸出的措施，应具有清洗液的温度和液位的自动监控，以及冷凝器冷却水的供水监测装置，其测温仪分度值不

大于 0.5℃;

⑦ 各类化学原液和添加剂的容器应加盖严封,并贴有醒目标签;

⑧ 在条件允许下,槽宽大于 1.5m 的作业槽应设置盖板减少敞开面,酸碱处理槽应设置独立排风系统。

6.5.3.2 涂料的调配

涂料是涂覆在被保护或被装饰的物体表面,并能与被涂物形成牢固附着的连续性固态膜,通常以树脂或油、乳液为主,用有机溶剂或水配制而成的黏稠液体或粉末。涂料一般由成膜物质(树脂或乳液等)、颜料、溶剂和添加剂组成。在对工件进行涂覆前,通常需要根据涂装目的和要求,按照合适的配方及用量进行涂料调配以备后续使用。大部分的溶剂性涂料中都含有苯等有毒有机化合物,因此在涂料的储存、运输及其调配使用的过程中,都会存在有毒挥发性有机物的潜在危害。在进行涂料的储存、调配及运输时,应主要注意如下几个安全要素:

① 涂料及辅料入库时,应有完整、准确、清晰的产品包装标志,检验合格证和说明书;

② 涂料的调配一般应在调漆室进行,且调漆室的通风装置等应符合 GB 6514 的相关规定;

③ 使用溶剂型涂料量较少时(一般少于 20kg),允许在涂漆区现场配制,但调配人员应严格遵守安全操作规程;

④ 涂漆作业场所允许存放一定量的涂料及辅料,但不应超过一个班的用量;

⑤ 存放涂料的中间仓库应靠外墙布置,并应采用耐火墙和耐火极限不低于 1.5h 的不燃烧体楼板与其他部分隔开;

⑥ 输送涂料、溶剂、稀释剂的管道应保持完好,严禁滴漏;

⑦ 不能继续使用的涂料和辅料及其容器,应放到有明显标志的指定的废物堆放处,按当地有关固体危险废物处理规定集中妥善处理,严禁倒入下水道。

6.5.3.3 涂料的涂覆

在一个典型的涂漆工艺流程中,涂料的涂覆是通过喷枪或碟式雾化器,借助于压力或离心力的作用使涂料分散成均匀而细微的雾滴,从而施涂于工件表面的加工方法。在喷漆作业中常见的涂覆方法有空气喷涂、高压喷涂、静电喷涂、低流量中等压力喷涂,它们有着传统喷涂工艺所没有的快速、高效、应用范围广阔等优势。

空气喷涂是利用压缩空气将涂料雾化的喷涂方法,广泛应用于汽车、家具及各行各业,是一种操作方便、换色容易、雾化效果好、可以得到细致修饰的高质量表面的涂装方法。其喷枪结构简单、价格低廉,能根据工件的形状、大小随意调节喷形及喷幅,以最大限度地提高涂料收益率。所以到目前为止,此种喷涂方法仍受欢迎。但是,此种喷涂法的涂料传递效率只有 25%~40%,波浪状的喷雾常易引起反弹及过喷等缺点,不但浪费了涂料,对环境也造成了相当的污染。

高压喷涂是一种较先进的喷涂方式,采用增压泵将涂料增至高压,通过很细的喷孔喷出,使涂料形成扇形雾状。在喷大型板件时,可达 $600m^2/h$,并能喷涂较厚的涂料。由于涂料里不混入空气，因此有利于表面质量的提高；由于较低的喷幅前进速率及较高的涂料传递效率和生产效率，因此无气喷涂在这些方面明显地优于空气喷涂。无气喷涂的不足之处在于它的出漆量较大且漆雾也柔软，故涂层厚度不易控制，做精细喷涂时不如空气喷涂细致。

静电喷涂自 20 世纪 50 年代发展以来得到了广泛应用，它可以和上述基本喷涂法加以组合，将各自的优点综合成一个新的喷涂方法。通过在接地工件和喷枪之间加上直流高压而产生一个静电场，当带电的涂料微粒喷到工件时，经过相互碰撞均匀地沉积在工件表面，那些散落在工件附近的涂料微粒仍处在静电场的作用范围内，它会环绕在工件的四周，这样就喷涂到了工件所有的表面上。因此它特别适合喷涂栅栏、管道、小型钢结构件、钢管制品、柴油机等几何形状复杂、表面积较小的工件，能方便、快捷地将涂料喷涂到工件的每一个地方，可以减少涂料过喷、节省涂料。其涂料传递效率高达 60％～85％且其雾化情形很好，涂膜厚度均匀，有利于产品质量的提高。但静电喷涂对涂料的黏度及导电率都有一定的要求，不是所有涂料都适用于静电喷涂，且设备的投资也较大。

低流量中等压力喷涂是一种使用超低压压缩空气及大风量来使涂料雾化进行喷涂的一种新方法。其涂料传递效率高达 65％以上，而其涂料传递效率高是因雾化空气压力低而使喷幅前进速率降低所得到的结果。喷枪的外形与传统的空气喷枪基本相似，但其喷嘴及针阀的磨损较小，其最大优点在于它的涂料收益率大大高于传统的空气喷枪。特别适合对单件、小批、形状复杂、表面要求高的工件做精细喷涂及对环境要求无污染的场合。但该枪只能喷涂黏度较低的涂料，出漆也较慢，生产效率不高。

在进行涂料的涂覆操作时，应主要注意如下几个安全要素：

① 涂料的涂覆一般应在喷漆区内的喷漆室进行，且喷漆室的通风装置等应符合 GB 6514 和 GB 14444 的相关规定，其中对于静电喷漆还应符合 GB 12367 的相关规定；

② 无气喷涂装置中的各个部件均应按高压管件规定进行耐压试验和气密性试验，配套的高压软管除经上述试验合格外，管缆布置时，其最小曲率半径宜不小于软管直径的 2.5 倍；

③ 无气喷涂的喷枪应配置自锁安全装置，喷涂间歇时应能将喷枪自锁；

④ 压缩空气驱动无气喷涂装置的进气端应设置限压安全装置，并配置超压安全报警装置；

⑤ 所有高压静电发生器应有控制保护系统，使工作系统发生故障或出现过载时自动切断电源，所有高压静电发生器的高压输出与高压电缆联结端，应设置限流安全装置，高压电缆的屏蔽线应牢固地接入专用地线上；

⑥ 喷漆用高压静电发生器的电源插座应为防爆专用结构，插座中的接地端与专用地线连接，不应用零线代替地线，宜配置具有恒场的自动控制系统，在已整定的工作条件，如喷枪与工件间距在许可范围内变化，则其电流值宜不超过整定值的 10％；

⑦ 喷漆用高压静电发生器和连接电缆与粉末喷枪配套后，当电压调到最大值时，对地短路应无火花产生；

⑧ 使用静电喷漆时，电极和静电雾化器或机器人上的电极和静电雾化器应牢固地安装在底座、支架或运动装置上，并应用可靠的对地绝缘，其对地电阻应大于 $1\times10^{10}\,\Omega$；

⑨ 当固定元件为细金属丝时，该金属丝应随时绷紧，不应采用打结、扭转以至硬化了的金属丝；

⑩ 被喷漆的工件或待喷漆材料与电极、静电雾化器或带电导体之间保持的安全距离，

至少为该电压下的火花放电最大距离的 2 倍，在静电喷漆区应设置规定此安全距离的警告标志；

⑪ 使用可燃或易燃涂料自动静电喷漆设备宜安装火焰检测装置加以保护；

⑫ 使用自动静电喷漆设备时，该设备的操作控制应与通风装置有联锁保护；

⑬ 对于手工静电喷漆设备，高压电路应设计成安全型的，喷枪的荷静电裸露元件应只能通过操作开关通电，同时该操作开关也应与喷涂用漆的供料相联锁。

6.5.3.4　流平与烘干

在工件进行涂覆之后，尚未干燥成膜之前，由于表面张力的作用，涂料表面会逐渐收缩成最小面积的状态，这一过程称为流平。在涂漆工艺流程中，为了使湿漆工件表面的溶剂挥发气体在一定时间内挥发掉，同时保证漆膜的平整度和光泽度，在工件涂覆之后会在一个密闭、清洁、有一定空气流速的通道内运行 10～15min 来进行流平处理。涂料未完全干燥的工件随后送入烘干室，通过自然干燥、加热干燥或辐射干燥等方式将涂料中的挥发性溶剂进一步去除，使涂膜趋于稳定而成型。在进行流平和烘干时，应主要注意如下几个安全要素：

① 涂料的流平和烘干应在专门设置的流平、烘干室进行，其通风装置、电气设备等应符合 GB 6514 和 GB 14443 的相关规定；

② 烘干室内宜使用有足够机械强度的加热器，如使用易碎加热元件，内部应有防护装置，防止因机械损伤引起的火灾及触电事故，加热器不应设置在被加热工件的正下方；

③ 电加热器与金属支架间应有良好的电气绝缘，其常温绝缘电阻不应小于 $1M\Omega$；

④ 烘干室宜选用间接燃烧加热系统，应设置符合安全要求的空气循环系统，燃烧装置使用自动点火系统，则应安装窥视窗和火焰监测器，并使燃烧器熄火时能自动切断该燃烧器的燃料供给，燃烧装置的燃料供给系统应设置紧急切断阀；

⑤ 采用直接燃烧加热的烘干室，其空气循环系统的体积流量应不少于加热系统燃烧产物体积流量的 10 倍；

⑥ 烘干室内可燃气体最高体积浓度不应超过其爆炸下限值的 25%，空气中粉末最大含量不应超过爆炸下限值的 50%；

⑦ 烘干室排出的废气应符合 GB 16297 中最高允许排放浓度和排放限值的规定，烘干室废气净化系统的安全要求，应符合 GB 6514 和 GB 20101 中的有关规定；

⑧ 烘干室应设置温度自动控制及超温报警装置，需设置安全通风监测装置的烘干室，优先使用可燃气体浓度报警仪，直接监测爆炸危险浓度，也可使用设备的故障监测装置，间接地进行监测，每种情况均应与加热系统连锁；

⑨ 烘干室内使用空气流量调节阀时，在系统的正常调节范围内，应使安全通风系统能达到所需的风量，烘干室的安全通风系统使用调节阀时，应设置阀门最小安全开度的限位装置；

⑩ 人工装挂工件的大型间歇式烘干室，应设置内部可开启的安全门或室内发讯机构，防止误将工作人员关在室内；

⑪ 喷漆室不宜兼作烘干室，对于不得不交替进行喷漆及烘干作业的喷烘两用房，应保证达到下列各项要求：设备内部残留的漆渣能随时清理干净，加热器、电气设备及导线不接触漆雾，烘干工作温度低于 80℃，通风和加热系统符合 GB 6514 和 GB 14444 中的相关安全

要求；

⑫ 大型烘干室的排气管道上应设防火阀，当烘干室内发生火灾时，应能自动关闭阀门，同时使循环风机和排气风机自动停止工作；

⑬ 严禁烘干室周围存放易燃易爆物品，烘干室附近应设置扑救火灾的消防器材；

⑭ 当烘干室排气管道必须穿过由可燃材料组成的墙壁或屋面时，管道应用不燃材料绝热，排气管道的设置应便于清理其中的可燃沉积物。

6.5.3.5　有机废气处理

在涂装作业的整个工艺流程中，都会产生一定量的挥发性有机废气。若在作业场所的空气中有害物质的浓度超过 GB 6514 中的相关规定值时，应采取通风排毒措施；若通风排气装置排出的有害物质浓度超过 GB 16297 中规定的大气污染物排放限值时，应采取净化处理措施。涂装工艺中常用的有机废气处理方式有活性炭吸附、催化燃烧、热力燃烧和液体吸收等，需根据涂装工艺条件和污染状况来选择合适的净化装置。具体安全技术可参照第 6 章的相关内容。

第 7 章

危险化学品废物处理

7.1 危险化学品废物处理概述

危险化学品废物是危险化学品在生产、运输、储存、使用等过程中所产生的危险废物。随着工贸行业的迅速发展，在工业生产和使用过程中产生的危险化学品废物种类和数量日益增多。危险化学品废物因其具有腐蚀性、易燃性、毒性、爆炸性等危险特性，如若处置不当势必会对人类的身体健康和整个生态环境的平衡造成极大的危害。因此，如何安全合理地处置各类危险化学品废物成了环境保护工作当中的重点问题。

工贸行业中的危险化学品废物主要来源于：①化学品的生产、调配和使用过程中所产生的废物；②在工业生产、运输、销售、使用等过程中产生的残次品或废弃品；③在科学研究或产品研发过程中产生的副产品等废物；④因超过使用期限而过期报废的危险化学品；⑤因使用或储存等原因导致纯度、成分等发生变化而无法再次使用的化学品。

危险化学品废物的随意放置或不科学处理都会直接或间接地对生态环境和人类本身产生严重的危害。

（1）对生态环境的危害

由于危险化学品废物的不规范处置，外泄的有毒物质会在雨水和地下水的长期渗透和扩散的作用下，逐渐影响当地的水体和土壤安全，此外还会经由自然环境的水循环系统进入江河湖海，严重降低了地区的环境功能等级，制约了可持续性发展，进而也将会成为制约经济活动的瓶颈。

（2）对人类健康的危害

因危险化学品废物具有可燃性、腐蚀性、传染性、放射性等危险特性，处置不当的危险化学品废物可通过摄入、吸入、皮肤接触、眼接触等方式对人类造成身体伤残、中毒、致癌等直接危害。此外，有毒物质会通过污染的土壤和江河湖海而影响人类的饮食健康，间接对人的身体健康产生危害，严重的甚至导致死亡。另外，易燃和可燃废物如果处理不当，可能会引起燃烧、爆炸等重大危险事故。

7.2　危险化学品废物处理方式

危险化学品废物处理的最终目的是通过一系列技术手段使具有腐蚀性、毒性、易燃性、爆炸性等危险特性的化学品废物达到减量化、无害化和资源化的状态。目前常用的废物处理方式主要分为物理方法、化学方法和生物方法三类。

7.2.1　物理方法

物理处理方法即是采用浓缩或相变的技术手段使危险化学品的物理状态发生改变，使得废物的体积大幅减小，以便于后续的运输、储存、最终处置或再利用等环节的进行。对于固态危险化学品废物通常采用破碎、压实、分选、脱水干燥等方法进行处理；对于液态危险化学品废物则采用溶剂萃取、蒸馏、吸附等方式进行处理。

7.2.1.1　破碎

物理破碎是一个使固态危险化学品废物的颗粒尺寸减小，质地更加均匀从而降低其孔隙率、增大容重的技术。通常经过物理破碎后，危险化学品废物的容重可以增加 25%～60%，变得更加易于压实。除此之外，破碎技术还具有减少臭味、防止虫鼠繁殖滋生、降低火灾发生可能性等优点。

类似于一般固体废物的破碎技术，危险化学品废物的破碎技术主要分为冲击破碎、剪切破碎、挤压破碎和摩擦破碎等。除此之外，对于具有特殊性质的危险化学品废物还有低温破碎和湿式破碎等技术。

在对危险化学品废物实施破碎时需要考虑以下几点因素：

① 待破碎废物破碎前后的性质特征；

② 废物的物理组成成分及其破碎前后的物理形态大小；

③ 为了满足清理要求，避免挂料的发生，破碎机要有适宜的进料方式和足够的外壳容量；

④ 应采用连续式还是间歇式操作；

⑤ 破碎过程中的操作特征，例如破碎机的操作复杂程度，日常维护和维修的便捷性，空气、噪声等污染控制及其他相关操作安全措施等；

⑥ 综合考虑环境、道路、空间等限制因素，选择合适的破碎场所；

⑦ 破碎后废物的存放方式和地点，以及废物后续处理的衔接。

7.2.1.2　压实

压实技术是一种通过外界压力对固体危险化学品废物进行物理挤压，变形或破碎，从而实现废物的减容化，降低废物运输成本，为后续的废物最终处理提供便捷的预处理技术。压实是一种普遍采用的固体危险化学品废物处理方法。同易拉罐、塑料瓶等一般固体废物一样，一堆自然堆放的固体危险化学品废物的表观体积是废物固体颗粒的总体积与颗粒间空隙体积之和。当对固体废物实施压实操作时，随着压实压力强度的逐渐增大，固体废物的空隙率和表观体积逐渐减小，从而增加了整体容重。因此，固体危险化学品废物压实的实质，即是消耗一定的机械能对固体废物做功，从而提高废物容重的过程。

为了更为直观地判断和比较压实效率，常用以下几种指标来对压实程度进行描述：

① 空隙比与空隙率。固体危险化学品废物的总体积是固体颗粒的自身固有体积和空隙总体积的集合。其废物中含有的水分主要存在于固体颗粒之中而不是空隙，因此算在固体颗粒体积当中。故空隙比可定义为空隙总体积与固体颗粒体积之比；而空隙率则定义为空隙总体积与固体废物总体积之比。空隙比或空隙率越低，则表明压实程度越高，容重越大。

② 湿密度与干密度。在忽略空气中的气体与水质量的情况下，固体危险化学品废物的总质量为固体物质质量与所含水分质量之和。而湿密度即为所含水分质量与废物总体积的比值，干密度为固体物质质量与废物总体积的比值。压实处理前后固体废物的密度值变化很好地反映了压实的效果。

③ 压缩比与压缩倍数。压缩比定义为压实后废物的总体积与压实前废物的总体积之比，而压缩倍数为压缩比的倒数。显然，压缩比越小，压缩倍数越大，压实效果就越好。

压实的设备通常分为固定型和移动型。只能固定定点使用的压实设备为固定型压实器，常用于收集或转运站；带有滚轮可在一定范围内运动的设备为移动型压实器，常用于废物处理场所。

在对固体废物实施压实操作之前应考虑如下几个要点：

① 被处理危险化学品废物的物理特性，如颗粒大小、成分、含水量等；

② 供料传输方式；

③ 压实处理后的废物如何处置利用；

④ 压实技术相关参数，如装载容量、压力大小、压头往返循环时间、压实比等；

⑤ 压实机的操作特性，如使用、维护与维修的简易性以及性能的可靠性等；

⑥ 综合考虑环境、道路、空间等限制因素，选择合适的压实操作场所。

7.2.1.3　分选

分选技术是实现危险化学品废物资源化和减量化的一种重要技术手段。通过分选，可以将废物中特定的物质分选出来加以利用，也可以分离出有毒有害物质进行分类处理，或者按照粒度大小的级别进行分类分离。

分选技术的基本原理是利用危险化学品废物中各个物质性质的差异性来进行选择与分离。例如利用磁力来对废物中的磁性和非磁性物质进行分离，利用浮力来对废物中不同密度的物质进行分离等。工业中较为常用的分选技术有如下几种：

（1）磁力分选

磁选是利用固体危险化学品废物中不同组分磁性的差异，通过施加不均匀磁场来实现物质分离的一种分选技术。一般物质的磁性分为四种：顺磁性、逆磁性、铁磁性与非磁性。磁选技术仅适用于铁磁性和非磁性物质间的分选，多用于回收黑色金属，纯化非铁磁性材料，以便于后续的简易处理。磁选机可分为吸持型和悬吸型两种，具体使用需要参考被分选固体危险化学品废物的磁性材料特征，如颗粒尺寸、磁性材料含量、含水率等参数来确定。

（2）风力分选

风选是利用固体废物中各物质的密度差异导致的沉降速度与分布的不同，通过空气气流作为介质来实现轻、重颗粒分离的分选技术。废物中的颗粒在一定流速的气流中的沉降速度是风力分选的重要影响因素。不同物料中颗粒的沉降速度差异性越大，其最终沉降分布的区域性越明显，则越容易分离开来。使用风力分选需要确定待分选的物料颗粒间的密度具有一定的差异性；各颗粒与空气间的密度也应有明显差异；颗粒应有适宜的粒径大小；风机供给的空气气流应保证进料口的物料被充分吹成按密度分布的分层形式。风选机可分为两种类型：水平风选机和垂向风选机。水平风选机多用于包含有两种以上具有密度差异的物料颗粒的固体废物。垂向风选机的种类较多，针对不同特性的物料可用锯齿型、开口振荡型等风选机。

（3）筛分分选

筛分是一种根据固体废物的颗粒尺寸大小进行分选的分选技术。当待处理的废物物料通过一个有均匀筛孔的筛分器时，粒径小于筛孔的颗粒可以自由穿过筛孔通过，而较大的颗粒会留在筛面上被排除。因此，筛分的实质是利用不同孔径的筛孔来达到大小颗粒分离的目的。筛分可分为干筛和湿筛两种，而固体废物多采用干筛。固体危险化学品废物的处理中最常用的筛分设备是旋转圆筒形筛分器和振动平板筛。在筛分过程中，部分粒径小于筛孔的颗粒由于各种因素的影响不能全部通过筛孔，因此筛分也有筛分效率的问题存在。筛分的效率通常受废物颗粒的尺寸形状、筛孔形状、含水率、筛分器运行参数和操作方式的影响所决定。一般情况下筛分的综合效率为 85%～95%。

（4）静电分选

静电分选是一种利用固体危险化学品废物中各物料颗粒所具有的导电性不同，通过充电识别和反向电极吸引的方式来分离物料的分选技术。这种分选技术既可以用来分离出固体废物中的导体和绝缘体，也可以对具有不同介电常数的绝缘体进行分离。当静电分选机工作时，绝缘滚筒表面的物料颗粒会因高压电场的感应作用而发生极化带正电荷，于是被带负电荷的滚筒所吸引。当与滚筒接触后，又由于传导作用使颗粒带负电荷，继而在库仑力的作用下被滚筒所排斥。绝缘体则不会产生上述现象，因此实现与导体的分离。

7.2.1.4　脱水干燥

脱水和干燥技术是处理固液态危险化学品废物的常用技术手段。

脱水技术可分为机械脱水和固定床自然干化脱水两大类。机械脱水又分为机械过滤和离心脱水。机械过滤是以过滤介质两边的压力差为推动力，使废物中所含的水通过过滤介质而成为滤液，固体颗粒则形成为滤饼，如此就达到了固液分离的目的。离心脱水则是利用设备高速旋转所产生的离心力，将密度大于水的固体颗粒与水进行分离。固定床自然干化脱水利用自然蒸发和底部滤料等作用脱水，通常用于污水处理厂进行污泥的处理。

干燥即通过高温介质与液态废物形成对流，从而利用温度去除液态废物的技术手段。典型的对流加热干燥器有旋转桶干燥器、流化床干燥器、多膛转盘干燥器、循环履带干燥器和喷洒干燥器。在干燥过程中，物料通常是由上向下以一定速度连续不断地进行运输，并从出口排出。而高温气流则由下至上逆流吹烘，此外在排气口会装设有除尘器来净化尾气。

7.2.1.5 溶剂萃取

溶剂萃取法是一种利用不同液态危险化学品废物在溶剂中的溶解度不同，从而使特定组分转移到溶剂之中进而萃取出来的废物处理方法。溶剂萃取法大多用于对液体废物中的有机物进行分离。在萃取的过程中，溶剂与废液充分混合，使被萃取物质从废液中转移至溶剂中，与废液不相溶的溶剂会因重力作用产生分层现象，从而分离出萃取物质。其中萃取后的溶剂溶液称为萃出物，萃取后剩余的物质称为萃余物。通常在萃取工艺中会采用多级萃取的方法来使萃取更加彻底。

萃取技术以其可循环回收再利用等优点，使其在危险化学品废液净化中具有非常重要的地位。例如萃取脱酚处理工艺可从焦化废水中将苯酚以盐的形式萃取出来，其效率可高达98%；苯酚反萃工艺采用高沸点溶剂在柱形容器中进行反萃，可得到纯度为80%～90%的苯酚原液。此外，萃取技术也可从裂化工艺废液中分离烃类物质，从乙酸纤维的生产排水中回收乙酸。

7.2.1.6 蒸馏

蒸馏是一种利用液体汽化和蒸气冷凝，从低挥发性物质中提取分离出高挥发性物质的技术。当含有两种或两种以上组分的液态混合物被加热时，较低沸点的物质会随着温度升高至其沸点而首先蒸发成气态物质，而当其蒸气冷凝形成液相排出后就实现了液液分离的过程。因此蒸馏法分离液态物质的效果受组分间的差异性影响，差异性越大则蒸馏分离效果越好。如果差异不够大，就需要采取多次循环蒸馏的方式逐步进行分离。

工业上常用的蒸馏技术有：批式蒸馏、分馏、水蒸气汽提和薄膜蒸发。批式蒸馏适用于含高浓度固体的危险化学品废物；分馏适合于含多组分混合物的液体废物或含少量悬浮固体的废物；水蒸气汽提适用于分离挥发性相对较低或浓度相对较高的有机化合物；薄膜蒸发适用于热敏性废物的浓缩提取。

7.2.1.7 吸附

吸附是一种通过吸附剂对废液中的特定物质进行物理吸附，从而分离出废液中的一种或多种物质的除杂技术。在物质浓度不高的情况下，利用吸附技术对废液进行除杂处理，相比于其他处理技术要更为经济有效。吸附剂是吸附技术的核心，因其易被吸附物堵塞的特性，吸附剂必须具有可再生性。某些特殊的吸附物甚至可在被吸附后进行回收再利用。优良的活性剂应具有吸附能力高，寿命长，机械稳定性好，易再生等特点。

7.2.2 化学方法

化学处理方法即通过化学反应的技术手段将危险化学品废物中的有毒有害物质进行化学分解或转化，改变其化学性质从而降低废物的危险性。常见的化学处理方法有氧化还原、酸碱中和、化学沉淀等。

7.2.2.1　氧化还原

氧化和还原反应是对特定危险化学品废液进行无毒化和纯化的重要处理技术。针对废液的氧化性或还原性的不同，通过添加合适的还原剂或氧化剂进行化学反应，可消耗废液中特定的毒害组分，反应生成新的低害或无害产物。

在工业应用中，氧化反应可分为湿法氧化、催化氧化和过氧化物氧化降解。

湿法氧化是指在一定的温度和压强下，液体中悬浮或溶解的有机物在液相水存在的情况下被大气中的氧或纯氧氧化分解产生二氧化碳和水作为最终产物。在湿法氧化过程中，有机物首先被炭化而使接触的氧气变为过氧化氢，而后分解为氧气和羟基，羟基和碳进一步反应生成二氧化碳。湿法氧化常用于处理含亚硫酸、苯酚、甲醛、氰化物等组分的危险化学品废水。

催化氧化是指在特定催化剂的存在下，气体的氧化作用加快而致使它们可以在较低的温度下更容易被氧化。因此，催化氧化技术所消耗的能量要明显低于加热燃烧反应工艺所需要的能量。通常作为催化剂的是金属（特别是重金属）或其离子的氧化物。催化剂需要较大的比表面积以提升其催化效率，同时要防止催化剂中毒而影响催化反应的进行。催化氧化技术在工业应用中十分广泛，如化学工业中含氯的烃类废气可用金属铂作为催化剂，在 420～500℃即可发生氧化反应；含二氧化硫的烟气在含碳催化剂的存在下于 80℃即可发生氧化反应。

过氧化物，特别是过氧化氢，以其强氧化性和在水溶液中形成过氧离子的特性，能够迅速氧化分解水溶液中的毒性物质。此外，过氧化氢在较宽的 pH 值范围内都能保持着很高的氧化活性，因此在工业废液处理中适用性十分广泛。例如在处理废液中的氰化物时，过氧化氢能够直接将氰化物氧化成对应的氰酸盐，且不会存在有毒的中间产物；大部分无机硫化物或硫的含氧酸都能被过氧化氢氧化成无毒害的硫酸盐；含有次氯酸盐的废水可无需调节 pH 值而直接被过氧化氢氧化生成普通的氯盐，且不会产生有毒的氯气；含有甲醛的废水只需要少量时间就可以被过氧化氢完全氧化清除。

7.2.2.2　酸碱中和

酸碱中和即指酸和碱互相交换成分，生成盐和水的反应。一般工业上可以作为中和剂的有熟石灰、碳酸钙、碳酸镁、氢氧化钙、碳酸钾、碳酸氢钠、纯碱、磷酸、甲酸、乙酸等。大部分危险化学品废液都是呈酸性的，少部分呈碱性。当实施酸碱中和时，视废液的组分和具体 pH 值来确定所用的中和剂及其用量。通常利用酸碱中和处理危险化学品废液时，不必要求正好中和至中性，而是中和到溶液 pH 值在相对安全的排放范围内即可。有时通过中和反应，能使废液中的部分金属离子生成相应的金属沉淀而发生沉降，这样就在中和的同时又降低了废液中金属离子的浓度。

7.2.2.3　化学沉淀

化学沉淀是一种通过向废液里添加合适的化学试剂，使待除去的溶解物转化为难溶物沉淀析出的危险化学品废液处理技术。化学沉淀的实质是一个胶体凝聚的过程，即加入的凝集剂能够改变胶体颗粒表面的电势，使其粒子间的范德瓦耳斯力大于同性粒子之间的排斥力，于是这些胶体粒子倾向于凝集成团，最终以沉淀的形式析出。范德瓦耳斯力与斥力的差值越大，胶体凝聚得越紧密。例如，工业上使用铁盐或铝盐作为凝集剂能够去除废液中的磷酸盐；用硫化钙溶液能够很好地去除酸性重金属废水中的重金属离子，同时还不用进一步做酸碱中和处理。值得注意的是，溶液的 pH 值对于胶体的凝集也有很大的影响，因此需要综合考虑所加凝集剂对于溶液酸碱度的改变来确定用量。

7.2.3 生物方法

生物处理方法即在危险化学品废物中加入微生物或动、植物，使其通过新陈代谢来降解特定的有害有机废物，从而降低危险化学品废物的危险性。此外，通过生物法处理还能得到可利用的产物，在一定程度上实现了资源高效回收利用。

有机危险化学品废物的生物处理过程实际上是一个氧化分解的过程。根据微生物进行新陈代谢氧化时需氧还是厌氧，可将生物处理方法分为有氧生物氧化和厌氧生物氧化。当微生物对有机危险化学品废物进行氧化分解时，一部分经微生物分解转化为新的细胞，另一部分则代谢分解产生能量，以维持微生物生长和繁殖等正常生命活动。由于生物处理方法完全依赖于微生物的新陈代谢来进行，因此生物处理效率会受微生物的生长因素所影响，如营养物的供应、含氧量、危险化学品废物的浓度、环境的温度、pH 值等。不同的微生物其生存条件不同，具体应根据处理所选微生物的种类来决定。

生物处理法通常包括以下几种处理技术。

（1）土壤泥浆技术

该技术主要由装满土壤和水混合物的反应器构成。通常在厌氧的条件下，将土壤与水混合并使其呈泥浆状，同时加入复合基底和营养物质，在剧烈的机械搅拌状态下使其进行生物反应。当处理石油烃类废物时，可通过添加表面活性剂来提高其在泥浆水中的溶解度，以达到更好的废物处理效果。

（2）农耕技术

农耕是一种处理危险化学品废物污染土壤的技术。通常将受污染的土壤与有营养物质的湿土壤相混合，并定期通过机械翻转来使土壤混合均匀，同时增强通风。如用蜜糖和切碎的草作为辅助物，可以降解硝基芳香化合物。

（3）堆肥技术

堆肥技术即利用自然界广泛存在的微生物，在一定的人工条件下，有控制地促进危险化学品废物中可降解的有机物转化为稳定的腐殖质的生物化学过程。同农耕类似，堆肥技术也是一种处理污染土壤的技术。在堆肥时必须使土壤与大批底层附加物混合，所需营养物质丰富，可利用各种有机废物作为主要原料。堆肥技术的主要问题是处理时间长。

（4）活性炭-生物联用技术

对于毒性过强的有机危险化学品废物，生物难以对其进行氧化分解，甚至导致微生物中毒死亡。若用物理或化学方法进行处理，则会大大增加经济投入。该技术以生物处理为主，通过引入活性炭来对有毒物质进行吸附，从而大大提高了有机废物的降解处理效率。

（5）生物通风技术

生物通风是一种通过鼓风将空气强制打入土壤中促进氧化及生物降解的技术。通常在待处理的土壤上钻井并安装鼓风机和抽真空机，将空气排入土壤后抽出，使得土壤中的挥发性有毒物质也随之排除。在通入空气时混入适量氨气还可以同时为土壤中的降解微生物提供氮素营养。

7.3 危险化学品废物的分类处理

危险化学品废物按照形态的不同，可分为固态、液态和气态。固态危险化学品废物，如易燃易爆品，会在跌落、碰撞或处于高温的环境中具有爆炸的危险；液态危险化学品废物通常具有易燃性、毒性、腐蚀性等危险特性，除了会直接危害人们的生命健康安全，还可能通过大自然的水循环破坏生态环境，或污染饮用水；气态危险化学品废物不易收集储存，直接排放进大气会污染空气，还会通过呼吸道进而使人中毒。不同形态的危险化学品废物，其危险特性不同，处理处置的方式不一样，也不能混合储存，否则可能造成燃烧或爆炸等危险事故。因此，对于各种危险化学品废物应根据其物质形态特征进行科学合理的分类净化处理。

工贸行业常见互相接触、混合会引起危险事故的物质见表 7-1。

7.3.1 固态危险化学品废物的处理

7.3.1.1 一般处理方法

固态危险化学品废物的一般处理方法包括高温氧化焚烧、等离子体处理、固化处理和填埋等。

表 7-1 工贸行业常见互相接触、混合会引起危险事故的物质

	混合物名称	反应情况及结果
酸类	浓硫酸或浓硝酸与木质物、棉质物	炭化、燃烧
	浓硝酸与乙醇、二硫化碳、松节油	急剧反应、爆炸
	硝酸与镁粉、铝粉、环戊二烯、噻吩	急剧反应、爆炸
	硝酸与赤磷、偶氮二异丁腈	燃烧
	硫酸或盐酸与钾、钠	急剧反应、爆炸
	王水与有机物	燃烧
	高氯酸或高氯酸盐与乙醇	急剧反应、爆炸
	三氧化铬与乙醇、甘油	燃烧
	草酸与过氧化物	在潮湿空气中接触燃烧
	硫酸酐中加入水滴	爆炸

混合物名称		反应情况及结果
盐类	高锰酸钾或高锰酸锌与甘油、乙二醇、硫酸、硫黄	燃烧
	亚硝酸钠与过硫酸铵、硝酸铵	放热使易燃物燃烧
	硝酸铵与锌粉加水、氯化亚锡	爆燃
	过硫酸铵与铝粉加水	爆燃
	氯酸钠或氯酸钾与硫黄、硫化磷、赤磷	产生高热气体、进而燃烧爆炸
	高氯酸钠与硫酸	释放高热量、进而爆燃
	重铬酸铵与甘油、硫酸	燃烧
	次氯酸钙与有机物	形成爆炸性混合物、遇点火源爆炸
	硫酸钾与乙酸钠	爆炸
金属	钾、钠、镁、锌与过氧化钠	在潮湿空气中接触燃烧
	铝粉与氯仿	燃烧
	银、铜与乙炔	生产乙炔铜、乙炔银爆炸
	锌、镁与溴	燃烧
非金属	溴与磷	燃烧
	氟气与碘、硫、硼、磷、硅	燃烧
	氨与氯、碘	形成爆炸性混合物,遇点火源爆炸
	氯与乙炔、甲烷	形成爆炸性混合物,遇点火源爆炸
其他	过氧化氢与丙酮	燃烧
	对亚硝基苯酚与酸、碱	燃烧
	联苯胺与漂白粉	形成爆炸性混合物
	三氯化磷与木屑、革	炭化、燃烧

高温氧化焚烧法通过高温燃烧使固态废物中的可燃物质充分氧化分解，转化为无害的灰渣。该方法不需要外加的辅助燃料，它可在高温下自行维持连续燃烧，适用于处理高水分、低热值的固态废物。

等离子体处理法利用非氧等离子体在热解炉内的持续放电，进而形成超高温环境，当被处理的固态废物进入热解炉后，分子键会受到等离子体强烈的冲击，从而改变其分子结构，形成可资源化的产品。不同于焚烧法，等离子体通过热解来有效处理有毒废物的同时还不会产生诸如二噁英等不良产物，是一种环境友好型废物处理技术。

固化处理技术是利用物理或化学方法将有害废物与能聚结成固体的某些惰性基材混合，从而使固态废物固定或包容在惰性固体基材中，使之具有化学稳定性或密封性的一种无害化处理技术。固化前通常需要对固态废物进行预处理，如分选、干燥、中和等，使其利于后续加入填充剂或固化剂进行固化。固化过程中材料和能量消耗低，工艺简单易操作，且固化剂来源丰富、廉价易得，处理费用低廉。有害废物经过固化处理后形成的固化体具有良好的抗渗透性、抗浸出性、抗干湿性、抗冻融性及足够的机械强度等。此外还可能作为资源加以利用，如作为建筑基础和路基材料等。

填埋处理技术即在陆地上选择合适的天然场所或人工改造出合适的场所，把固态废物用土层覆盖起来的技术，又称卫生填埋和安全填埋。填埋技术是一种经济、适用面广、运行管理简单及相对完全、彻底的最终处理方式，通常可分为厌氧填埋、好氧填埋和准好氧填埋。填埋法处理固态废物前需要考虑废物特性、运输距离、土质与地形条件、气象条件、填埋场面积等因素来选择合适的填埋场所。此外，因填埋法存在较大的潜在危害，进行废物填埋时应严格按照国标《危险废物填埋污染控制标准》（GB 18598）的规定执行。

7.3.1.2　委托处理

在工贸行业各企业的实际生产和使用过程中，对于产生的危险化学品废物，通常会通过委托专业机构的方式进行科学处理，特别对于危险化学品废物量较少的企业，委托处理更是一种低成本且便捷高效的废物处理方式。在进行固态危险化学品废物的委托处理时，需要注意如下几点：

① 企业作为危险废物污染防治的责任主体，应按照《危险废物贮存污染控制标准》（GB 18597）、《危险废物收集、贮存、运输技术规范》（HJ 2025）、《危险化学品安全管理条例》、《常用危险化学品贮存通则》（GB 15603）等标准规范，在危险废物储存设施建设、运行和管理阶段有效管控环境风险，按照危险废物的特性进行科学的分类储存，严禁混放和露天存放。

② 在对危险化学品废物进行转移前，企业应对其进行合理的安全预处理，使之处于稳定状态，以降低废物的危险性。例如对于有机过氧化物废物，应用适当的惰性物质将其稀释，大大降低甚至消除爆炸的危险。

③ 在受委托单位接收危险化学品废物前，应在废物外包装上附有符合《包装储运图示标志》（GB/T 191）和《危险货物包装标志》（GB 190）规定的标牌或标识。在包装上应粘贴安全标签，其内容、制作要求、使用方法和注意事项等应满足《化学品安全标签编写规定》（GB 15258）的相关要求。

④ 废物的包装应质量良好、结构合理且具有一定的强度。包装的材质、规格、包装方式等应和所装危险化学品废物的物理化学性质相适应，且便于装卸、运输和储存。包装应能承受正常装卸、运输和储存条件下的各种作业风险，不应因温度、压力、碰撞等因素而发生渗漏和破坏。对于包装与内装物接触的部分，应视情况加入内层辅助包装或涂层来进行防护处理，内容物应固定牢靠。对于遇湿、空气易燃的固体废物，包装必须严密，并采取安全保护措施。

⑤ 根据《危险化学品安全管理条例》规定，危险化学品拟废弃处置的，生产、储存危险化学品的单位应将处置方案报所在地县级人民政府安全生产监督管理部门、工业和信息化主管部门、环境保护主管部门和公安机关备案。安全生产监督管理部门应当会同环境保护主管部门和公安机关对处置情况进行监督检查，发现未依照规定处置的，应当责令其立即处置。根据《固体废物污染环境防治法》，产生危险废物的单位，应当按照国家有关规定制定危险废物管理计划；建立危险废物管理台账，如实记录有关信息，并通过国家危险废物信息管理系统向所在地生态环境主管部门申报危险废物的种类、产生量、流向、储存、处置等有关资料，填写好危险废物管理计划备案登记表。

⑥ 受委托单位应具有相应的处置资质。企业应认真审查废物处置商是否具有危险废物经营许可证，其危险废物经营方式和类别与待处理废物性质是否匹配，许可证是否在有效期内等资质内容，并根据法律法规及地方环保主管部门的管理要求，与危险废物处置商签订危

工贸行业危险化学品安全技术

险废物处置合同，配合环保主管部门建立档案并申报处理计划，在环保主管部门审批回复后，填写危险废物转移联单，执行安全转移废物处理。若企业将危险废物提供或者委托给无许可证的单位或者其他生产经营者从事经营活动的，生态环境主管部门将责令改正并处以罚款，没收违法所得；情节严重的，报经有批准权的人民政府批准，可以责令停业或者关闭。

7.3.2 液态危险化学品废物的处理

7.3.2.1 一般处理方法

液态危险化学品废物的一般处理方法包括物化法、电化学法、化学法、光化学法等。

物化法基于传统的胶体化学理论基础上，通过向液态废物中添加合适的有机或无机絮凝剂，使废液中的有害物质凝聚成团进而沉降排除。

电化学法处理废水不需要很多的化学试剂，其后处理简单、管理方便。该法利用直流电电解产生溶胶离子膜，吸附并沉淀染料分子、离子，因此适用于阴、阳离子染料处理。

化学法指在高温高压下，在液态废物中用氧气或空气作为氧化剂，去氧化水溶态或悬浮态的有机物或还原态的无机物的一种处理方法。其中湿式氧化法是处理高浓度有害废液的有效方法。通过与催化法的联用，能够降低反应所需的温度和压力，提高氧化分解能力，缩短反应时间，防止设备腐蚀和降低成本。

光化学法指利用光化学催化原理的方法来处理废物。利用二氧化钛等光催化剂在光照条件下具有氧化还原性质的特性，使废液中的有机物降解成无毒害的物质，达到废水净化的效果。

7.3.2.2 委托处理

对于会产生液态危险化学品废物的企业，通过委托专业机构的方式进行废物处理同样也是一种十分理想可行的废物处理方式。在进行液态危险化学品废物的委托处理时，也应按照危险化学品废物特性分类存放，及时向各监管部门做好处置方案备案，对具有易燃性、腐蚀性的液态危险化学品进行合理预处理并贴好相应的安全标签和危险废物标志，待废物处置单位上门进行安全转移处理。此外，液态危险化学品用后的包装桶、瓶等也必须严加管理并统一存放，后交由有资质企业进行处理。严禁将危险化学品废物提供或者委托给无经营许可的单位储存、处理。

7.3.3 气态危险化学品废物的处理

对于有毒有害的危险化学品废气，因其随着工业的生产和使用而实时产生，难以收集委托处理，因此一般由企业自身来采用回收法或燃烧法进行现场净化处理。回收法可以通过回收这些化学品进行二次使用，达到资源高效利用的目的，但对于大量含有低浓度有毒危险化学品废气的处理，其回收净化效率不高，且还会产生二次污染的问题。因此对于可燃废气通常使用燃烧法，使这些有毒废气转化为无毒害的二氧化碳和水，而后排放至大气中。

净化处理措施应根据各工艺条件和污染状况选择采用活性炭吸附、催化燃烧、热力燃烧或液体吸收等净化装置，净化后排入大气的污染物应符合 GB 16297 中大气污染物排放限值的规定。

气态危险化学品废物的燃烧方法通常分为三种，即直接燃烧、热力燃烧和催化燃烧。回收法则通常有活性炭吸附法和液体吸收法。

7.3.3.1　直接燃烧及其安全技术

直接燃烧法即利用危险化学品废气中可燃的有害组分作为燃料直接完全燃烧，并产生二氧化碳、氮和水蒸气的废气处理方法。通常用直接燃烧法处理的废气，其燃烧所释放的能量应占燃烧混合物所需总热量的 50% 以上，若废气的燃烧热较大，则无需添加辅助燃料；若燃烧热较小，则需要额外加入辅助燃料来维持燃烧炉的燃烧。直接燃烧法适用于高浓度、小风量的废气，其工艺简单、投资小，但安全技术、操作要求较高。使用直接燃烧法对危险化学品废气进行净化处理时应注意以下主要安全影响因素：

① 进入燃烧装置的废气浓度应低于其爆炸极限下限的 25%；

② 通过风机的气体温度应低于风机运行时的规定温度，风机前应设风量调节阀；

③ 燃烧装置前应设置废气直接排空装置，当燃烧装置一旦发生故障或工作结束时，应能立即打开直接排空装置，使废气直接排空，以防气体积聚；

④ 直接排空装置后、燃烧装置前，应设置去除悬浮物质、尘土等的过滤器，过滤器应设置压差计，当过滤器的阻力超过设定最大阻力时，或到清理日期时，应立即清理或更换过滤材料，在过滤器后、燃烧装置前，应设置阻火器；

⑤ 设置在爆炸性气体环境的净化装置，应按规定选用其电器设备及电控装置，净化装置中可能产生静电的管道和一切设备均应可靠接地，设置专用的静电接地体，其接地电阻值不大于 100Ω，静电导体与大地间的总泄漏电阻应小于 $1 \times 10^6 \Omega$；

⑥ 装置的隔热、保温层应采用非燃烧体材料制作，保温层外壁温度宜不高于室内温度 15℃；

⑦ 装置前设置风机正压操作时，风机与电机均应选用防爆型，通过风机的气体温度应低于风机运行时的规定温度，风机前应设风量调节阀；

⑧ 装置设置场所宜设置可燃气体报警器及安全标志。

7.3.3.2　热力燃烧及其安全技术

热力燃烧法是利用燃烧所产生的热力把可燃的废气升温至反应温度，使其进行氧化分解反应并生成二氧化碳和水蒸气等无毒害气体排出的处理方法。热力燃烧法通常适用于因可燃组分含量较低而无法直接燃烧处理的废气，其常用操作温度为 540～820℃。热力燃烧处理过程可分为三个步骤：①通过辅助燃料燃烧产生高温燃气，为待处理废气提供足够的热量；②高温燃气与废气的充分混合，使废气的温度达到可燃组分的自燃点以上；③在燃烧炉中驻留一段时间使废气中的可燃有害组分充分氧化分解以完成热化学转化的过程。在此过程中，若废气组分中已含有足够的氧，也可作为助燃废气而被利用，以此增加经济效益。热力燃烧法的主要控制影响因素有三个，即"三T条件"：反应温度、驻留时间和混合程度。这三个要素相互关联，在一定范围内若改变某一个条件的参数，另两个要素的要求可随之改变。例如提高燃烧炉内的反应温度，则可缩短废气的驻留时间，也可降低废气与高温燃气的混合程度。同样，使混合气达到充分混合的状态后也可适度降低对反应温度和驻留时间的要求。在实际生产应用中，驻留时间的延长往往需要加大燃烧炉的容积，而反应温度的升高则需要使用更多的燃料，这两者都会大大增加危险化学品废气处理的成本。因此通过搅动来增加废气与高温燃气的混合程度是热力燃烧法中最经济也是最常用的控制手段。

　　热力燃烧法能基本净化有害废气而不产生废水、废渣，还对废气流量和成分变化具有较好的适应性，而且设备与工艺比较简单。但大多数热力燃烧都需要使用一定量的辅助燃料，故其运行费用较高。热力燃烧广泛地应用于涂装作业、印刷、石油、化工、食品、黏结剂等生产过程中的有机物废气的净化。使用热力燃烧法对危险化学品废气进行净化处理时应注意以下主要安全影响因素：

　　① 预热室应设置温度测定及点火报警联锁装置，在预热温度未达到设定值时，不应通入有机废气，当预热温度过低或灭火时，立即发出报警信号，关闭有机废气进气阀门，启动直接排空装置；

　　② 燃烧室进口处应设置废气浓度测定和报警联锁装置，随时显示进口气体浓度，当气体浓度超过规定的危险值时，立即发出报警信号，启动直接排空装置；

　　③ 燃烧器应设置燃烧安全装置，应包括燃料输送管紧急切断阀、燃烧监视装置和相应的检测控制仪；

　　④ 预热室和燃烧室的室体应选用耐热、耐腐蚀材料制作，确保预热和燃烧时室体强度；

　　⑤ 热力燃烧净化装置气体出口处应设置气体浓度检测仪，定时检测气体浓度；

　　⑥ 热力燃烧净化装置应设置安全泄放装置；

　　⑦ 将废气的可燃组分浓度控制在25%爆炸下限，以防止由于混合物比例及爆炸范围的偶然变化，可能引起的爆炸或回火。

7.3.3.3 催化燃烧及其安全技术

　　催化燃烧法是利用催化剂使危险化学品废气中的可燃物质在较低温度下氧化分解的废气净化方法。催化燃烧装置主要由热交换器、燃烧室、催化反应器、热回收系统和净化烟气的排放烟囱等部分组成，在催化燃烧过程中，待处理废气经过热交换器预热后送入燃烧室并加热到反应所需温度，在催化反应器中氧和有机废气被吸附在多孔载体上的催化剂表面，使有机气体与氧发生剧烈化学反应而生成二氧化碳和水，从而使有害废气变为无毒无害的气体。催化剂是催化燃烧法的核心影响因素，一种好的催化剂必须具备催化活性高、热稳定性好、强度高、寿命长等特性。由于催化剂的性质，催化燃烧仅适用于含有低浓度可燃气体、蒸气等有毒有害废气的净化，但对于含有大量尘粒、雾滴等有毒有害废气，容易引起催化床层的堵塞，致使催化剂被破坏，降低了净化效率。

　　催化燃烧法的优点是因催化剂的存在，其化学反应所需温度较低，大多数有机废气通常在300~450℃即可完全氧化，因此可节省很多的燃料，操作费用较低，较广泛用于石油化工、油漆喷涂、印刷等工贸行业废气的处理。使用催化燃烧法对危险化学品废气进行净化处理时，应注意以下主要安全影响因素：

　　① 预热室应设置温度测定及超温报警自动控制装置，预热温度达到设定值时，停止加热。当预热温度超过设定最高温度时，立即发出报警信号，关闭加热装置，开启直接排空

装置。

② 预热室的加热装置应与风机联锁，装置运行开始时，先启动风机 2～3min，将滞留在设备和管道中的有机气体排出，再启动加热装置。运行终止时，先关闭加热装置，风机继续运行，待剩余的有机气体排尽，同时催化剂层温度下降到 100℃ 左右时，再关闭风机，最后关闭电源，开启直接排空装置。

③ 直接排空装置后、净化装置前，应设置去除悬浮物质、尘土等的过滤器。过滤器应设置压差计，当过滤器的阻力超过设定最大阻力时，或到清理日期时，应立即清理或更换过滤材料；在过滤器后、净化装置前，应设置阻火器。

④ 催化床的工作温度应不超过设定的最高温度，当达到设定最高温度时，立即发出报警信号，并自动采取补充冷风等降温措施，启动直接排空装置。

⑤ 催化燃烧装置气体进出口处应设置气体浓度检测仪，定时检测气体浓度，进入净化装置的有机废气的浓度应低于其爆炸极限下限的 25%。

⑥ 催化燃烧装置应设置安全泄放装置。

7.3.3.4　活性炭吸附及其安全技术

活性炭吸附法是一种利用具有强吸附性的活性炭来吸附所接触气体，使有害废气从混合气中分离从而达到净化效果的废气处理方法。通常有机废气经过滤器除去固体颗粒杂质后，由上至下进入活性炭吸附罐，使有机废气被活性炭的毛细管结构捕集吸附，净化后的空气从罐体下方经主风机排入大气。当活性炭吸附达到饱和状态后，应立即停止废气的排送，通过活性炭床向上送入蒸汽进行吹脱，将有机废气自活性炭中脱出并冷凝分离回收，同时通过热风干燥和冷却使活性炭再生，如此进行连续循环的废气吸附净化。

活性炭吸附法具有设备结构简单、运行成本较低、净化效率高、可循环使用、能同时处理多种混合废气等特点，适用于处理苯类、酚类、酯类、醇类、醛类、酮类、醚类等大风量低浓度的有机废气，广泛应用于轻工、化工、橡胶、汽车、印刷等行业中的废气净化。使用活性炭吸附法对危险化学品废气进行净化处理时，应注意以下主要安全影响因素：

① 活性炭吸附器的顶部应设置压力计、安全泄放装置（安全阀或爆破片装置）。

② 活性炭吸附器内应设置自动降温装置。

③ 活性炭吸附器气体进出口和吸附器内部应设有多个温度测定点和相应的温度显示调节仪，随时显示各点温度。当温度超过设定最高温度时，立即发出报警信号，并且自动开启降温装置。两个温度测试点之间距离宜不大于 1m，测试点与设备外壁之间距离宜不大于 60cm。

④ 活性炭吸附器气体进出口应设置气体浓度检测仪，定时检测气体浓度。当出口有机气体浓度超过设定最大值时，应停止吸附，进行脱附。

⑤ 活性炭吸附器气体进出口的风管上应设置压差计，以测定经过吸附器的气流阻力（压降），从而确定是否需要更换活性炭。

⑥ 用蒸汽脱附时，在冷凝器、气液分离器、储液槽等设备上应设置安全排气管。

⑦ 在用于脱附的蒸汽管道上应设置蒸汽减压阀和蒸汽流量计、温度计、压力计。

⑧ 进口废气浓度应低于其爆炸极限下限的 25%，且温度不宜过高（一般 40℃ 以下），预防废气与活性炭接触反应放热，防止溶剂和活性炭的自燃。

7.3.3.5 液体吸收及其安全技术

液体吸收法是一种采用低挥发或不挥发液体作为吸收剂，通过吸收净化装置利用废气中各物质组分在吸收剂中的溶解度或化学反应特异性，使其中的有害物质被液体吸收，从而达到净化废气目的的方法。该法不仅可以净化危险化学品废气，还能有效回收一些有用的物质。在液体吸收的处理过程中，废气首先被液体溶剂吸收，使有害物质从气相转移到液相中，而后对吸收液进行解吸处理，回收其中的溶解物质使吸收剂再生并再循环利用。液体吸收法常用于净化处理有机废气或含 NO_x 的废气，其具有工艺流程简单、吸收剂价格便宜、运行费用低等优点，适用于净化流量大、浓度较高和压力较高的废气，广泛应用于喷漆、化工、绝缘材料等行业中。使用液体吸收法对危险化学品废气进行净化处理时应注意以下主要安全影响因素：

① 吸收剂吸收有机废气时，应不产生有爆炸危险的气体混合物。

② 宜采用无臭、无毒、难燃、化学稳定性好的吸收剂。

③ 吸收装置气体进出口处应设置气体浓度检测仪，定时检测气体浓度。

④ 吸收液的冷却、再生和废吸收液的处理装置应与吸收装置同时进行设计，并应保证安全。

⑤ 吸收液的输液泵应与风机联锁。运行开始时，应先开输液泵，后开风机。运行结束时，先关风机，后关输液泵。输液泵应为防爆型。

7.4 典型危险化学品废物的处理

7.4.1 易燃化学品废物的处理

7.4.1.1 易燃化学品废物的管理与应急

考虑到易燃危险化学品废物所潜在的巨大危害性，就必须从危险废物管理的角度出发，通过严格的监管措施来防范安全事故的发生：

① 建立健全的易燃化学品废物管理制度，加强相关人员的安全防范意识；

② 从源头控制易燃化学品废物的产生，推行清洁生产，实现废物减量化；

③ 对易燃化学品废物实行分类管理、集中处置的原则，实现废物的资源化和无害化；

④ 加强易燃化学品废物的收集运输管理，降低可能造成的环境风险；

⑤ 设置正确的危险废物识别标志，实现安全预防；

⑥ 做好易燃化学品废物的处置、储存设备设施的运行维护工作；

⑦ 发展提高易燃化学品废物的处理设备和技术。

一旦发生了易燃化学品废物的泄漏甚至着火，应及时采取相应的应急措施来避免危害事故的进一步扩大：

① 针对易燃化学品废物的性质以及现场泄漏、火势蔓延程度等情况，积极采取统一指挥，迅速科学地处理，防止危险的进一步扩大；

② 应急处理人员在实施救援时应一直处在事故地点的上风或侧风处；

③ 针对性地做好自我防护措施，如专用防护服、防毒面具等；

④ 根据易燃化学品废物的物化性质及火灾形式等选择合适的灭火剂及灭火方法，当火

势过大时应先控制火势的蔓延范围；

⑤ 安全迅速地紧急疏散人群，平时须有相应的应急演练；

⑥ 在危险消除后，仍要派相关人员监护现场，防止二次危险事故的发生，同时保护好现场，协助相关管理部门调查灾害原因，评估危害损失等。

7.4.1.2　易燃化学品废物的处理与处置

易燃危险化学品废物的处理与一般废物的处理方式类似，也主要分为物理处理、化学处理和生物处理方法。物理方法即通过浓缩或相变来改变易燃化学品废物的形态结构，使之便于后续的废物存储、利用、运输或处置。其使用的技术手段通常包括分选、压实、破碎、溶剂萃取等。化学方法即通过化学试剂反应来破坏掉易燃化学品废物中的有害成分，降低其危害性后便于后续的废物处置工作。化学方法包括氧化、还原、中和和化学沉淀等，通常只适用于处理单一组分或化学成分相似的多组分化学品废物。生物方法即通过微生物的降解作用来分解易燃化学品废物中的可降解有机物，从而达到无害化和综合利用的目的。生物方法通常包括厌氧处理、耗氧处理、兼性厌氧处理等，与其他处理方法相比，生物处理技术更加经济实用，但其处理时间普遍过长且处理效率不够稳定。

通过物理、化学、生物等方法对易燃危险化学品废物进行处理使之危险性降低后，通常最终会采用陆地处置或海洋处置的方法来处置处理后的易燃化学品废物。陆地处置方法主要包括土地填埋、土地耕作、深井灌注等。土地填埋法是目前处置固体易燃化学品废物最主要的方法，通常会将废物运送到土地填埋场并在划分的规定区域内铺成一定厚度的薄层，继而用土覆盖并压实以减少固体废物的体积，如此就构建了一个土地填埋处置单元，而多个处置单元相互衔接就完成了固体废物的土地填埋处置。在进行土地填埋处置之前，应综合考虑场地的安全可靠性以及可能出现的如浸出液渗漏、降解臭气的外溢等问题。海洋处置法即将预处理好的易燃化学品废物直接投入海洋稀释分解的方法。进行海洋处置时应在符合当地法律规定的前提下充分进行可行性分析，而后按照科学的运输投弃方案进行废物的最终处置。

7.4.2　腐蚀性危险化学品废物的处理

腐蚀性危险化学品指能灼伤人体组织或对金属和其他物质造成腐蚀损坏的化学品。该类危险化学品通常可分为酸性腐蚀品、碱性腐蚀品和其他腐蚀品，因其具有强烈的腐蚀性、毒性、易燃性、氧化性等多种危险特性而备受关注。工贸行业中较为常见的腐蚀性危险化学品，主要有硫酸、盐酸、硝酸、氢氧化钠、氢氧化钾、氯化铜、氯气和二氧化硫等。

二氧化硫是一种具有腐蚀作用的窒息性有毒气体，是腐蚀性气体的代表。因其能溶于水，在被人体吸入时容易被上呼吸道和支气管黏膜所吸收而被伤害，此外还能通过吸附在粉尘颗粒表面而后进入到人体呼吸道深处。当空气中的二氧化硫浓度达到 1.43mg/m^3 时，对人体健康已有潜在性的危害，主要表现为对眼和呼吸道黏膜的刺激；而当二氧化硫浓度继续升高时，会引发急性支气管炎，甚至导致窒息。工业上为了防止二氧化硫气体直接进入大气，通常会在燃烧前、中、后三个阶段进行脱硫处理。湿法烟气脱硫技术就是一种十分有效的除硫方法，其脱硫系统位于烟道的末端、除尘器之后，其脱硫的气液反应温度低于露点，因此脱硫后的烟气往往需要二次加热才能排出。该脱硫系统多用石灰石或石灰浆液作为脱硫剂，在通过对二氧化硫烟气的喷淋使二氧化硫经化学反应生成碳酸钙和硫酸钙而达到除硫的目的。该技术脱硫反应速度快、效率高且脱硫剂利用率高，但初期投资大，运行费用也较高。

酸雨是指 pH 小于 5.6 的雨雪或其他形式的降水，其主要因雨、雪等形成和降落过程中，吸收并溶解了空气中的二氧化硫、硫的氢化物、氮氧化合物等物质而使降水呈酸性。酸雨对动植物、人体、建筑都有很强的破坏作用，其降落至地面会使土壤、河流酸化，严重毒害鱼类，改变水生生态系统，使土壤贫瘠化。此外酸雨还会腐蚀建筑材料、金属制品、油漆、大理石等。酸雨主要是由化工、冶金、建材等行业在生产过程中排出的大量酸性气体造成。解决酸雨问题的根本途径是减少酸性物质向大气的排放，如使用绿色清洁能源或发展固硫、脱硫、除尘的新技术，安装机动车尾气净化装置等。

废酸、废碱液也是十分常见的腐蚀性危险化学品废物。废酸产生于工业生产中硝化、酯化、磺化、烷基化、催化和气体干燥等过程，或产生于钛白粉生产、钢铁酸洗和气体干燥等过程，其来源广且总量大，杂质含量多，组成十分复杂。废碱液是在石油化工生产过程中，因采用氢氧化钠溶液吸收硫化氢、碱洗油品和裂解气而产生的含有大量污染物的废液，该废液具有强碱性及难闻的恶臭，若处理不当会抑制微生物的生长繁殖，严重时可使微生物大量死亡，从而影响污水处理厂的正常运行和总排废水的达标排放。常规的废酸净化方法包括吸附法、萃取法等物理处理方法将废酸进行吸收和提取，以及燃烧法、热聚合法等化学方法使废酸发生聚合反应而得到对应的硫酸等成品物质。废碱液的处理主要有直接处理法、综合利用法和预处理法。直接处理法即将废碱液进行深井注射、填埋、焚烧等方法进行直接处理，但处理不当极有可能造成二次污染问题。综合利用法即将废碱液回收后通过降低浓度等方式使其变为可以二次利用的产品。预处理法即通过酸碱中和、氧化、生物处理等方法处理废碱液，使其中的有害组分反应或分解为无毒害的物质。

第8章

危险化学品危险源与事故应急

8.1 危险化学品危险源

危险源是指可能导致人员伤害或疾病、物质财产损失、工作环境破坏或这些情况组合的根源或状态因素。《职业健康安全管理体系 要求及使用指南》（GB/T 45001）中将危险源定义为可能导致伤害和健康损害的来源，危险源可包括可能导致伤害或危险状态的来源，或可能因暴露而导致伤害和健康损害的环境。

目前，化学品危险源尚没有明确的定义，可将危险化学品危险源定义为：首先它是化学品，具有一定的潜在危险性，一旦触发事故，可能带来一定的经济损失和人员伤亡。

8.1.1 危险化学品危险源辨识

危险化学品危险源辨识就是识别危险化学品危险源并确定其特性的过程。危险化学品危险源辨识不但包括对危险化学品危险源的识别，而且必须对其性质加以判断。判断危险化学品的特性，比如毒害性、易燃易爆性、腐蚀性等。

目前，我国已经相应出台了相关标准判断危险化学品重大危险源，提出了临界量等概念，但还未对危险化学品危险源出台相关标准。一般来说，当化学品达到一定的数量且构成一定的危险，才会被称作危险化学品危险源。

国内外已经开发出的危险源辨识方法有几十种之多，如安全检查表、预危险性分析、危险和操作性研究、故障类型和影响性分析、事件树分析、故障树分析、LEC 法、储存量比对法等。我国已经制定了《危险化学品重大危险源辨识》（GB 18218），其中规定了爆炸性物质、易燃物质、活性化学物质、有毒物质及临界量，在国内可参照该标准识别危险化学品危险源。

8.1.2 国家重点监管的危险化学品

国家安全生产监督管理总局为深入贯彻落实《国务院关于进一步加强企业安全生产工年

工贸行业危险化学品安全技术

的通知》（国发〔2010〕23 号）和《国务院安委会办公室关于进一步加强危险化学品安全生产工作的指导意见》（安委办〔2008〕26 号）精神，进一步突出重点、强化监管，指导安全监管部门和危险化学品单位切实加强危险化学品安全管理工作，在综合考虑 2002 年以来国内发生的化学品事故情况、国内化学品生产情况、国内外重点监管化学品品种、化学品固有危险特性和近 40 年来国内外重特大化学品事故等因素的基础上，组织对现行《危险化学品名录》中的 3800 余种危险化学品进行了筛选，编制了《首批重点监管的危险化学品名录》（2011 年发布），又与 2013 年研究确定了《第二批重点监管的危险化学品名录》。

重点监管的危险化学品是指列入《危险化学品名录》的危险化学品以及在温度 20℃ 和标准大气压 101.3kPa 条件下属于以下类别的危险化学品：

① 易燃气体类别 1；

② 易燃液体类别 1；

③ 自燃液体类别 1；

④ 自燃固体类别 1；

⑤ 遇水放出易燃气体的物质类别 1；

⑥ 三光气等光气类化学品。

首批重点监管的危险化学品共 60 种，第二批重点监管的危险化学品共 14 种，详见附录 G。对于 74 种国家重点监管的危险化学品，在生产、储存、运输和使用等环节要重点关注。

8.1.3　国家重点监管的危险化工工艺

国家安全生产监督管理总局为贯彻落实《国务院安委会办公室关于进一步加强危险化学品安全生产工作的指导意见》（安委办〔2008〕26 号）有关要求，提高化工生产装置和危险化学品储存设施本质安全水平，指导各地对涉及危险化工工艺的生产装置进行自动化改造，组织编制了《首批重点监管的危险化工工艺目录》和《首批重点监管的危险化工工艺安全控制要求、重点监控参数及推荐的控制方案》，并于 2009 年 6 月 12 日公布。又于 2013 年 1 月 15 日确定了第二批重点监管危险化工工艺，组织编制了《第二批重点监管危险化工工艺重点监控参数、安全控制基本要求及推荐的控制方案》，并对首批重点监管危险化工工艺中的部分典型工艺进行了调整。

（1）首批国家重点监管的危险化工工艺

首批国家重点监管的危险化工工艺共 15 种，见表 8-1。

表 8-1　首批国家重点监管的危险化工工艺目录

序号	工艺名称	反应类型	重点监控单元
1	光气及光气化工艺	放热反应	光气化反应釜、光气储运单元
2	电解工艺（氯碱）	吸热反应	电解槽、氯气储运单元
3	氯化工艺	放热反应	氯化反应釜、氯气储运单元
4	硝化工艺	放热反应	硝化反应釜、分离单元
5	合成氨工艺	吸热反应	合成塔、压缩机、氨储运系统
6	裂解（裂化）工艺	高温吸热反应	裂解炉、制冷系统、压缩机、引风机、分离单元
7	氟化工艺	放热反应	氟化剂储运单元
8	加氢工艺	放热反应	加氢反应釜、氢气压缩机
9	重氮化工艺	绝大多数是放热反应	重氮化反应釜、后处理单元

续表

序号	工艺名称	反应类型	重点监控单元
10	氧化工艺	放热反应	氧化反应釜
11	过氧化工艺	吸热或放热反应	过氧化反应釜
12	氨基化反应	放热反应	氨基化反应釜
13	磺化反应	放热反应	磺化反应釜
14	聚合反应	放热反应	聚合反应釜、粉体聚合物料仓
15	烷基化反应	放热反应	烷基化反应釜

（2）第二批国家重点监管的危险化工工艺

第二批国家重点监管的危险化工工艺共 3 种，见表 8-2。

表 8-2　第二批国家重点监管的危险化工工艺目录

序号	工艺名称	反应类型	重点监控单元
1	新型煤化工艺	放热反应	煤气化炉
2	电石生产工艺	吸热反应	电石炉
3	偶氮化工艺	放热反应	偶氮化反应釜、后处理单元

对于以上 18 种国家重点监管的危险化工工艺，地方各级安全监管部门要提高认识，涉及相关工艺的化工企业和其他单位要落实好安全责任，保障生产安全。

8.2　危险化学品重大危险源

为了加强危险化学品重大危险源的安全监督管理，防止和减少危险化学品事故的发生，保障人民群众生命财产安全，根据《中华人民共和国安全生产法》和《危险化学品安全管理条例》等有关法律、行政法规，制定了《危险化学品重大危险源监督管理暂行规定》（安监总局令第 40 号，2011 年发布，2015 年修订）。

8.2.1　重大危险源辨识

8.2.1.1　危险化学品重大危险源的定义

依据《危险化学品重大危险源辨识》（GB 18218）第 3.5 条，危险化学品重大危险源（Major Hazard Installations for Hazardous Chemicals）是指长期地或临时地生产、储存、使用和经营危险化学品，且危险化学品的数量等于或超过临界量的单元。其中单元是指涉及危险化学品的生产、储存装置、设施或场所，分为生产单元和储存单元。临界量是指某种或某类危险化学品构成重大危险源所规定的最小数量。

GB 18218 规定了辨识危险化学品重大危险源的依据和方法。该标准适用于生产、储存、使用和经营危险化学品的生产经营单位。该标准不适用于以下几种情况：

① 核设施和加工放射性物质的工厂，但这些设施和工厂中处理非放射性物质的部门除外；

② 军事设施；

③ 采矿业，但涉及危险化学品的加工工艺及储存活动除外；

④ 危险化学品的厂外运输（包括铁路、道路、水路、航空、管道等运输方式）；

⑤ 海上石油天然气开采活动。

8.2.1.2　重大危险源的辨识指标

生产单元、储存单元内存在危险化学品的数量等于或超过规定的临界量（详见附录 H），即被定为重大危险源。单元内存在的危险化学品的数量，根据危险化学品种类的多少分为以下两种情况：

① 生产单元、储存单元内存在的危险化学品为单一品种时，该危险化学品的数量即为单元内危险化学品的总量，若等于或超过相应的临界量，则定为重大危险源。

② 生产单元、储存单元内存在的危险化学品为多品种时，按式（8-1）计算，若满足式（8-1），则定为重大危险源：

$$S=\frac{q_1}{Q_1}+\frac{q_2}{Q_2}+\cdots+\frac{q_n}{Q_n}\geqslant 1 \tag{8-1}$$

式中　　　　　　S——辨识指标；

q_1，q_2，$\cdots$，q_n——每种危险化学品的实际存在量，t；

Q_1，Q_2，$\cdots$，Q_n——与每种危险化学品相对应的临界量，t。

危险化学品储罐以及其他容器、设备或仓储区的危险化学品的实际存在量按设计最大量确定。

对于危险化学品混合物，如果混合物与其纯物质属于相同危险类别，则视混合物为纯物质，按混合物整体进行计算。如果混合物与其纯物质不属于相同危险类别，则应按新危险类别考虑其临界量。

8.2.1.3　危险化学品重大危险源的辨识流程

《危险化学品重大危险源监督管理暂行规定》（国家安全监管总局令第 40 号）第七条规定，危险化学品单位应当按照《危险化学品重大危险源辨识》标准，对本单位的危险化学品生产、经营、储存和使用装置、设施或者场所进行重大危险源辨识，并记录辨识过程与结果。

《广东省安全生产监督管理局关于〈危险化学品重大危险源监督管理暂行规定〉的实施细则》第十条规定，危险化学品单位开展重大危险源辨识过程中，应当严格记录辨识过程与结果，并形成辨识报告。辨识报告应包括以下内容：

① 辨识的依据；

② 辨识单元范围；

③ 辨识单元内危险化学品名称及其临界量；

④ 危险化学品每年存放时间、存放次数以及存放位置、使用情况等；

⑤ 确定危险化学品存在（在线）量的说明；

⑥ 按照《危险化学品重大危险源辨识》（GB 18218）开展辨识的计算过程及结论。

为了更好地做好危险化学品重大危险源辨识：

（1）需要准备的资料

① 相关标准：《危险货物品名表》（GB 12268）、《危险货物分类和品名编号》（GB 6944）、《化学品分类和标签规范　第 18 部分：急性毒性》（GB 30000.18）、《危险货物运输包装类别分类划分方法》（GB/T 15098）；

② 相关技术资料：化学品安全技术说明书等表明危险化学品物化特性和危险特性等数据的资料；

③ 危险化学品的具体信息：名称、数量、浓度、状况、分布等。

（2）辨识的完整性

辨识不仅是确认是否属于重大危险源，更主要是了解和掌握企业中高危险性的危险化学品种类、数量和分布情况。

（3）辨识的准确性

同样的物质由于含量不同或性质变化可能存在不同的临界量，如含可燃物＞0.2% 与含可燃物≤0.2% 的硝酸铵和硝酸铵基化肥属于不同的危险类别，因此有不同的临界量。氯化氢属于辨识的物质，而盐酸则不属于。同样氟化氢属于辨识的物质，而氢氟酸不属于。

（4）临界量最小原则

一种危险化学品常具有多种危险性，按临界量小的确定。同一设备或场所重复存储多种危险化学品时，这时要按临界量最小的危险化学品来确定。这种情况在危险化学品储存经营或仓储单位较为常见。

（5）数量最大原则

对于单元内的危险化学品的实际存在量要按照数量最大原则确定。

（6）混合物数量的确定

对于属于混合物（包括溶液）数量按其整体数量确定，不按混合物中纯物质的数量确定。但应特别注意如果由于混合物组分或溶液浓度变化，导致该混合物（包括溶液）的整体危险性（与纯物质相比）发生重大变化时，则应确定该混合物是否还属于本书附录 H 中表 H.1 或表 H.2 中标准辨识范围内的危险化学品，如果属于则按标准规定确定临界量，如果已不属于则该混合物的数量不予考虑。

如果混合物（包括溶液）中所有危险化学品的质量分数低于 1%，则该混合物数量不予考虑。

危险化学品重大危险源辨识流程参见图 8-1。

8.2.2　重大危险源分级

国内主要依据《危险化学品重大危险源辨识》（GB 18218），根据危险化学品生产中使用或者产生的物质特性及其数量等因素，将危险化学品重大危险源分为一级、二级、三级、四级，其中一级为最高级别。

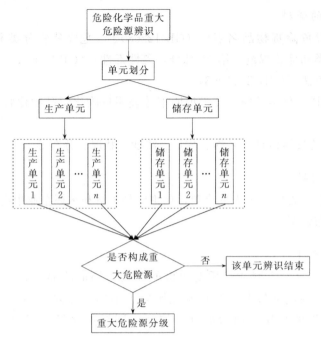

图 8-1　危险化学品重大危险源的辨识流程

8.2.2.1　重大危险源的分级指标

采用单元内各种危险化学品实际存在量与其相对应的临界量比值，经校正系数校正后的比值之和 R 作为分级指标。

8.2.2.2　重大危险源分级指标的计算方法

重大危险源的分级指标按式(8-2) 计算。

$$R = \alpha \left(\beta_1 \frac{q_1}{Q_1} + \beta_2 \frac{q_2}{Q_2} + \cdots + \beta_n \frac{q_n}{Q_n} \right) \tag{8-2}$$

式中　　　　　　　R——重大危险源分级指标；

　　　　　　　　　α——该危险化学品重大危险源厂区外暴露人员的校正系数；

β_1，β_2，$\cdots$，β_n——与每种危险化学品相对应的校正系数；

q_1，q_2，$\cdots$，q_n——每种危险化学品实际存在量，t；

Q_1，Q_2，$\cdots$，Q_n——与每种危险化学品相对应的临界量，t。

根据单元内危险化学品的类别不同，设定校正系数 β 值，详见本书附录 I 的表 I.1 和表 I.2。根据危险化学品重大危险源的厂区边界向外扩展 500m 范围内常住人口数量，按照附录 I 的表 I.3 设定暴露人员校正系数 α 值。

8.2.2.3　重大危险源分级标准

根据计算出来的 R 值，按表 8-3 确定危险化学品重大危险源的级别。

表 8-3 重大危险源级别和 *R* 值的对应关系

重大危险源级别	*R* 值	重大危险源级别	*R* 值
一级	$R \geqslant 100$	三级	$50 > R \geqslant 10$
二级	$100 > R \geqslant 50$	四级	$R < 10$

8.2.3 重大危险源管理

根据《危险化学品重大危险源监督管理暂行规定》（2015 年修订），危险化学品单位应当建立完善重大危险源安全管理规章制度和安全操作规程，并采取有效措施保证其得到执行。

8.2.3.1 重大危险源安全评估

《危险化学品重大危险源监督管理暂行规定》（国家安全监督管理总局令第 40 号）第八条规定：危险化学品单位应当对重大危险源进行安全评估并确定重大危险源等级。危险化学品单位可以组织本单位的注册安全工程师、技术人员或者聘请有关专家进行安全评估，也可以委托具有相应资质的安全评价机构进行安全评估。

依照法律、行政法规的规定，危险化学品单位需要进行安全评价的，重大危险源安全评估可以与本单位的安全评价一起进行，以安全评价报告代替安全评估报告，也可以单独进行重大危险源安全评估。

重大危险源有下列情形之一的，应当委托具有相应资质的安全评价机构，按照有关标准的规定采用定量风险评价方法进行安全评估，确定个人和社会风险值：①构成一级或者二级重大危险源，且毒性气体实际存在（在线）量与其在《危险化学品重大危险源辨识》中规定的临界量比值之和大于或等于 1 的；②构成一级重大危险源，且爆炸品或液化易燃气体实际存在（在线）量与其在《危险化学品重大危险源辨识》中规定的临界量比值之和大于或等于 1 的。

有表 8-4 所列情形之一的，危险化学品单位应当对重大危险源重新进行辨识、安全评估及分级。

表 8-4 重大危险源重新进行辨识、安全评估及分级与重新备案的情形

序号	内　容	序号	内　容
1	重大危险源安全评估已满三年	4	外界生产安全环境因素发生变化,影响重大危险源级别和风险程度
2	构成重大危险源的装置、设施或者场所进行新建、改建、扩建	5	发生危险化学品事故造成人员死亡,或者 10 人以上受伤,或者影响到公共安全
3	危险化学品种类、数量、生产、使用工艺或者储存方式及重要设备、设施等发生变化,影响重大危险源级别或者风险程度	6	有关重大危险源辨识和安全评估的国家标准、行业标准发生变化

《危险化学品重大危险源监督管理暂行规定》第十条规定：重大危险源安全评估报告应当客观公正、数据准确、内容完整、结论明确、措施可行，并包括下列内容：①评估的主要依据；②重大危险源的基本情况；③事故发生的可能性及危害程度；④个人风险和社会风险值（仅适用定量风险评价方法）；⑤可能受事故影响的周边场所、人员情况；⑥重大危险源辨识、分级的符合性分析；⑦安全管理措施、安全技术和监控措施；⑧事故应急措施；⑨评

估结论与建议。

8.2.3.2 重大危险源安全管理

重大危险源的安全管理，就是要求企业在规章制度建设、安全组织管理、设备设施安全管理、工艺安全管理、安全教育培训等方面做好工作，贯彻"安全第一、预防为主、综合治理"的方针，从根本上杜绝重大危险源事故的发生。

（1）生产经营单位安全管理

《危险化学品重大危险源监督管理暂行规定》（国家安全监督管理总局令第40号）第二十二条规定：危险化学品单位应当根据构成重大危险源的危险化学品种类、数量、生产、使用工艺（方式）或者相关设备、设施等实际情况，按照下列要求建立健全安全监测监控体系，完善控制措施：

① 重大危险源配备温度、压力、液位、流量、组分等信息的不间断采集和监测系统以及可燃气体和有毒有害气体泄漏检测报警装置，并具备信息远传、连续记录、事故预警、信息存储等功能；一级或者二级重大危险源，具备紧急停车功能。记录的电子数据的保存时间不少于30天。

② 重大危险源的化工生产装置装备满足安全生产要求的自动化控制系统；一级或者二级重大危险源，装备紧急停车系统。

③ 对重大危险源中的毒性气体、剧毒液体和易燃气体等重点设施，设置紧急切断装置；毒性气体的设施，设置泄漏物紧急处置装置。涉及毒性气体、液化气体、剧毒液体的一级或者二级重大危险源，配备独立的安全仪表系统（SIS）。

④ 重大危险源中储存剧毒物质的场所或者设施，设置视频监控系统。

⑤ 安全监测监控系统符合国家标准《易燃易爆罐区安全监控预警系统验收技术要求》（GB 17681）或者行业标准《危险化学品重大危险源 罐区现场安全监控装备设置规范》（AQ 3036）的规定。

危险化学品重大危险源设施管理：危险化学品单位应当按照国家有关规定，定期对重大危险源的安全设施和安全监测监控系统进行检测、检验，并进行经常性维护、保养，保证重大危险源的安全设施和安全监测监控系统有效、可靠运行。维护、保养、检测应当做好记录，并由有关人员签字。危险化学品单位应当在重大危险源所在场所设置明显的安全警示标志，写明紧急情况下的应急处置办法。

危险化学品单位应当明确重大危险源中关键装置、重点部位的责任人或者责任机构，并对重大危险源的安全生产状况进行定期检查，及时采取措施消除事故隐患。事故隐患难以立即排除的，应当及时制定治理方案，落实整改措施、责任、资金、时限和预案。

危险化学品重大危险源人员管理：危险化学品单位应当对重大危险源的管理和操作岗位人员进行安全操作技能培训，使其了解重大危险源的危险特性，熟悉重大危险源安全管理规章制度和安全操作规程，掌握本岗位的安全操作技能和应急措施。危险化学品单位应当将重大危险源可能发生的事故后果和应急措施等信息，以适当方式告知可能受影响的单位、区域及人员。

危险化学品重大危险源应急预案建立与演练：危险化学品单位应当依法制定重大危险源事故应急预案，建立应急救援组织或者配备应急救援人员，配备必要的防护装备及应急救援器材、设备、物资，并保障其完好和方便使用；配合地方人民政府安全生产监督管理部门制定所在地区涉及本单位的危险化学品事故应急预案。

对存在吸入性有毒、有害气体的重大危险源，危险化学品单位应当配备便携式浓度检测设备、空气呼吸器、化学防护服、堵漏器材等应急器材和设备；涉及剧毒气体的重大危险源，还应当配备两套以上（含本数）气密型化学防护服；涉及易燃易爆气体或者易燃液体蒸气的重大危险源，还应当配备一定数量的便携式可燃气体检测设备。

危险化学品单位应当制定重大危险源事故应急预案演练计划，并按照下列要求进行事故应急预案演练：①对重大危险源专项应急预案，每年至少进行一次；②对重大危险源现场处置方案，每半年至少进行一次。应急预案演练结束后，危险化学品单位应当对应急预案演练效果进行评估，撰写应急预案演练评估报告，分析存在的问题，对应急预案提出修订意见，并及时修订完善。

危险化学品重大危险源档案管理：危险化学品单位应当对辨识确认的重大危险源及时、逐项进行登记建档。重大危险源档案应当包括下列文件、资料：

① 辨识、分级记录；

② 重大危险源基本特征表；

③ 涉及的所有化学品安全技术说明书；

④ 区域位置图、平面布置图、工艺流程图和主要设备一览表；

⑤ 重大危险源安全管理规章制度及安全操作规程；

⑥ 安全监测监控系统、措施说明、检测、检验结果；

⑦ 重大危险源事故应急预案、评审意见、演练计划和评估报告；

⑧ 安全评估报告或者安全评价报告；

⑨ 重大危险源关键装置、重点部位的责任人、责任机构名称；

⑩ 重大危险源场所安全警示标志的设置情况；

⑪ 其他文件、资料。

危险化学品单位在完成重大危险源安全评估报告或者安全评价报告后 15 日内，应当填写重大危险源备案申请表，连同以上重大危险源档案材料（其中重大危险源安全管理规章制度及安全操作规程只需提供清单），报送所在地县级人民政府安全生产监督管理部门备案。

（2）政府部门安全管理

县级人民政府安全生产监督管理部门应当每季度将辖区内的一级、二级重大危险源备案材料报送至设区的市级人民政府安全生产监督管理部门。设区的市级人民政府安全生产监督管理部门应当每半年将辖区内的一级重大危险源备案材料报送至省级人民政府安全生产监督管理部门。

重大危险源出现表 8-4 所列情形之一的，危险化学品单位应当及时更新档案，并向所在地县级人民政府安全生产监督管理部门重新备案。

危险化学品单位新建、改建和扩建危险化学品建设项目，应当在建设项目竣工验收前完成重大危险源的辨识、安全评估和分级、登记建档工作，并向所在地县级人民政府安全生产监督管理部门备案。

县级以上地方各级人民政府安全生产监督管理部门应当加强对存在重大危险源的危险化学品单位的监督检查，督促危险化学品单位做好重大危险源的辨识、安全评估及分级、登记建档、备案、监测监控、事故应急预案编制、核销和安全管理工作。

首次对重大危险源的监督检查应当包括下列主要内容：

① 重大危险源的运行情况、安全管理规章制度及安全操作规程制定和落实情况；

② 重大危险源的辨识、分级、安全评估、登记建档、备案情况；

③ 重大危险源的监测监控情况；

④ 重大危险源安全设施和安全监测监控系统的检测、检验以及维护保养情况；

⑤ 重大危险源事故应急预案的编制、评审、备案、修订和演练情况；

⑥ 有关从业人员的安全培训教育情况；

⑦ 安全警示标志设置情况；

⑧ 应急救援器材、设备、物资配备情况；

⑨ 预防和控制事故措施的落实情况。

安全生产监督管理部门在监督检查中发现重大危险源存在事故隐患的，应当责令立即排除；重大事故隐患排除前或者排除过程中无法保证安全的，应当责令从危险区域内撤出作业人员，责令暂时停产停业或者停止使用；重大事故隐患排除后，经安全生产监督管理部门审查同意，方可恢复生产经营和使用。

县级以上地方各级人民政府安全生产监督管理部门应当会同本级人民政府有关部门，加强对工业（化工）园区等重大危险源集中区域的监督检查，确保重大危险源与周边单位、居民区、人员密集场所等重要目标和敏感场所之间保持适当的安全距离，不宜小于《建筑设计防火规范》（GB 50016）的规定。

（3）重大危险源申请核销条件及程序

重大危险源经过安全评价或者安全评估不再构成重大危险源的，危险化学品单位应当向所在地县级人民政府安全生产监督管理部门申请核销。申请核销重大危险源应当提交下列文件、资料：①载明核销理由的申请书；②单位名称、法定代表人、住所、联系人、联系方式；③安全评价报告或者安全评估报告。

县级人民政府安全生产监督管理部门应当自收到申请核销的文件、资料之日起 30 日内进行审查，符合条件的，予以核销并出具证明文书；不符合条件的，说明理由并书面告知申请单位。必要时，县级人民政府安全生产监督管理部门应当聘请有关专家进行现场核查。

8.2.4 隐患风险的判定

为准确判定、及时整改工贸行业重大生产安全事故隐患，有效防范遏制重特大生产安全事故，根据《安全生产法》和《中共中央国务院关于推进安全生产领域改革发展的意见》，国家安全监管总局制定了《工贸行业重大生产安全事故隐患判定标准（2017 版）》，内容如下：

本判定标准适用于判定工贸行业的重大生产安全事故隐患（以下简称重大事故隐患），危险化学品、消防（火灾）、特种设备等有关行业领域对重大事故隐患判定标准另有规定的，适用其规定。

工贸行业重大事故隐患分为专项类重大事故隐患和行业类重大事故隐患，专项类重大事故隐患适用于所有相关的工贸行业，行业类重大事故隐患仅适用于对应的行业。

8.2.4.1　专项类重大事故隐患

（1）存在粉尘爆炸危险的行业领域

① 粉尘爆炸危险场所设置在非框架结构的多层建构筑物内，或与居民区、员工宿舍、会议室等人员密集场所安全距离不足；

② 可燃性粉尘与可燃气体等易加剧爆炸危险的介质共用一套除尘系统，不同防火分区的除尘系统互联互通；

③ 干式除尘系统未规范采用泄爆、隔爆、惰化、抑爆等任一种控爆措施；

④ 除尘系统采用正压吹送粉尘，且未采取可靠的防范点火源的措施；

⑤ 除尘系统采用粉尘沉降室除尘，或者采用干式巷道式构筑物作为除尘风道；

⑥ 铝镁等金属粉尘及木质粉尘的干式除尘系统未规范设置锁气卸灰装置；

⑦ 粉尘爆炸危险场所的 20 区未使用防爆电气设备设施；

⑧ 在粉碎、研磨、造粒等易于产生机械点火源的工艺设备前，未按规范设置去除铁、石等异物的装置；

⑨ 木制品加工企业，与砂光机连接的风管未规范设置火花探测报警装置；

⑩ 未制定粉尘清扫制度，作业现场积尘未及时规范清理。

（2）使用液氨制冷的行业领域

① 包装间、分割间、产品整理间等人员较多生产场所的空调系统采用氨直接蒸发制冷系统；

② 快速冻结装置未设置在单独的作业间内，且作业间内作业人员数量超过 9 人。

（3）有限空间作业相关的行业领域

① 未对有限空间作业场所进行辨识，并设置明显安全警示标志；

② 未落实作业审批制度，擅自进入有限空间作业。

8.2.4.2　行业类重大事故隐患

（1）冶金行业

① 会议室、活动室、休息室、更衣室等场所设置在铁水、钢水与液渣吊运影响的范围内；

② 吊运铁水、钢水与液渣起重机不符合冶金起重机的相关要求，炼钢厂在吊运重罐铁水、钢水或液渣时，未使用固定式龙门钩的铸造起重机，龙门钩横梁、耳轴销和吊钩、钢丝绳及其端头固定零件，未进行定期检查，发现问题未及时整改；

③ 盛装铁水、钢水与液渣的罐（包、盆）等容器耳轴未按国家标准规定要求定期进行探伤检测；

④ 冶炼、熔炼、精炼生产区域的安全坑内及熔体泄漏、喷溅影响范围内存在积水，放置有易燃易爆物品，金属铸造、连铸、浇铸流程未设置铁水罐、钢水罐、溢流槽、中间溢流罐等高温熔融金属紧急排放和应急储存设施；

⑤ 炉、窑、槽、罐类设备本体及附属设施未定期检查，出现严重焊缝开裂、腐蚀、破损、衬砖损坏、壳体发红及明显弯曲变形等未报修或报废，仍继续使用；

⑥ 氧枪等水冷元件未配置出水温度与进出水流量差检测、报警装置及温度监测，未与炉体倾动、氧气开闭等联锁；

⑦ 煤气柜建设在居民稠密区，未远离大型建筑、仓库、通信和交通枢纽等重要设施，附属设备设施未按防火防爆要求配置防爆型设备，柜顶未设置防雷装置；

⑧ 煤气区域的值班室、操作室等人员较集中的地方，未设置固定式一氧化碳监测报警装置；

⑨ 高炉、转炉、加热炉、煤气柜、除尘器等设施的煤气管道未设置可靠隔离装置和吹扫设施；

⑩ 煤气分配主管上支管引接处，未设置可靠的切断装置，车间内各类燃气管线，在车间入口未设置总管切断阀；

⑪ 金属冶炼企业主要负责人和安全生产管理人员未依法经考核合格。

（2）有色行业

① 吊运铜水等熔融有色金属及渣的起重机不符合冶金起重机的相关要求，横梁、耳轴销和吊钩、钢丝绳及其端头固定零件，未进行定期检查，发现问题未及时处理；

② 会议室、活动室、休息室、更衣室等场所设置在铜水等熔融有色金属及渣的吊运影响范围内；

③ 盛装铜水等熔融有色金属及渣的罐（包、盆）等容器耳轴未定期进行检测；

④ 铜水等高温熔融有色金属冶炼、精炼、铸造生产区域的安全坑内及熔体泄漏、喷溅影响范围内存在非生产性积水，熔体容易喷溅到的区域，放置有易燃易爆物品；

⑤ 铜水等熔融有色金属铸造、浇铸流程未设置紧急排放和应急储存设施；

⑥ 高温工作的熔融有色金属冶炼炉窑、铸造机、加热炉及水冷元件未设置应急冷却水源等冷却应急处置措施；

⑦ 冶炼炉窑的水冷元件未配置温度、进出水流量差检测及报警装置，未设置防止冷却水大量进入炉内的安全设施（如：快速切断阀等）；

⑧ 炉、窑、槽、罐类设备本体及附属设施未定期检查，出现严重焊缝开裂、腐蚀、破损、衬砖损坏、壳体发红及明显弯曲变形等未报修或报废，仍继续使用；

⑨ 使用煤气（天然气）的烧嘴等燃烧装置，未设置防突然熄火或点火失败的快速切断阀，以切断煤气（天然气）；

⑩ 金属冶炼企业主要负责人和安全生产管理人员未依法经考核合格。

（3）建材行业

① 水泥工厂煤磨袋式收尘器（或煤粉仓）未设置温度和一氧化碳监测，或未设置气体灭火装置；

② 水泥工厂筒型储存库人工清库作业外包给不具备高空作业工程专业承包资质的承包方且作业前未进行风险分析；

③ 燃气窑炉未设置燃气低压警报器和快速切断阀，或易燃易爆气体聚集区域未设置监测报警装置；

④ 纤维制品三相电弧炉、电熔制品电炉，水冷构件泄漏；

⑤ 进入筒型储库、磨机、破碎机、篦冷机、各种焙烧窑等有限空间作业时，未采取有效的防止电气设备意外启动、热气涌入等隔离防护措施；

⑥ 玻璃窑炉、玻璃锡槽，水冷、风冷保护系统存在漏水、漏气，未设置监测报警装置。

（4）机械行业

① 会议室、活动室、休息室、更衣室等场所设置在熔炼炉、熔融金属吊运和浇注影响范围内；

② 吊运熔融金属的起重机不符合冶金铸造起重机技术条件，或驱动装置中未设置两套制动器，吊运浇注包的龙门钩横梁、耳轴销和吊钩等零件，未进行定期探伤检查；

③ 铸造熔炼炉炉底、炉坑及浇注坑等作业坑存在潮湿、积水状况，或存放易燃易爆物品；

④ 铸造熔炼炉冷却水系统未配置温度、进出水流量检测报警装置，没有设置防止冷却水进入炉内的安全设施；

⑤ 天然气（煤气）加热炉燃烧器操作部位未设置可燃气体泄漏报警装置，或燃烧系统未设置防突然熄火或点火失败的安全装置；

⑥ 使用易燃易爆稀释剂（如天拿水）清洗设备设施，未采取有效措施及时清除集聚在地沟、地坑等有限空间内的可燃气体；

⑦ 涂装调漆间和喷漆室未规范设置可燃气体报警装置和防爆电气设备设施。

（5）轻工行业

① 食品制造企业涉及烘制、油炸等设施设备，未采取防过热自动报警切断装置和隔热防护措施；

② 白酒储存、勾兑场所未规范设置乙醇浓度检测报警装置；

③ 纸浆制造、造纸企业使用水蒸气或明火直接加热钢瓶汽化液氯；

④ 日用玻璃、陶瓷制造企业燃气窑炉未设燃气低压警报器和快速切断阀，或易燃易爆气体聚集区域未设置监测报警装置；

⑤ 日用玻璃制造企业炉、窑类设备本体及附属设施出现开裂、腐蚀、破损、衬砖损坏、壳体发红及明显弯曲变形；

⑥ 喷涂车间、调漆间未规范设置通风装置和防爆电气设备设施。

（6）纺织行业

① 纱、线、织物加工的烧毛、开幅、烘干等热定型工艺的汽化室、燃气储罐、储油罐、热媒炉等未与生产加工、人员密集场所明确分开或单独设置；

② 保险粉、双氧水、亚氯酸钠、雕白粉（吊白块）等危险品与禁忌物料混合储存的，保险粉露天堆放，或储存场所未采取防水、防潮等措施。

（7）烟草行业

① 熏蒸杀虫作业前，未确认无关人员全部撤离仓库，且作业人员未配置防毒面具；

② 使用液态二氧化碳制造膨胀烟丝的生产线和场所，未设置二氧化碳浓度报警仪、燃气浓度报警仪、紧急联动排风装置。

（8）商贸行业

在房式仓、筒仓及简易仓囤进行粮食进出仓作业时，未按照作业标准步骤或未采取有效防护措施作业。

工贸行业危险化学品安全技术

为了有效防范和遏制危险化学品事故，全面排查危险化学品安全风险，落实有关事故防范措施，国务院安委会下发了关于印发《涉及危险化学品安全风险的行业品种目录》。

8.3　危险化学品事故

明确危险化学品事故的定义，界定危险化学品事故的范围，不但是危险化学品事故预防和治理的需要，也是危险化学品安全生产的监督管理以及危险化学品事故的调查处理、上报和统计分析工作的需要。

危险化学品事故的界定条件如下：

① 定义危险化学品事故最关键的因素是判断事故中产生危害的物质是否是危险化学品。如果是危险化学品，那么基本上可以界定为危险化学品事故。

② 危险化学品事故的类型主要是泄漏、火灾、爆炸、中毒和窒息、灼伤等。

③ 某些特殊的事故类型，如矿山爆破事故，不列入危险化学品事故。危险化学品事故的界定和危险化学品事故的定义是不同的概念，危险化学品事故的定义，只定义危险化学品事故的本质，而危险化学品事故的界定，需要一些限制性的说明。

8.3.1　危险化学品事故特征

第一，危险化学品事故具有突发性强，在各个环节都可能发生的特点。危险化学品事故发生原因多且复杂，如人为操作不当、设备设施故障等，而且化工生产环节工艺复杂多样，在各个环节都可能引起危险化学品事故发生。

第二，危险化学品事故具有连锁性的特点。危险化学品绝大部分易燃易爆，事故往往会形成碰撞损坏、泄漏、燃烧、爆炸、污染之间相互串联的后果。

第三，危险化学品事故具有救援、救治难度大和后果严重的特点。危险化学品一般都具有特殊的物理、化学性能，千差万别的化学品性能增加了救援、救治工作的难度。因此，危险化学品救援常常是灭火、救人、消毒、人员疏散、检测等多种手段同时进行，而且很大可能造成周边环境污染。

8.3.2　危险化学品事故危害

从第 1 章可知危险化学品危害类别分为物理危害、健康危害、环境危害三大类。

（1）物理危害

绝大多数危险化学品是易燃易爆品，在一定条件下会发生燃烧或者爆炸，发生火灾事故，造成巨大损失。

（2）健康危害

毒害性是危险化学品的主要危险之一，会引起人体中毒，可能导致职业病。除了毒性物品、感染性物品、放射性物品外，一些压缩气体和液化气体等也会致人中毒、皮肤腐蚀和眼损伤。

（3）环境危害

危险化学品泄漏和火灾事故均会造成环境危害。

① 对大气环境造成污染：破坏臭氧层、导致酸雨和温室效应等；

② 对土壤造成破坏：土壤酸碱化和土壤板结等；

③ 对水资源造成污染：引起水体的"富营养化""赤潮"等，造成水生动植物死亡。

8.3.3　工贸行业危险化学品事故分类与等级划分

8.3.3.1　工贸行业危险化学品事故分类

按照事故伤害方式可将危险化学品事故大体上可划分为 6 类：危险化学品火灾事故，危险化学品爆炸事故，危险化学品中毒和窒息事故，危险化学品灼伤事故，危险化学品泄漏事故，其他危险化学品事故。

（1）火灾事故

危险化学品火灾事故指燃烧物质主要是危险化学品的火灾事故。具体又分若干小类，包括：易燃液体火灾、易燃固体火灾、自燃物品火灾、遇湿易燃物品火灾、其他危险化学品火灾。易燃气体、液体火灾往往又引起爆炸事故，易造成重大的人员伤亡。由于大多数危险化学品在燃烧时会放出有毒有害气体或烟雾，因此危险化学品火灾事故中，往往会伴随发生人员中毒和窒息事故。

（2）爆炸事故

危险化学品爆炸事故指危险化学品发生化学反应的爆炸事故或液化气体和压缩气体的物理爆炸事故。具体包括：爆炸品的爆炸（又可分为烟花爆竹爆炸、民用爆炸器材爆炸、军工爆炸品爆炸等）；易燃固体、自燃物品、遇湿易燃物品的火灾爆炸；易燃液体的火灾爆炸；易燃气体爆炸；危险化学品产生的粉尘、气体、挥发物爆炸；液化气体和压缩气体的物理爆炸；其他化学反应爆炸。

（3）中毒和窒息事故

危险化学品中毒和窒息事故主要指人体吸入、食入或接触有毒有害化学品或者化学品反应的产物，而导致的中毒和窒息事故。具体包括：吸入中毒事故（中毒途径为呼吸道）；接触中毒事故（中毒途径为皮肤、眼睛等）；误食中毒事故（中毒途径为消化道）；其他中毒和窒息事故。

（4）灼伤事故

危险化学品灼伤事故主要指腐蚀性危险化学品意外与人体接触，在短时间内即在人体被接触表面发生化学反应，造成明显破坏的事故。腐蚀品包括酸性腐蚀品、碱性腐蚀品和其他不显酸碱性的腐蚀品。

（5）泄漏事故

危险化学品泄漏事故主要是指气体或液体危险化学品发生了一定规模的泄漏，虽然没有发展成为火灾、爆炸或中毒事故，但造成了严重的财产损失或环境污染等后果的危险化学品事故。危险化学品泄漏事故一旦失控，往往造成重大火灾、爆炸或中毒事故。

（6）其他危险化学品事故

其他危险化学品事故指不能归入上述五类危险化学品事故之外的其他危险化学品事故，如危险化学品罐体倾倒、车辆倾覆等，但没有发生火灾、爆炸、中毒和窒息、灼伤、泄漏等事故。

8.3.3.2 危险化学品事故等级划分

第 493 号《生产安全事故报告和调查处理条例》第三条规定，根据事故造成的人员伤亡或者直接经济损失，事故分为以下等级：

（1）特别重大事故

指造成 30 人以上死亡，或者 100 人以上重伤（包括急性工业中毒，下同），或者 1 亿元以上直接经济损失的事故。

（2）重大事故

指造成 10 人以上 30 人以下死亡，或者 50 人以上 100 人以下重伤，或者 5000 万元以上 1 亿元以下直接经济损失的事故。

（3）较大事故

指造成 3 人以上 10 人以下死亡，或者 10 人以上 50 人以下重伤，或者 1000 万元以上 5000 万元以下直接经济损失的事故。

（4）一般事故

指造成 3 人以下死亡，或者 10 人以下重伤，或者 1000 万元以下直接经济损失的事故。具体细分为三级：

① 一般 A 级事故：是指造成 3 人以下死亡，或者 3 人以上 10 人以下重伤，或者 10 人以上轻伤，或者 100 万元以上 1000 万元以下直接经济损失的事故；

② 一般 B 级事故：是指造成 3 人以下重伤，或者 3 人以上 10 人以下轻伤，或者 10 万元以上 100 万元以下直接经济损失的事故；

③ 一般 C 级事故：是指造成 3 人以下轻伤，或者 1000 元以上 10 万元以下直接经济损失的事故。

上面所称的"以上"包括本数，所称的"以下"不包括本数。

8.3.4 工贸行业危险化学品事故现场防护

8.3.4.1 防护原则及等级

（1）防护原则

① 泄漏介质不明时，采取最高级别防护；

② 泄漏介质具有多种危害性质时，应全面防护；

③ 没有有效防护措施，处置人员不应暴露在危险区域；

④ 不同区域人员之间应避免交叉感染。

（2）防护等级

根据泄漏介质的危害性，将危险化学品泄漏事故防护等级划分为三级。

① 一级防护　一级防护为最高级别防护，适用于皮肤、呼吸器官、眼睛等需要最高级别保护的情况。一级防护适用具体情况如下：

a. 泄漏介质对人体的危害未知或怀疑存在高度危险时；

b. 泄漏介质已确定，根据测得的气体、液体、固体的性质，需要对呼吸系统、体表和眼睛采取最高级别防护的情况；

c. 事故处置现场涉及喷溅、浸渍或意外的接触可能损害皮肤或可能被皮肤吸收的泄漏介质时；

d. 在有限空间及通风条件极差的区域作业，是否需要一级防护不确定时。

② 二级防护　二级防护适用于呼吸需要最高级别保护，但皮肤保护级别要求稍低的情况。二级防护适用具体情况如下：

a. 泄漏介质的种类和浓度已确定，需要最高级别的呼吸保护，而对皮肤保护要求不高时；

b. 当空气中氧含量低于 19.5% 时；

c. 当侦检仪器检测到蒸气和气体存在，但不能完全确定其性质，仅知不会给皮肤造成严重的化学伤害，也不会被皮肤吸收；

d. 当显示有液态或固态物质存在，而它们不会给皮肤造成严重的化学伤害，也不会被皮肤吸收时。

③ 三级防护　三级防护适用于空气传播物种类和浓度已知，且适合使用过滤式呼吸器防护的情况。三级防护适用具体情况如下：

a. 与泄漏介质直接接触不会伤害皮肤也不会被裸露的皮肤吸收时；

b. 泄漏介质种类和浓度已确定，可利用过滤式呼吸器进行防护时；

c. 当使用过滤式呼吸器进行防护的条件都满足时。

8.3.4.2　防护标准

进入现场的工作人员要根据获取的信息得出结论，采取合适的防护措施。进入危险化学品事故现场的人员要配备相关防护用品，见表 8-5。

表 8-5　防护标准

级别	形式	防化服	防护服	呼吸器	其 他
一级	全身	内置式重型防化服	全棉防静电内外衣	—	—
二级	全身	全封闭式防化服	全棉防静电内外衣	正压式空气呼吸器或正压式氧气呼吸器	防化手套、防化靴
三级	头部	简易防化服或半封闭式防化服	战斗服	滤毒罐、面罩或口罩、毛巾等防护器具	抢险救援手套、抢险救援靴

（1）有毒性泄漏介质的防护

根据泄漏介质毒性和人员所处危险区域，确定相应的防护等级，见表 8-6。深入事故现场内部实施侦检、控制泄漏等处置人员，应着内置式重型防化服，视情况使用喷雾水枪进行掩护。使用过滤式呼吸防护装备时，应根据泄漏介质种类选择相应的滤毒罐类别，并注意滤毒罐的使用时间。

（2）爆炸性泄漏介质的防护

① 进行排爆作业的处置人员应着排爆服，进行搜检作业的处置人员应着搜爆服；

② 爆炸性粉尘泄漏事故，处置人员应佩戴防尘面具，戴化学安全防护眼镜，穿紧袖防静电工作服、长筒胶鞋，戴橡胶手套；

③ 泄漏介质为气态时，应使用防爆器材；

④ 泄漏介质为压缩气体和液化气体时，处置人员应加强防冻措施。

表 8-6　不同危险区域对应的防护等级

毒性级别		危险区类别		
		重度危险区	中度危险区	轻度危险区
毒害品	剧毒	一级	一级	二级
	高毒	一级	一级	二级
	中毒	一级	二级	二级
	低毒	二级	三级	三级
	微毒	二级	三级	三级

（3）腐蚀性泄漏介质的防护

① 进入事故危险区域的处置人员，应视情况使用喷雾水枪进行掩护；

② 防护器材应具有防腐蚀性能，如抗腐蚀防护手套、抗腐蚀防化靴等；

③ 深入事故现场内部实施作业的处置人员应着封闭式防化服。

8.3.5　危险化学品储存及使用消防安全

8.3.5.1　灭火方法及灭火器类型

灭火是为了破坏已经产生的燃烧条件三者之一（可燃物、助燃物、点火源），只要失去其中任何一个条件，燃烧就会停止。当燃烧已经开始，消灭点火源已经没有意义，主要是消除前两个可燃物和助燃物。

（1）灭火方法

灭火方法有降低可燃物温度的冷却灭火法；减少空气中氧含量的窒息灭火法；隔离与火源相近可燃物质的隔离灭火法；消除燃烧过程中自由基的化学抑制灭火法。下面针对这 4 种方法一一阐述。

① 冷却灭火法　将灭火剂直接喷射到燃烧的物体上，以降低燃烧的温度于燃点之下，使燃烧停止，或者将灭火剂喷洒在火源附近的物质上，使其不因火焰热辐射作用而形成新的火点。灭火剂在灭火过程中不参与燃烧过程中的化学反应，因此，这种方法属于物理灭火方法。水具有较大的热容量和很高的汽化潜热，采用雾状水流灭火，冷却灭火效果显著，是冷却法灭火的主要灭火设施。

② 窒息灭火法　窒息灭火就是采取措施阻止空气进入燃烧区不让火接触到空气，降低火灾现场空间内氧气的浓度，使燃烧因缺少氧气而停止。窒息法灭火常采用的灭火剂一般有二氧化碳、氮气、水蒸气以及烟雾剂。常用的方法如下：

a. 向燃烧区充入大量的氮气、二氧化碳等不助燃的惰性气体，减少空气量；

　　b. 封堵建筑物的门窗，燃烧区的氧气一旦被耗尽，又不能补充新鲜空气，火就会熄灭；

　　c. 用石棉毯、湿棉被、湿麻袋、砂土、泡沫等不燃烧或难燃烧的物品覆盖在燃烧物体上，以隔绝空气使火熄灭。

　　③ 隔离灭火法　隔离灭火就是采取措施将可燃物与火焰、氧气隔离开来，使火灾现场没有可燃物，燃烧无法维持。如水就可以起到隔离灭火的效果。

　　④ 化学抑制灭火法　化学抑制灭火法就是采用化学措施有效地抑制自由基的产生或者能降低自由基的浓度，破坏自由基的连锁反应，使燃烧停止。如采用卤代烷灭火剂灭火，就是捕捉自由基的灭火方法。干粉灭火剂的化学抑制作用也很好，凡是卤代烷能抑制的火灾，干粉均能达到同样效果，但干粉灭火的不足之处是有污染。化学抑制法灭火，灭火速度快，使用得当，可有效地扑灭初期火灾。

　　（2）灭火剂的类型

　　根据灭火原理来选择灭火剂，灭火剂是能够有效地破坏燃烧条件，中止燃烧的物质。常用灭火剂有以下几种：

　　① 水（水蒸气、雾状水）　最常用的灭火剂，主要作用是冷却降温，也有隔离窒息的作用。它可以单独用于灭火，也可以与其他不同的化学添加剂组成混合物使用。除以下 5 种情况不能用水，其他火灾一般都可以用水（及水蒸气）进行灭火。

　　a. 密度小于水和不溶于水的易燃液体的火灾，如汽油、煤油、柴油等油品苯类、醇类、醚类、酮类、酯类及丙烯腈等大容量储罐，如用水扑救，则水会沉在液体下层，被加热后会引起爆沸，形成可燃液体的飞溅和溢流，使火势扩大。

　　b. 遇水燃烧的火灾，如金属钾、钠、碳化钙等，不能用水，可用砂土灭火。

　　c. 硫酸、盐酸和硝酸引发的火灾，不能用水流冲击，因为强大的水流能使酸飞溅流出后遇可燃物质，有引起爆炸的危险。

　　d. 电气火灾未切断电源前不能用水扑救，因为水是良导体，容易造成触电。

　　e. 高温状态下化工设备的火灾不能用水扑救，以防高温设备遇冷水后骤冷，引起形变或爆裂。

　　② 泡沫灭火剂　泡沫灭火剂分为化学泡沫灭火剂和空气泡沫灭火剂两大类。化学泡沫灭火剂主要由化学药剂混合发生化学反应产生，一般是二氧化碳，它可以覆盖燃烧表面，起隔离与窒息的作用。空气泡沫灭火剂是由一定比例的泡沫液、水和空气在泡沫发生器内进行机械混合搅拌而产生气泡，泡内一般是空气。泡沫灭火剂主要用于扑救各种不溶于水的易燃、可燃液体的火灾，也可用来扑救橡胶、木材、纤维等固体的火灾。

　　③ 干粉灭火剂　常用干粉灭火剂是由碳酸氢钠、细砂、硅藻土或石粉等组成的细颗粒固体混合物。利用压缩氮气的压力被喷射到燃烧物表面上，起到覆盖、隔离和窒息的作用。干粉灭火剂的灭火效率比较高，用途非常广泛，可用于电器设备、遇水燃烧物质、可燃气体、易燃液体、油类等物品的火灾。

　　④ 二氧化碳　将二氧化碳以液态的形式加压充装于灭火器中，灭火时二氧化碳气体从钢瓶喷出时即形成固体（干冰）。二氧化碳灭火剂可用于扑救电器设备和部分忌水性物质的火灾，也可用于扑救机械设备、精密仪器、图书等贵重物品的火灾。

　　⑤ 7150 灭火剂　7150 灭火剂是一种无色透明液体，主要成分是三甲氧基硼氧六环，是

扑救镁、铝及合金等轻金属火灾的有效灭火剂。

⑥ 其他 除以上几种灭火剂外，惰性气体、卤代烷也可作为灭火剂。另外、用砂、土覆盖物也很广泛。

（3）灭火器的适用范围

《火灾分类》（GB/T 4968）根据可燃物的类型和燃烧特性将火灾分为六类，各种类型的火灾所适用的灭火器依据灭火剂的性质也有所不同。

① A 类火灾（固体物质火灾） 水基型（水雾、泡沫）灭火器、ABC 类灭火器，都适用于扑救 A 类火灾。

② B 类火灾（液体或可溶化的固体物质火灾） 水基型（水雾、泡沫）灭火器、BC 干粉灭火器或 ABC 类灭火器、洁净气体灭火器，都适用于扑救 B 类火灾。

③ C 类火灾（气体火灾） 干粉灭火器、水基型（水雾）灭火器、洁净气体灭火器、二氧化碳灭火器，都适用于扑救 C 类火灾。

④ D 类火灾（金属火灾） 发生 D 类火灾时，可用 7150 灭火剂（俗称液态三甲氧基硼氧六环，主要化学成分是偏硼酸三甲酯，属于特种灭火剂）灭火，也可用干砂、土或铸铁屑粉末进行灭火。

⑤ E 类火灾（带电火灾） 发生物体带电火灾时，可使用二氧化碳灭火器或洁净气体灭火器进行扑救，如果没有也可以使用干粉灭火器、水基型（水雾）灭火器进行扑救。但要注意，二氧化碳灭火器扑救电气火灾时，为了防止短路和触电，不得使用装有金属喇叭筒的二氧化碳灭火器；若电压超过 600V，应断电后进行灭火（600V 以上电压会击穿二氧化碳）。

⑥ F 类火灾（烹饪器具内的烹饪物火灾） 此类火灾一般发生在厨房中，当烹饪器具内的烹饪物（如动植物油脂）发生火灾时，可选用 BC 类干粉灭火器或水基型（水雾、泡沫）灭火器进行扑救火灾。

（4）灭火器的基本参数

灭火器的基本参数主要反映在灭火器的铭牌上。依据标准《手提式灭火器 第 1 部分：性能和结构要求》（GB 4351.1）的规定要求，灭火器的铭牌应包含以下内容：

① 灭火器的名称、型号和灭火剂的种类。

② 灭火器灭火级别和灭火种类（用图 8-2 所示代码表示），代码的尺寸应大于 16mm×16mm 但不能超过 32mm×32mm；注：对不适应的灭火种类，其用途代码可以不标。但对于使用会造成操作者危险的，则应用红线"×"去，并用文字明示在灭火器的铭牌上。

③ 灭火器使用温度范围。

④ 灭火器驱动气体名称和数量或压力。

⑤ 灭火器水压试验压力（应用钢印打在灭火器不受内压的底圈或颈圈等处）。

⑥ 灭火器认证等标志。

⑦ 灭火器生产连续序号（可印刷在铭牌上，也可用钢印打在不受压的底圈上）。

⑧ 灭火器生产年份；注：灭火器生产年份应用钢印永久性地标志在灭火器上，在一年中最后 3 个月生产的灭火器可以标下一年生产的年份，而在一年中头 3 个月生产的灭火器可以标上一年生产的年份。

A类火
普通的固体材料火

可燃液体火

C类火
气体和蒸气火

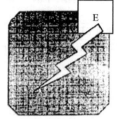

E类火
带电物质火

图 8-2　灭火种类代码符号

⑨ 灭火器制造厂名称或代号。

⑩ 灭火器的使用方法，包括一个或多个图形说明和灭火种类代码（见图 8-2）。该说明和代码应在铭牌的明显位置，在筒体上不应超过 120°弧度；对灭火器直径大于 80mm 的，说明内容部分的尺寸不应小于 $75.0cm^2$；当灭火器直径小于或等于 80mm 的，说明内容部分的尺寸不应小于 $50.0cm^2$。

⑪ 再充装说明和日常维护说明。

8.3.5.2　建筑危险等级及灭火器配置

（1）工业建筑

工业建筑场所的危险等级，根据其生产、使用、储存物品的火灾危险性，可燃物的数量、火灾蔓延速度、扑救难易程度等因素，划分为三级。

① 严重危险级：火灾危险性大、可燃物多、起火后蔓延迅速或容易造成重大火灾损失的场所；

② 中危险级：火灾危险性较大、可燃物较多、起火后蔓延较迅速的场所；

③ 轻危险级：火灾危险性较小、可燃物较少、起火后蔓延较缓慢的场所。

按照标准《建筑设计防火规范》（GB 50016）对厂房和库房中的可燃物的火灾危险性分类来划分工业建筑场所的危险等级，见表 8-7。

表 8-7　灭火器配置场所与危险性等级的对应关系

配置场所	严重危险级	中危险级	轻危险级
厂房	甲乙类物品生产场所	丙类物品生产场所	丁、戊类物品生产场所
库房	甲乙类物品储存场所	丙类物品储存场所	丁、戊类物品储存场所

工业建筑灭火器配置场所的危险等级举例见表 8-8。

表 8-8　工业建筑灭火器配置场所的危险等级举例

危险等级	举例	
	厂房和露天、半露天生产装置区	库房和露天、半露天堆场
严重危险级	1. 闪点<60℃的油品和有机溶剂的提炼、回收、洗涤部位及其泵房、灌桶间	1. 危险化学物品库房
	2. 橡胶制品的涂胶和胶浆部位	2. 装卸原油或危险化学物品的车站、码头
	3. 二硫化碳的粗馏、精馏工段及其应用部位	3. 甲、乙类液体储罐区,桶装库房、堆场
	4. 甲醇、乙醇、丙酮、丁酮、异丙醇、乙酸乙酯、苯等的合成、精制厂房	4. 液化石油气储罐区,桶装库房、堆场
	5. 植物油加工厂的浸出厂房	5. 棉花库房及散装堆场
	6. 洗涤剂厂房石蜡裂解部位、冰醋酸裂解厂房	6. 稻草、芦苇、麦秸等堆场
	7. 环氧氯丙烷、苯乙烯厂房或装置区	7. 赛璐珞及其制品、漆布、油布、油纸及其制品,油绸及其制品库房
	8. 液化石油气灌瓶间	8. 酒精度为 60 度以上的白酒库房
	9. 天然气、石油伴生气、水煤气或焦炉煤气的净化(如脱硫)厂房压缩机室及鼓风机室	—
	10. 乙炔站、氢气站、煤气站、氧气站	—
	11. 硝化棉、赛璐珞厂房及其应用部位	—
	12. 黄磷、赤磷制备厂房及其应用部位	—
	13. 樟脑或松香提炼厂房,焦化厂精萘厂房	—
	14. 煤粉厂房和面粉厂房的碾磨部位	—
	15. 谷物筒仓工作塔、亚麻厂的除尘器和过滤器室	—
	16. 氯酸钾厂房及其应用部位	—
	17. 发烟硫酸或发烟硝酸浓缩部位	—
	18. 高锰酸钾、重铬酸钠厂房	—
	19. 过氧化钠、过氧化钾、次氯酸钙厂房	—
	20. 各工厂的总控制室、分控制室	—
	21. 国家和省级重点工程的施工现场	—
	22. 发电厂(站)和电网经营企业的控制室、设备间	—
中危险级	1. 闪点≥60℃的油品和有机溶剂的提炼、回收工段及其抽送泵房	1. 丙类液体储罐区,桶装库房、堆场
	2. 柴油、机器油或变压器油灌桶间	2. 化学、人造纤维及其织物和棉、毛、丝、麻及其织物的库房、堆场
	3. 润滑油再生部位或沥青加工厂房	3. 纸、竹、木及其制品的库房、堆场
	4. 植物油加工精炼部位	4. 火柴、香烟、糖、茶叶库房
	5. 油浸变压器室和高、低压配电室	5. 中药材库房
	6. 工业用燃油、燃气锅炉房	6. 橡胶、塑料及其制品的库房
	7. 各种电缆廊道	7. 粮食、食品库房、堆场
	8. 油淬火处理车间	8. 电脑、电视机、收录机等电子产品及家用电器库房
	9. 橡胶制品压延、成型和硫化厂房	9. 汽车、大型拖拉机停车库
	10. 木工厂房和竹、藤加工厂房	10. 酒精小于 60 度的白酒库房
	11. 针织品厂房和纺织、印染、化纤生产的干燥部位	11. 低温冷库
	12. 服装加工厂房、印染厂成品厂房	—
	13. 麻纺厂粗加工厂房、毛涤厂选毛厂房	—
	14. 谷物加工厂房	—
	15. 卷烟厂的切丝、卷制、包装厂房	—
	16. 印刷厂的印刷厂房	—
	17. 电视机、收录机装配厂房	—
	18. 显像管厂装配工段烧枪间	—

续表

危险等级	举例	
	厂房和露天、半露天生产装置区	库房和露天、半露天堆场
中危险级	19. 磁带装配厂房	—
	20. 泡沫塑料厂的发泡、成型、印片、压花部位	—
	21. 饲料加工厂房	—
	22. 地市级及以下的重点工程的施工现场	—
轻危险级	1. 金属冶炼、铸造、铆焊、热轧、锻造、热处理厂房	1. 钢材库房、堆场
	2. 玻璃原料熔化厂房	2. 水泥库房、堆场
	3. 陶瓷制品的烘干、烧成厂房	3. 搪瓷、陶瓷制品库房、堆场
	4. 酚醛泡沫塑料的加工厂房	4. 难燃烧或非燃烧的建筑装饰材料库房、堆场
	5. 印染厂的漂炼部位	5. 原木库房、堆场
	6. 化纤厂后加工润湿部位	6. 丁、戊类液体储罐区,桶装库房、堆场
	7. 造纸厂或化纤厂的浆粕蒸煮工段	
	8. 仪表、器械或车辆装配车间	
	9. 不燃液体的泵房和阀门室	
	10. 金属(镁合金除外)冷加工车间	
	11. 氟里昂厂房	

（2）灭火器的配置

① 灭火器的选择　灭火器的选择应考虑下列因素：

a. 灭火器配置场所的火灾种类；

b. 灭火器配置场所的危险等级；

c. 灭火器的灭火效能和通用性；

d. 灭火剂对保护物品的污损程度；

e. 灭火器设置点的环境温度；

f. 使用灭火器人员的体能。

在同一灭火器配置场所，宜选用相同类型和操作方法的灭火器。当同一灭火器配置场所存在不同火灾种类时，应选用通用型灭火器。

在同一灭火器配置场所，当选用两种或两种以上类型灭火器时，应采用灭火剂相容的灭火器。不相容的灭火剂举例见表 8-9。

表 8-9　不相容的灭火剂举例

灭火剂类型	不相容的灭火剂	
干粉与干粉	磷酸铵盐	碳酸氢钠、碳酸氢钾
干粉与泡沫	碳酸氢钠、碳酸氢钾	蛋白泡沫
泡沫与泡沫	蛋白泡沫、氟蛋白泡沫	水成膜泡沫

② 灭火器的设置　灭火器的设置应遵循以下规定：

a. 灭火器应设置在位置明显和便于取用的地点，且不得影响安全疏散。

b. 对有视线障碍的灭火器设置点，应设置指示其位置的发光标志。

c. 灭火器的摆放应稳固，其铭牌应朝外。手提式灭火器宜设置在灭火器箱内或挂钩、托架上，其顶部离地面高度不应大于 1.50m；底部离地面高度不宜小于 0.08m。灭火器箱不得上锁。

d. 灭火器不宜设置在潮湿或强腐蚀性的地点。当必须设置时，应有相应的保护措施。灭火器设置在室外时，应有相应的保护措施。

e. 灭火器不得设置在超出其使用温度范围的地点。

灭火器的最大保护距离：

设置在 A 类火灾场所的灭火器，其最大保护距离应符合表 8-10 的规定。

单位：m

表 8-10　A 类火灾场所的灭火器最大保护距离

危险等级	灭火器型式	
	手提式灭火器	推车式灭火器
严重危险级	15	30
中危险级	20	40
轻危险级	25	50

设置在 B、C 类火灾场所的灭火器，其最大保护距离应符合表 8-11 的规定。

单位：m

表 8-11　B、C 类火灾场所的灭火器最大保护距离

危险等级	灭火器型式	
	手提式灭火器	推车式灭火器
严重危险级	9	18
中危险级	12	24
轻危险级	15	30

D 类火灾场所的灭火器，其最大保护距离应根据具体情况研究确定。E 类火灾场所的灭火器，其最大保护距离不应低于该场所内 A 类或 B 类火灾的规定。

③ 灭火器的配置　灭火器配置的一般规定：

a. 一个计算单元内配置的灭火器数量不得少于 2 具。

b. 每个设置点的灭火器数量不宜多于 5 具。

c. 当住宅楼每层的公共部位建筑面积超过 100m^2 时，应配置 1 具 1A 的手提式灭火器；每增加 100m^2 时，增配 1 具 1A 的手提式灭火器。

灭火器的最低配置基准：

A 类火灾场所灭火器的最低配置基准应符合表 8-12 的规定。

表 8-12　A 类火灾场所灭火器最低配置基准

危险等级	严重危险级	中危险级	轻危险级
单具灭火器最小配置灭火级别	3A	2A	1A
单位灭火级别最大保护面积/(m^2/A)	50	75	100

B、C 类火灾场所灭火器的最低配置基准应符合表 8-13 的规定。

表 8-13　B、C 类火灾场所灭火器最低配置基准

危险等级	严重危险级	中危险级	轻危险级
单具灭火器最小配置灭火级别	89B	55B	21B
单位灭火级别最大保护面积/(m^2/B)	0.5	1.0	1.5

D 类火灾场所的灭火器最低配置基准应根据金属的种类、物态及其特性等研究确定。E 类火灾场所的灭火器最低配置基准不应低于该场所内 A 类（或 B 类）火灾的规定。

手提式和推车式灭火器类型、规格和灭火级别分别见表 8-14 和表 8-15。

表 8-14 手提式灭火器类型、规格和灭火级别

灭火器类型	灭火剂充装量(规格)		灭火器类型规格代码(型号)	灭火级别	
	L	kg		A 类	B 类
水型	3	—	MS/Q3	1A	—
			MS/T3		55B
	6	—	MS/Q6	1A	—
			MS/T6		55B
	9	—	MS/Q9	2A	—
			MS/T9		89B
泡沫	3	—	MP3、MP/AR3	1A	55B
	4	—	MP4、MP/AR4	1A	55B
	6	—	MP6、MP/AR6	1A	55B
	9	—	MP9、MP/AR9	2A	89B
干粉(碳酸氢钠)	—	1	MF1	—	21B
	—	2	MF2	—	21B
	—	3	MF3	—	34B
	—	4	MF4	—	55B
	—	5	MF5	—	89B
	—	6	MF6	—	89B
	—	8	MF8	—	144B
	—	10	MF10	—	144B
干粉(磷酸铵盐)	—	1	MF/ABC1	1A	21B
	—	2	MF/ABC2	1A	21B
	—	3	MF/ABC3	2A	34B
	—	4	MF/ABC4	2A	55B
	—	5	MF/ABC5	3A	89B
	—	6	MF/ABC6	3A	89B
	—	8	MF/ABC8	4A	144B
	—	10	MF/ABC10	6A	144B
卤代烷(1211)	—	1	MY1	—	21B
	—	2	MY2	(0.5A)	21B
	—	3	MY3	(0.5A)	34B
	—	4	MY4	1A	34B
	—	6	MY6	1A	55B
二氧化碳	—	2	MT2	—	21B
	—	3	MT3	—	21B
	—	5	MT5	—	34B
	—	7	MT7	—	55B

表 8-15 推车式灭火器类型、规格和灭火级别

灭火器类型	灭火剂充装量(规格)		灭火器类型规格代码(型号)	灭火级别	
	L	kg		A 类	B 类
水型	20	—	MST20	4A	—
	45	—	MST40	4A	—
	60	—	MST60	4A	—
	125	—	MST125	6A	—
泡沫	20	—	MPT20、MPT/AR20	4A	113B
	45	—	MPT40、MPT/AR40	4A	144B
	60	—	MPT60、MPT/AR60	4A	233B
	125	—	MPT125 MPT/AR125	6A	297B

续表

灭火器类型	灭火剂充装量(规格)		灭火器类型规格代码	灭火级别	
	L	kg	(型号)	A类	B类
干粉 (碳酸氢钠)	—	20	MFT20	—	183B
	—	50	MFT50	—	297B
	—	100	MFT100	—	297B
	—	125	MFT125	—	297B
干粉 (磷酸铵盐)	—	20	MFT/ABC20	6A	183B
	—	50	MFT/ABC50	8A	297B
	—	100	MFT/ABC100	10A	297B
	—	125	MFT/ABC125	10A	297B
卤代烷 (1211)	—	10	MYT10	—	70B
	—	20	MYT20	—	144B
	—	30	MYT30	—	183B
	—	50	MYT50	—	297B
二氧化碳	—	10	MTT10	—	55B
	—	20	MTT20	—	70B
	—	30	MTT30	—	113B
	—	50	MTT50	—	183B

④ 灭火器配置设计计算程序　为了更加合理有效地对灭火器配置场所进行灭火器配置，首先应对配置场所的灭火器配置进行设计计算。灭火器配置的设计计算可按下述程序进行：

a. 确定各灭火器配置场所的火灾种类和危险等级；

b. 划分计算单元，计算各计算单元的保护面积；

c. 计算各计算单元的最小需配灭火级别；

d. 确定各计算单元中的灭火器设置点的位置和数量；

e. 计算每个灭火器设置点的最小需配灭火级别；

f. 确定每个设置点灭火器的类型、规格与数量；

g. 确定每具灭火器的设置方式和要求；

h. 在工程设计图上用灭火器图例和文字标明灭火器的型号、数量与设置位置。

⑤ 灭火器配置场所计算单元划分　计算单元是指在进行灭火器配置设计计算过程中，综合考虑火灾种类、危险等级和是否相邻等因素后，为便于设计而进行的区域划分。在划分计算单元时，按楼层或防火分区进行考虑，也易于为消防工程设计、工程监理和监督审核人员所掌握；同时，相同楼层的建筑灭火器配置设计可套用设计图、计算书和配置清单等，也方便和简化了设计计算及监督管理工作。

灭火器配置设计的计算单元应按下列规定划分：

a. 当一个楼层或一个水平防火分区内各场所的危险等级和火灾种类相同时，可将其作为一个计算单元；

b. 当一个楼层或一个水平防火分区内各场所的危险等级和火灾种类不相同时，应将其分别作为不同的计算单元；

c. 同一计算单元不得跨越防火分区和楼层。

计算单元保护面积的确定应符合下列规定：

a. 建筑物应按其建筑面积确定；

b. 可燃物露天堆场，甲、乙、丙类液体储罐区，可燃气体储罐区应按堆垛、储罐的占地面积确定。

⑥ 计算单元的最小需配灭火级别的计算　确定了计算单元保护面积后，按式(8-3)计算单元的最小需配灭火级别，即：

$$Q=K\frac{S}{U} \tag{8-3}$$

式中　Q——计算单元的最小需配灭火级别（A 或 B）；

　　　S——计算单元的保护面积，m^2；

　　　U——A 类或 B 类火灾场所单位灭火级别最大保护面积，m^2/A 或 m^2/B；

　　　K——修正系数。

修正系数 K 按表 8-16 的规定取值。

表 8-16　修正系数

计算单元	K	计算单元	K
未设室内消火栓系统和灭火系统	1.0	可燃物露天堆场	
设有室内消火栓系统	0.9	甲、乙、丙类液体储罐区	0.3
设有灭火系统	0.7	可燃气体储罐区	
设有室内消火栓系统和灭火系统	0.5		

注：歌舞娱乐放映游艺场所、网吧、商场、寺庙以及地下场所等的计算单元的最小需配灭火级别应在式(8-3)计算结果的基础上增加 30%。

⑦ 计算单元中每个灭火器设置点的最小需配灭火级别应按下式计算：

$$Q_e=\frac{Q}{N} \tag{8-4}$$

式中　Q_e——计算单元中每个灭火器设置点的最小需配灭火级别（A 或 B）；

　　　N——计算单元中的灭火器设置点数，个。

8.3.6　工贸行业危险化学品事故处理

危险化学品容易发生着火、爆炸事故，不同的危险化学品在不同的情况下发生火灾时，其扑救方法差异很大，若处置不当，不仅不能有效地扑灭火灾，反而会使险情进一步扩大，造成不应有的财产损失。由于危险化学品本身及燃烧产物大多数具有较强的毒害性和腐蚀性，极易造成人员中毒、灼伤等伤亡事故。因此扑救危险化学品火灾是一项极其重要而又非常艰巨和危险的工作。

8.3.6.1　危险化学品事故救援处置基本程序

（1）侦察

侦察的原则：侦察应贯穿处置行动始终，遵循先识别、后检测，先定性、后定量的原则。

① 询情：首批处置人员到场后，应向泄漏现场相关知情人，了解泄漏介质种类及性质；泄漏体的泄漏部位、容积、实际储量、压力和泄漏量大小；人员遇险和被困等与处置行动有关的信息。

② 辨识与检测：装置泄漏介质，根据生产使用介质辨识；储存、销售和运输中泄漏介质，按泄漏介质容器或包装标志辨识；使用检测仪器测定泄漏介质浓度，测定风向、风速等气象数据，确定扩散范围，划分危险区域。

③ 判断：依据①、②获得的信息和数据，分析、判断可能引发爆炸、燃烧的各种危险源；确认现场及周边污染情况，确定处置方案。

（2）警戒

根据判断的结果划定警戒区域，在其周边及其出入口设置警戒标志，视情况由公安消防部队、公安民警或武警部队等负责实施；警戒命令应由指挥员或现场指挥部统一发布。

（3）防护

根据泄漏介质的危险性及划定的危险区域，确定处置人员的防护等级，按照本章 8.3.4 采取相应的防护措施。

（4）处置行动

规模大、情况复杂的泄漏现场，由现场指挥部组织专家对处置方案进行会商；处置行动见本章 8.3.6.2。

（5）洗消

根据泄漏介质性质和洗消对象类别，进行洗消。

原则：受到有毒或腐蚀性泄漏介质污染的人员、装备和环境都应洗消，洗消应坚持合理防护、及时彻底、保障重点、保护环境、避免洗消过度的原则。

1）人员洗消　处置人员洗消应包括以下步骤和内容：

a. 搭建处置人员洗消帐篷或设置洗消器具，地面铺设耐磨、耐腐、防水隔离材料；

b. 处置人员身着防护服进入洗消帐篷或利用洗消器具进行冲洗，注意死角的冲洗；

c. 检测合格后进入安全区，脱去防护装具，放入塑料袋中密封，待处理；

d. 对于不能及时到洗消站洗消的处置人员，利用单人洗消圈、清洗机、喷雾器等装备进行冲洗。

2）装备洗消

① 车辆洗消应包括以下步骤和内容：

a. 利用洗消车、消防车或其他洗消装备等架设车辆洗消通道；

b. 选择合适的洗消剂，配置适宜的洗消液浓度，调整好水温、水压、流速和喷射角度，对受污染车辆进行洗消；

c. 卸下车辆的车载装备，集中在器材装备洗消区进行洗消；

d. 对于不能到洗消通道洗消的受污染车辆，可利用高压清洗机或水枪就地对其实施由上而下的冲洗，然后对车辆隐蔽部位进行彻底的清洗；

e. 被洗消的车辆经检测合格后进入安全区。

② 器材装备洗消应包括以下步骤和内容：

a. 将器材装备放置在器材装备洗消区的耐磨、耐腐、防水的衬垫上；

b. 将器材装备分为耐水和不耐水，精密和非精密仪器装备，登记；

c. 选择合适的洗消剂及其浓度；

d. 耐水装备可用高压清洗机或高压水枪进行冲洗；

e. 精密仪器和不耐水的仪器，用棉签、棉纱布、毛刷等进行擦洗；

f. 检测合格后方可带入安全区。

3）地面和建筑物表面洗消　地面和建筑物洗消应包括以下步骤和内容：

a. 根据现场地形和建筑物分布特点，将现场划分成若干个洗消作业区域；

b. 确定洗消方法，对洗消车、检测仪器与人员编组；

c. 对各洗消作业区域从上风向开始，逐片逐段实施洗消，直至检测合格。

4）泄漏介质洗消方法

① 人体表面沾染洗消　对于有毒泄漏介质，先用纱布或棉布吸去人体表面沾染的可见毒液或可疑液滴，然后根据有毒性泄漏介质的特性，选用相应的洗消剂对皮肤进行清洗；再利用约 40℃温水（可加中性肥皂水或洗涤剂）冲洗。

对于酸性腐蚀性泄漏介质，可利用约 40℃温水（可加中性肥皂水或洗涤剂）冲洗；局部洗消可用清水、碳酸钠溶液、碳酸氢钠溶液、专用洗消液等洗消剂清洗。

对于碱性腐蚀性泄漏介质，可利用约 40℃温水（可加中性肥皂水或洗涤剂）冲洗；局部洗消可用清水、硼酸、专用洗消液等洗消剂清洗。

② 物体表面沾染洗消

Ⅰ. 对物体表面沾染的化学消毒方法：

a. 对于有毒泄漏介质，将石灰粉、漂白粉、"三合二"等溶液喷洒在染毒区域或受污染物体表面，进行化学反应，形成无毒或低毒物质；

b. 对于酸性腐蚀性泄漏介质，用石灰乳、氢氧化钠、氢氧化钙、氨水等碱性溶液喷洒在染毒区域或受污染物体表面，进行化学中和；

c. 对于碱性腐蚀性泄漏介质，用稀硫酸等酸性水溶液喷洒在染毒区域或受污染物体表面，进行化学中和。

Ⅱ. 对物体表面沾染冲洗稀释：利用高压水枪对污染物体喷洒冲洗，对染毒空气喷射雾状水进行稀释降毒或用水驱动排烟机吹散降毒。

Ⅲ. 对物体表面沾染吸附转移：用吸附垫、吸附棉、消毒粉、活性炭、砂土、蛭石、粉煤灰等具有吸附能力的物质，吸附回收有毒物质后，转移处理。

Ⅳ. 对物体表面沾染溶洗去毒：利用浸以汽油、煤油、乙醇等溶剂的棉纱、纱布等，溶解擦洗染毒物表面的毒物。但不宜用于类似未涂油漆木制品的多孔性的物体表面，以及能被溶剂溶解的塑料、橡胶制品等表面。擦洗过的棉纱、纱布等要集中处理。利用热水或加有普通洗涤剂（如肥皂粉等）后溶洗效果更好。

Ⅴ. 对物体表面沾染机械清除：利用铲土工具将地面的染毒层铲除。铲除时，应从上风方向开始。为作业便利，可在染毒地面、物品表面覆盖砂土、煤渣、草垫等，供处置人员暂时通过。也可采用挖土坑掩埋法埋掉染毒物品，但土坑应有一定深度，掩埋时应加大量消毒剂。

③ 爆炸性泄漏介质洗消　若没有其他毒性和腐蚀性，一般不用洗消。如果具有毒性和腐蚀性，人体沾染洗消可按照以上方法洗消；物体表面沾染洗消可按照以上方法洗消。

（6）现场恢复

① 清理　清理现场，残留的泄漏介质收集后送至废物处理站或移交环保部门处置。

② 交接　现场清理后，视情况将现场管理交由物权单位或事权单位，并由负责人签字。

（7）撤离

交接后，各参战单位应清点人数、整理装备，统一撤离现场。

8.3.6.2　危险化学品泄漏事故

在化学品的生产、储存和使用过程中，盛装化学品的容器常常发生一些意外的破裂、倒洒等事故，造成化学危险品的外漏，因此需要采取简单、有效的安全技术措施来消除或减少泄漏危险。下面介绍一下化学品泄漏必须采取的应急处理措施。

（1）疏散与隔离

在化学品生产、储存和使用过程中一旦发生泄漏，首先要疏散无关人员，隔离泄漏污染区。如果是易燃易爆化学品大量泄漏，这时一定要打"119"报警，请求消防专业人员救援，同时要保护、控制好现场。

（2）泄漏源处理

① 制止泄漏　盛装固体介质的容器或包装泄漏时，应采取堵塞和修补裂口的措施止漏。盛装或输送液态或气态的生产装置或管道发生泄漏，泄漏点处在阀门之后且阀门尚未损坏时，可协助技术人员或在技术人员指导下，使用喷雾水枪掩护，关阀止漏。

泄漏点处在阀前或阀门损坏，不能关阀止漏时，可使用各种针对性的堵漏器具和方法实施封堵泄漏口：

a. 容器出入口、管线阀门法兰、输料管连接法兰间隙泄漏量较小时，应调整间隙消除泄漏；

b. 阀门阀体、输料管法兰间隙较大时，应采用卡具堵漏；

c. 常压容器本体或输料管线出现洞状泄漏时，应采用塞楔堵漏或用气垫内封、外封堵漏，本体侧面、侧下不规则洞状泄漏应采用磁压堵漏法堵漏，缝隙泄漏可采用胶粘法或强压注胶法堵漏；

d. 压力容器的人孔、安全阀、放散管、液位计，压力表、温度表、液相管、气相管、排污管泄漏口呈规则状时，应用塞楔堵漏，呈不规则状时应用夹具堵漏，需要临时制作卡具时，制作卡具的企业应具备生产资质。

② 倒罐输转　不能有效堵漏时，采取下列方法进行倒罐输转：

a. 装置泄漏宜采用压缩机倒罐；

b. 罐区泄漏宜采用烃泵倒罐或压缩气体倒罐；

c. 移动容器泄漏宜采用压力差倒罐；

d. 无法倒罐的液态或固态泄漏介质，可将介质转移到其他容器或人工池中。

③ 放空点燃　无法处理的且能被点燃以降低危险的泄漏气体，可通过临时设置导管，采用自然方式或用排风机将其送至空旷地方，利用装设的适当喷头烧掉。

④ 惰性气体置换　倒罐输转或放空点燃后应向储罐内充入惰性气体，置换残余气体。对无法堵漏的容器，当其泄漏至常压后也应用惰性气体实施置换。

（3）泄漏介质处置

1）气体泄漏介质的处置方法：

a. 合理通风、加速扩散；

b. 喷雾状水中和、稀释、驱散、溶解，使用喷雾水枪、屏封水枪，设置水幕或蒸汽幕，驱散积聚、流动的气体，稀释气体浓度，中和具有酸碱性的气体，防止形成爆炸性混合物或毒性气体向外扩散；

c. 构筑围堤或挖坑收容处置过程中产生的大量废水。

2）液体泄漏介质的处置方法

① 小量泄漏的一般处置措施 用砂土、活性炭、蛭石或其他惰性材料吸收小量液体泄漏介质。如果是可燃性液体也可在保证安全情况下，就地焚烧。

② 大量泄漏的一般处置措施：

a. 封闭下水道或沟口。用沙袋、内封式堵漏袋封闭泄漏现场的下水道口或排洪沟口。

b. 稀释蒸气。用雾状水或相应稀释剂驱散、稀释蒸气。

c. 覆盖。用泡沫或水泥等其他物质覆盖，降低蒸气危害。

d. 筑堤收容。用沙袋或泥土筑堤拦截，或挖坑导流、蓄积、收容，若是酸碱性物质，还可向沟、坑内投入中和（消毒）剂。

e. 收集转移。用泵将泄漏介质转移至槽车或专用收集器内，回收或运至废物处理场所处置。

3）固体泄漏介质的处置措施

① 收集。小量泄漏或现场残留的固体介质，可用洁净的铲子将泄漏介质收集到洁净、干燥、有盖的容器中。

② 筑堤收容。如大量泄漏，构筑围堤收容，然后收集、转移、回收或无害化处理后废弃。

③ 覆盖。无法及时回收需要避光、干燥保存的物质，可用帆布临时覆盖。

④ 固化。无法回收或回收价值不大的介质，可以用水泥、沥青、热塑性材料固化后废弃。

4）易燃泄漏介质的处置方法

① 小量泄漏。避免扬尘，并使用无火花工具将泄漏介质收集于袋中或洁净、有盖的容器中后，转移至安全场所，可在保证安全的情况下，就地焚烧。

② 大量泄漏。构筑围堤或挖坑收容，可用水润湿，或用塑料布、帆布覆盖，减少飞散，然后使用无火花工具将泄漏介质收集转移至槽车或专用收集器内，回收或运至废物处理场所处置。

5）遇湿易燃泄漏介质的处置方法

① 小量泄漏。用无火花工具将泄漏介质收集于干燥、洁净、有盖的容器中，转移回收。对于化学性质特别活泼的物质须保存在煤油或液体石蜡中。

② 大量泄漏。不要直接接触泄漏介质，禁止向泄漏介质直接喷水。可用塑料布、帆布等进行覆盖。在技术人员和专家指导下清除。

6）爆炸性泄漏介质的处置方法

① 小量泄漏。使用无火花工具将泄漏介质收集于干燥、洁净、有盖的防爆容器中，转移至安全场所。

② 大量泄漏。用水润湿，然后收集、转移、回收或运至废物处理场所处置。

7）腐蚀性泄漏介质的处置方法

① 小量泄漏。将泄漏地面洒上砂土、干燥石灰、煤灰或苏打灰等，然后用大量水冲洗，

冲洗水经稀释后放入废水系统。

② 大量泄漏。构筑围堤或挖坑收容，可视情况用雾状水进行冷却和稀释；然后，用泵或适用工具将泄漏介质转移至槽车或专用收集器内，回收或运至废物处理场所处置。

（4）清理泄漏现场

① 用喷雾水、蒸汽、惰性气体清扫现场内事故罐、管道、低洼、沟渠等处，确保不留残气（液）。

② 少量残液，用干砂土、水泥粉、煤灰等吸附，收集后做无害化处理。

③ 在污染地面上洒上中和剂或洗涤剂浸洗，然后用清水冲洗现场，特别是低洼、沟渠等处，确保不留残物。

④ 少量残留遇湿易燃泄漏介质可用干砂土、水泥粉等覆盖。

8.3.6.3　危险化学品火灾事故

从事危险化学品生产、经营、储存、运输、装卸、包装、使用的人员和处置废弃危险化学品的人员，以及消防、救护人员平时应熟悉和掌握这类物品的主要危险特性及其相应的灭火方法。

扑灭危险化学品火灾总的要求是：

① 先控制，后消灭。针对危险化学品火灾的火势发展蔓延快和燃烧面积大的特点，积极采取统一以快制快、堵截火势、防止蔓延、重点突破、排除险情、分割包围、速战速决的灭火战术。

② 扑救人员应占领上风或侧风阵地。

③ 进行火情侦察、火灾扑救、火场疏散的人员应有针对性地采取自我保护措施，如佩戴防护面具、穿戴专用防护服等。

④ 应迅速查明燃烧范围、燃烧物品及周围物品的品名和主要危险特性、火势蔓延的主要途径。

⑤ 正确选择最恰当的灭火剂和灭火方法。火势较大时，应先堵截火势蔓延、控制燃烧范围，然后逐步扑灭火势。

⑥ 对有可能发生的爆炸、爆裂、喷溅等特别危险需要紧急撤退的情况，应按照统一的撤退信号和撤退方法及时撤退（撤退信号应格外醒目，能使现场所有人员都能看到或听到，并应经常预先演练）。

⑦ 火灾扑灭后，起火单位应当保护现场，接受事故调查，协助公安消防监督部门和上级安全管理部门调查火灾原因，核定火灾损失，查明火灾责任，未经公安监督部门和上级安全监督管理部门的同意，不得擅自清理火灾现场。

8.4　应急管理

8.4.1　应急体系

目前我国突发公共事件应急预案体系由国家总体应急预案、国家专项应急预案、国家部门应急预案、地方应急预案、企事业单位应急预案、重大活动应急预案六个层次组成。

国家总体应急预案是全国应急预案体系的总纲，是国务院为应对特别重大突发公共事件而制定的综合性应急预案和指导性文件，是政府组织管理、指挥协调相关应急资源和应急行动的整体计划和程序规范，该预案由国务院制定，国务院办公厅组织实施。

国家专项应急预案主要是国务院及其有关部门为应对某一类型或某几个类型的特别重大突发公共事件而制定的涉及多个部门（单位）的应急预案，由国务院有关部门牵头制定，由国务院批准发布实施，根据突发事件的种类专项应急预案分为自然灾害、事故灾难、公共卫生事件和社会安全事件四类。

国家部门应急预案是国务院有关部门（单位）根据总体应急预案、专项应急预案和职责为应对突发公共事件制定的预案，由国务院有关部门（单位）制定，报国务院备案后颁布实施。

地方应急预案包括省级人民政府的突发公共事件总体应急预案、专项应急预案和部门应急预案，以及各市（地）、县（市）人民政府及其基层政权组织的突发公共事件应急预案。上述预案在省级人民政府的领导下，按照分类管理、分级负责的原则，由地方人民政府及其有关部门分别制定。突发公共事件地方应急预案是各地按照分级管理原则，应对突发公共事件的依据。

企事业单位应急预案是各企事业单位根据有关法律、法规，结合各单位特点制定。预案确立了企事业单位是其内部发生突发事件的责任主体，是各单位应对突发事件的操作指南，当事故发生时，事故单位立即按照预案开展应急救援。

重大活动应急预案是指举办大型会展和文化体育等重大活动，主办单位制定的应急预案。

此外，生产经营单位应急预案是国家应急预案体系的重要组成部分。生产经营单位制定应急预案是贯彻落实"安全第一、预防为主、综合治理"方针，规范本单位应急管理工作，提高应对和防范风险与事故的能力，保证职工安全健康和公众生命安全，最大限度地减少财产损失、环境损害和社会影响的重要措施。生产经营单位应急预案体系又可分为综合应急预案、专项应急预案和现场处置方案。生产经营单位根据有关法律、法规和相关标准，结合本单位组织管理体系、生产规模和可能发生的事故特点，科学合理确立本单位的应急预案体系，并注意与其他类别应急预案相衔接。

综合应急预案是生产经营单位为应对各种生产安全事故而制定的综合性工作方案，是本单位应对生产安全事故的总体工作程序、措施和应急预案体系的总纲。

专项应急预案是生产经营单位为应对某一种或者多种类型生产安全事故，或者针对重要生产设施、重大危险源、重大活动而制定的专项性工作方案。专项应急预案重点强调专业性，应根据可能的事故类别和特点，明确相应的专业指挥协调机构、响应程序及针对性的处置措施。专项应急预案与综合应急预案中的应急组织机构、应急响应程序相近时，可以不编写专项应急预案，相应的应急处置措施并入综合应急预案。

现场处置方案是基层单位针对具体场所、装置或者设施，制定的生产安全事故工作方案。现场处置方案重点明确基层单位事故风险描述、应急组织职责、应急处置和注意事项的内容，体现自救互救和先期处置的特点。事故风险单一、危险性小的生产经营单位，可以只制定现场处置方案。

除上述三个主体组成部分外，生产经营单位应急预案需要有充足的附件支持，主要包括：有关应急部门、机构或人员的联系方式；应急物资装备的名录或清单；规范化格式文本；关键的路线、标识和图纸；相关应急预案名录以及与相关应急救援部门签订的应急支援协议或备忘录等。企业应急组织体系见图 8-3。

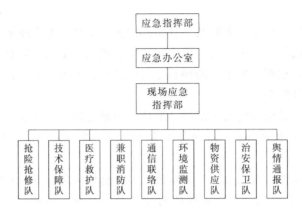

图 8-3　企业应急组织体系

应急组织体系各部门职责：

（1）应急指挥部
应急指挥部是应急管理的最高指挥机构，负责公司安全生产事故的应急工作。

① 严格执行国家事故应急救援工作的相关法律法规和集团公司规章制度，组建专职和兼职应急救援队伍，建立应急救援专用资金账户，购置应急救援物资装备。

② 负责组织集团公司生产事故应急预案的修订和审批。

③ 发生生产安全事故时，根据事故情况，启动事故应急预案，进行应急救援指挥，并上报政府相关部门。

④ 领导和指挥各救援专业队的救援行动，适时调整各专业队的人员组成，保证事故救援各项工作的顺利进行。

⑤ 向地方政府求援或协助地方政府应急救援工作。

⑥ 按照总指挥指令，负责现场新闻发布工作，负责下达应急预案终止指令。

⑦ 负责向政府主管部门汇报事故及应急救援情况。事故救援结束后向政府主管部门递交事故报告和事故应急救援报告，组织总结事故应急救援的经验和教训，针对事故暴露出的问题组织修订完善事故应急预案。

（2）现场应急指挥部
① 按照集团应急指挥部指令，负责现场应急指挥工作；
② 收集现场信息，核实现场情况，针对事态发展制定和调整现场应急处置方案；
③ 负责整合调配现场应急资源；
④ 及时向集团应急指挥部汇报应急处置情况；
⑤ 收集、整理应急处置过程的有关资料；
⑥ 核实应急终止条件并向集团应急指挥部请示应急终止；
⑦ 负责现场应急工作总结；
⑧ 负责集团应急指挥部交办的其他任务。

（3）应急值班人员

① 实行 24h 应急值班；

② 负责接受应急报告，立即启动应急相应程序并向应急指挥部报告；

③ 跟踪并详细了解应急事故时态的发展和处置情况，随时向应急指挥部报告；

④ 负责应急指挥指令的下达；

⑤ 做好应急处置过程记录和交接班记录；

⑥ 严格岗位责任制，遵守安全与保密制度；

⑦ 完成应急指挥部办公室交办的其他工作。

（4）应急救援专业队伍

根据应急救援工作实际需要，应建立专业救援队伍，包括抢险抢修队、技术保障队、医疗救护队、兼职消防队、通信联络队、环境监测队、物资供应队、治安保卫队和舆情通报队等专业化应急救援队伍。救援队伍是应急救援工作的骨干力量，担负着各类突发事件的处置任务。

（5）抢险抢修队

由工程运维中心负责组建，担负组织抢险抢修任务。

（6）技术保障队

由生产管理部负责组建，成员由生产管理部、安全环保部、工程运维中心、事发单位及专家等组成；担负组织危险化学品事故评估；参与制定应急处置方案；为现场应急工作提供生产工艺调整，生产、物料平衡，动力系统、电气调整等技术方案支持。

（7）医疗救护队

由集团办公室组织，各子公司、车间应急医疗救护队组成；担负组织抢救现场受伤、中毒人员，负责将受伤、中毒人员移交医院专业救护人员。

（8）兼职消防队

由安全环保部组织，车间兼职消防队组成；在专业消防队伍赶到现场前，担负现场初期火灾的灭火和应急救援任务。

（9）通信联络队

由生产管理部、工程运维中心、信息管理部组成；担负各单位之间的联络和对外联系任务。

（10）环境监测队

由安全环保部负责组建，成员由质检中心、事发单位等组成；担负开展现场环境和有毒气体监测并分析监测数据；监督现场污水的收集与处理。

（11）物资供应队

由物资供应部负责，物资综合库担负应急救援物资的供应任务。

（12）治安保卫队

由保卫部负责，车间和保卫部人员组成；担负现场交通管制、设立警戒、应急疏散等任务。

（13）舆情通报队

由集团办公室负责；担负应急救援工作的报道任务。

8.4.2　应急预案

应急预案指面对突发事件如自然灾害、重特大事故、环境公害及人为破坏的应急管理、指挥、救援计划等。它一般应建立在综合防灾规划上。针对工贸行业危险化学品，应急预案编制指根据预测危险源、危险目标可能发生事故的类别和危害程度而制定的事故应急救援方案。要充分考虑现有物质、人员及危险源的具体条件，能及时、有效地统筹指导事故应急救援行动。

8.4.2.1　预案编制

应急预案的编制一般可以分为 6 个步骤，具体步骤如下：

（1）成立预案编制工作组

结合本单位部门职能分工，成立以单位主要负责人为领导的应急预案编制工作组，明确编制队伍、职责分工、制定工作计划。

（2）资料收集

收集应急预案编制所需的各种资料：

① 相关法律、法规及标准；

② 单位的地址、经济性质、从业人数、隶属关系、主要产品、产量等内容；

③ 周边区域的单位、社区、重要基础设施、道路等情况；

④ 生产、储存、使用危险化学品装置、设施现状的安全评价报告；

⑤ 国内外同类企业事故案例分析；

⑥ 相关企业应急预案等。

（3）危险源与风险分析

在危险因素分析及事故隐患排查、治理的基础上，确定本单位的危险源、可能发生事故的类型和后果，进行事故风险分析并指出事故可能产生的次生事故，形成分析报告，分析结果作为应急预案的编制依据。

（4）应急能力评估

对本单位应急装备、应急队伍等应急能力进行评估，评价企业在紧急情况下所能调动的人力和物资是否满足事故状态下应急救援要求，并结合本单位实际，加强应急能力建设。

（5）应急预案编制

针对可能发生的事故，按照有关规定和要求编制应急预案。应急预案编制过程中，应注重全体人员的参与和培训，使所有与事故有关的人员均掌握危险源的危险性、应急处置方案和技能，应急预案充分利用社会应急资源，与地方政府预案、上级主管单位以及相关部门的预案相衔接。

（6）应急预案的评审与发布

评审由本单位主要负责人组织有关部门和人员进行。外部评审由上级主管部门或地方政府负责安全管理的部门组织审查。评审后，按规定报有关部门备案，并由生产经营单位主要负责人签署发布。

8.4.2.2 预案管理

根据《生产安全事故应急预案管理办法》，对企业编制的应急预案实行动态管理办法，依据属地为主、分级负责、分类指导、综合协调、动态管理的原则，保持应急预案的高效性和及时性。

（1）备案管理

地方各级人民政府应急管理部门的应急预案，应当报同级人民政府备案，同时抄送上一级人民政府应急管理部门，并依法向社会公布。地方各级人民政府其他负有安全生产监督管理职责的部门的应急预案，应当抄送同级人民政府应急管理部门。

易燃易爆物品、危险化学品等危险物品的生产、经营、储存、运输单位，矿山、金属冶炼、城市轨道交通运营、建筑施工单位，以及宾馆、商场、娱乐场所、旅游景区等人员密集场所经营单位，应当在应急预案公布之日起 20 个工作日内，按照分级属地原则，向县级以上人民政府应急管理部门和其他负有安全生产监督管理职责的部门进行备案，并依法向社会公布。

生产经营单位申报应急预案备案，应当提交下列材料：

① 应急预案备案申报表；

②《生产安全事故应急预案管理办法》第二十一条所列单位，应当提供应急预案评审意见；

③ 应急预案电子文档；

④ 风险评估结果和应急资源调查清单。

受理备案登记的负有安全生产监督管理职责的部门应当在 5 个工作日内对应急预案材料进行核对，材料齐全的，应当予以备案并出具应急预案备案登记表；材料不齐全的，不予备案并一次性告知需要补齐的材料。逾期不予备案又不说明理由的，视为已经备案。

对于实行安全生产许可的生产经营单位，已经进行应急预案备案的，在申请安全生产许可证时，可以不提供相应的应急预案，仅提供应急预案备案登记表。

（2）人员培训

预案发布之后，生产经营单位应当组织开展本单位的应急预案、应急知识、自救互救和避险逃生技能的培训活动，使有关人员了解应急预案内容，熟悉应急职责、应急处置程序和措施。应急培训的时间、地点、内容、师资、参加人员和考核结果等情况应当如实记入本单位的安全生产教育和培训档案。

（3）应急演练

仅仅依靠培训是不够的，企业还要进行应急演练，锻炼企业员工在事故状态下的机动能力。详细请见本章 8.4.3 内容。

8.4.3 应急演练

应急演练是指各级政府部门、企事业单位、社会团体，组织相关应急人员与群众，针对待定的突发事件假想情景，按照应急预案所规定的职责和程序，在特定的时间和地域，执行应急响应任务的训练活动。

8.4.3.1 应急演练的目的

（1）检验预案的可行性

工贸行业危险化学品事故应急演练是以应急预案为依据，结合企业实际开展的演练活动。应急演练可以检验在危险化学品事故发生时应急预案的整体或者部分是否可以有效实施，在面对各种突发状况下所具备的适应性，暴露预案的缺陷，发现企业等单位的人力和设备资源是否充足。

（2）提高应急人员处置事故能力

应急演练不仅可以检验预案的可行性，还可以实现练兵的目的。可以锻炼应急指挥部与应急人员协调配合的能力，提高参演人员和观摩人员的防范意识和自救互救能力，尽可能减少在事故发生时造成的人员伤亡和财产损失。

8.4.3.2 应急演练分类

（1）桌面演练

桌面演练仅限于有限的应急响应和内部协调活动，由应急组织的代表或关键岗位人员参加，按照应急预案及标准工作程序讨论发生紧急情况时应采取的行动。这种口头演练一般在会议室内举行，目的是锻炼参演人员解决问题的能力，解决应急组织相互协作和职责划分的问题。事后采取口头评论形式收集参演人员的建议，提交一份简短的书面报告，总结演练活动和提出有关改进应急响应工作的建议，为功能演练和全面演练做准备。

（2）功能演练

针对某项应急响应功能或其中某些应急响应行动举行的演练活动，一般在应急指挥中心或现场指挥部举行，并可同时开展现场演练，调用有限的应急设备，主要目的是针对应急响应功能，检验应急人员以及应急体系的策划和响应能力。演练完成后，除采取口头评论形式外，还应向地方提交有关演练活动的书面汇报，提出改进建议。

（3）全面演练

针对应急预案中全部或大部分应急响应功能，检验、评价应急组织应急运行的能力和相互协调的能力，一般持续几个小时，采取交互式方式进行，演练过程要求尽量真实，调用更多的应急人员和资源，并开展人员、设备及其他资源的实战性演练。演练完成后，除采取口头评论外，还应提交正式的书面报告。

8.5　典型危险化学品事故应急处置

8.5.1　爆炸物品应急处置

为有效预防各类爆炸性物品可能发生的事故，在日常工作中，要针对不同爆炸物品的性质，制定科学合理的事故处置预案，结合实际组织演练。另外，由于爆炸性物品涉及较多的专业知识，参与事故处置的人员要注意学习积累，熟悉各类爆炸性物品的理化性能，掌握事故处置措施。当性质不明的爆炸性物品发生燃烧或爆炸事故时，务必请教有关专家详细了解物品性质及事故处置措施，必要时要请专家现场指导，防止处置不当致使事故危害进一步扩大，造成更大的财产损失和人员伤亡。爆炸性物品发生火灾或爆炸事故后，在了解现场情况的基础上，迅速针对事故发生的情况及物品性质按照既定预案，逐步开展以下工作：

（1）救护

对在事故中伤亡人员，要迅速采取救治措施，通知医务人员赶赴现场，迅速将受伤人员转移至安全地带后送医院救治。如果发生建筑物倒塌等事故，要尽快了解可能被埋压在倒塌建筑内的人员数量和所在位置，采取有效措施予以救治。

（2）灭火

在对现场伤亡人员采取紧急救治措施的同时，根据发生火灾的不同物品性质，采取科学合理的灭火措施，使用适用的灭火器材和灭火设备，尽快扑灭现场火源。

（3）转移

对发生事故现场及附近未燃烧或爆炸的物品，及时予以转移，谨防发生火灾事故的蔓延或爆炸。

（4）警戒

事故发生后，首先应该维护现场的秩序，在事故现场往往会聚集很多群众，影响抢救或勘查工作的进行。一旦发生事故，要迅速组织力量，赶赴现场，划定警戒保护范围，对于正在燃烧的爆炸事故现场，尽量扩大警戒保护范围。担任警戒任务的人员，要分布在整个警戒保护圈上执勤，除紧急救险人员外，禁止其他任何人员进入警戒保护圈内，并尽一切可能保持现场原状。

一旦发生爆炸或火灾，还要根据现场可能发生爆炸或燃烧事故将要波及的范围，疏散撤离相关人员。

爆炸性物品事故处置注意事项：

（1）防止事故扩大

尽量全面了解发生事故的爆炸性物品性质及发生事故的原因，通过查阅相关资料或咨询专家采取适当措施，防止措施不当引发二次爆炸或火灾范围扩大等事故。

（2）注意保护现场及固定证据

为查清事故发生的原因，为后续事故处理提供有效证据，在处置爆炸性事故过程中，要尽量保护好现场证据。

（3）现场遗留爆炸物品

爆炸性物品事故发生后，现场或附近会有大量未发生燃烧或爆炸的爆炸性物品，一旦火灾蔓延，有可能使事故范围扩大，因此要对这些物品采取可靠措施予以转移，或在灭火过程中人为制造隔离，确保安全。

（4）防止二次爆炸

有些爆炸性物品在大量堆积或相对密闭条件下燃烧时，燃烧释放的能量大量积聚，当达到一定条件时，会发生燃烧转爆轰现象，一方面会使现场危害进一步加大，另一方面也会对现场救护人员的生命安全造成巨大威胁。国内外在处理爆炸性物品火灾事故时发生爆炸的现象屡见不鲜，比如在许多硝酸铵火灾事故中，大量堆积的硝酸铵燃烧后，当火灾不能及时控制时，经常发生爆炸事故，现场救护人员伤亡惨重。

（5）防止坍塌伤人

爆炸性物品发生事故后，尤其是爆炸事故，现场周围建筑物受爆炸冲击波影响。

（6）灭火方法科学

对不需外界供氧的爆炸性物品，不能用窒息法进行灭火，因为窒息法不但对这类物品燃烧不起作用，相反随着燃烧空间的减小、压力的增加，爆炸性物品燃烧会更加猛烈，并会迅速转化为爆轰，带来更为严重的后果。对于含金属钾、钠、镁粉、铝粉等遇水反应剧烈的爆炸性物品，不能用水作为灭火介质。

上述物质一旦和水接触，会发生剧烈的化学反应，释放热及可燃性气体（某地收缴烟花爆竹和原材料，在高温季节用水降温，导致产生大量的热来不及释放，一发生自燃烧，在大量堆积的情况下发生爆炸）。

（7）防止中毒

当大量爆炸物品燃烧时会生成大量烟及有毒气体。爆炸性物品燃烧产生的毒害烟气主要有，由极小的炭黑粒子和完全燃烧或未完全燃烧的灰，及燃烧分解产物组成的烟气：一氧化碳、二氧化硫；工业炸药等爆炸物品燃烧产生的氮氧化物、磷化物、酸雾等有毒气体。为防止在灭火时中毒，在爆炸性物品发生普通火灾时，一般不要站在下风口，扑救时要先打开门窗，最好佩戴防毒面具，延长扑救时间，避免中毒。

8.5.2　压缩或液化气体应急处置

压缩气体和液化气体是指压缩、液化或加压溶解的气体，通过被储存在不同的容器内，或通过管道输送。其中储存在较小钢瓶内的气体压力较高，受热或受火焰熏烤容易发生爆裂。气体泄漏后遇火源已形成稳定燃烧时，其发生爆炸或再次爆炸的危险性与可燃气体泄漏未燃时相比要小得多。因此，压缩气体和液化气体火灾事故极易造成爆炸、中毒和窒息、灼烫等伤害。

遇到压缩气体或液化气体事故时，一般采取以下处置方法：

① 扑救气体火灾切忌盲目灭火。即使在扑救周围火势以及冷却过程中不小心把泄漏处的火焰扑灭了，在没有采取堵漏措施的情况下，也必须立即用长点火棒将火点燃，使其恢复稳定燃烧。否则，大量可燃气体泄漏出来与空气混合，遇着火源就会发生爆炸，后果将不堪设想。

② 首先应扑灭外围被火源引燃的可燃物火势，切断火势蔓延途径，控制燃烧范围，并积极抢救受伤和被困人员。

③ 如果火势中有压力容器或有受到火焰辐射热威胁的压力容器，能疏散的应尽量在水枪的掩护下疏散到安全地带，不能疏散的应部署足够的水枪进行冷却保护。为防止容器爆裂伤人，进行冷却的人员应尽量采用低姿射水或利用现场坚实的掩蔽体防护，对卧式储罐，冷却人员应选择储罐四侧角作为射水阵地。

④ 如果是输气管道泄漏着火，应首先设法找到气源阀门。阀门完好时，只要关闭气体阀门，火势就会自动熄灭。

⑤ 储罐或管道泄漏关闭阀门无效时，应根据火势大小判断气体压力和泄漏口的大小及形状，准备好相应的堵漏材料（如软木塞、橡皮塞、囊塞、黏合剂、弯管工具等）。

⑥ 堵漏工作准备就绪后，即可用水扑救火势，也可用干粉、二氧化碳灭火，但仍需用冷水冷却烧烫的罐或管壁。火扑灭后，应立即用堵漏料堵漏，同时用雾状水稀释和驱散泄漏出来的气体。

⑦ 一般情况下完成了堵漏也就完成了灭火工作，但有时一次堵漏不一定能成功，如果一次堵漏失败，再次堵漏需一定时间，应立即用长点火棒将泄漏处点燃，使其恢复稳定燃烧，以防止较长时间泄漏出来的大量可燃气体与空气混合后形成爆炸性混合物，从而潜伏发生爆炸的危险，并准备再次灭火堵漏。

⑧ 如果确认泄漏口很大，根本无法堵漏，只需冷却着火容器及其周围容器和可燃物品，控制着火范围，直到燃气燃尽，火势自动熄灭。

⑨ 现场指挥应密切注意各种危险征兆，遇有火势熄灭后较长时间未能恢复稳定燃烧或受热辐射的容器安全阀火焰变亮耀眼、尖叫、晃动等爆裂征兆时，指挥员必须适时做出准确判断，及时下达撤退命令。现场人员看到或听到事先规定的撤退信号后，应迅速撤退至安全地带。

⑩ 气体储罐或管道阀门处泄漏着火时，在特殊情况下，只要判断阀门还有效，也可违反常规，先扑灭火势，再关闭阀门。一旦发现关闭无效，一时无法堵漏时，应迅即点燃，恢复稳定燃烧。

8.5.3　易燃液体应急处置

易燃液体通常也是储存在容器内或通过管道输送。与气体不同的是，液体容器有的密闭，有的敞开，一般都是常压，只有反应锅（炉、釜）及输送管道内的液体压力较高。液体不管是否着火，如果发生泄漏或溢出，都将顺着地面（或水面）漂散流淌，而且，易燃液体还有密度和水溶性等涉及能否用水和普通泡沫扑救的问题以及危险性很大的沸溢和喷溅问题。因此，扑救易燃液体事故往往也是一场艰难的战斗。遇易燃液体事故，一般应采取以下基本对策。

① 首先应切断火势蔓延的途径，冷却和疏散受火势威胁的压力及密闭容器和可燃物，控制燃烧范围，并积极抢救受伤和被困人员。如有液体流淌时，应筑堤（或用围油栏）拦截漂散流淌的易燃液体或挖沟导流。

② 及时了解和掌握着火液体的品名、密度、水溶性以及有无毒害、腐蚀、沸溢、喷溅等危险性，以便采取相应的灭火和防护措施。

③ 对较大的储罐或流淌事故，应准确判断着火面积。小面积（一般 $50m^2$ 以内）液体事故，一般可用雾状水扑灭。用泡沫、干粉、二氧化碳、卤代烷烃（1222、1301）灭火一般更有效。大面积事故则必须根据其相对密度、水溶性和燃烧面积大小，选择正确的灭火剂扑救。比水轻又不溶于水的液体（如汽油、苯等），用直流水、雾状水灭火往往无效。可用普通蛋白泡沫或轻水泡沫扑灭，用干粉、卤代烷扑救时灭火效果要视燃烧面积大小和燃烧条件而定，最好用水冷却罐壁。

④ 具有水溶性的液体（如醇类、酮类等），虽然从理论上讲能用水稀释扑救，但用此法要使液体闪点消失，水必须在溶液中占有很大比例，这不仅需要大量的水，也容易使液体溢出流淌，而普通泡沫又会受到水溶性液体的破坏（如果普通泡沫强度加大，可以减弱火势）。因此，最好用抗溶性泡沫扑救，用干粉或卤代烷扑救时，灭火效果要视燃烧面积大小和燃烧条件确定，也需用水冷却罐壁。

⑤ 扑救毒害性、腐蚀性或燃烧产物毒害性较强的易燃液体事故，扑救员必须佩戴防护面具，采取防护措施。

8.5.4　易燃固体应急处置

易燃固体、自燃物品一般都可用水和泡沫扑救，相对其他种类的危险化学品而言是比较容易扑救的，只要控制住燃烧范围，逐步扑灭即可。但也有少数易燃固体、自燃物品的扑救方法比较特殊，如 2,4-二硝基苯甲醚，二硝基萘，萘，黄磷等。

① 2,4-二硝基苯甲醚、二硝基萘、萘等是能升华的易燃固体，受热发出易燃蒸气。火灾时可用雾状水、泡沫扑救并切断火势蔓延途径，但应注意，不能以为明火焰扑灭即已完成灭火工作，因为受热以后升华的易燃蒸气能在不知不觉中飘逸，在上层与空气形成爆炸性混合物，尤其是在室内，易发生爆燃。因此，扑救这类物品火灾千万不能被假象所迷惑。在扑救过程中应不时向燃烧区域上空及周围喷射雾状水，并用水浇灭燃烧区域及其周围的一切火源。

② 黄磷是自燃点很低，在空气中能很快氧化升温并自燃的自燃物品。遇黄磷火灾时，首先应切断火势蔓延途径，控制燃烧范围。对着火的黄磷应用低压水或雾状水扑救。高压直流水冲击能引起黄磷飞溅，导致灾害扩大。黄磷熔融液体流淌时应用泥土、砂袋等筑堤拦截并用雾状水冷却，对磷块和冷却后已固化的黄磷，应用钳子钳入储水容器中。来不及钳时可先用砂土掩盖，但应做好标记，等火势扑灭后，再逐步集中到储水容器中。

③ 少数易燃固体和自燃物品不能用水和泡沫扑救，如三硫化二磷、铝粉、烷基铅、保险粉等，应根据具体情况区别处理，宜选用干砂和不用压力喷射的干粉扑救。

8.5.5　遇水放出易燃气体的物质应急处置

遇水放出易燃气体的物质（如金属钠、液态三乙基铝等）能与水或湿气发生化学反应，这类物品在达到一定数量时，绝对禁止用水、泡沫、酸碱等湿性灭火剂扑救，这就为其发生火灾时的扑救带来很大困难。通常措施如下：

① 首先要了解遇水放出易燃气体的物质的品名、数量；是否与其他物品混存；燃烧范围及火势蔓延途径等。

② 只有极少量（50g 以内）遇水放出易燃气体的物质着火，则无论是否与其他物品混存，仍可以用大量水或泡沫扑救。水或泡沫刚一接触着火物品时，瞬间可能会使火势增大，但少量物品燃尽后，火势就会减小或熄灭。

③ 遇水放出易燃气体的物质数量较多，而且未与其他物品混存，则绝对禁止用水、泡沫、酸碱等湿性灭火剂扑救，而应该用干粉、二氧化碳、卤代烷扑救，只有轻金属（如钾、钠、铝、镁等）用后两种灭火剂无效。固体遇水放出易燃气体的物质应该用水泥（最常用）、干砂、干粉、硅藻土及蛭石等覆盖。对遇水放出易燃气体的物质中的粉尘，如镁粉、铝粉等，切忌喷射有压力的灭火剂，以防将粉尘吹扬起来，与空气形成爆炸性混合物而导致爆炸。

④ 遇有较多的遇水放出易燃气体的物质与其他物品混存，则应先查明是哪类物品着火，遇水易燃物品的包装是否损坏。如果可以确认遇水放出易燃气体的物质尚未着火，包装也未损坏，应立即用大量水或泡沫扑救，扑灭火势后立即组织力量将遇水放出易燃气体的物质疏散到安全地点。如果确认遇水放出易燃气体的物质已经着火或包装已经损坏，则应禁止用水或湿性灭火剂扑救，若是液体应该用干粉等灭火剂扑救；若是固体应该用水泥、干砂扑救；如遇钾、钠、铝、镁等轻金属火灾，最好用石墨粉、氯化钠以及专用的轻金属灭火剂扑救。

⑤ 如果其他物品火灾威胁到相邻的较多遇水放出易燃气体的物质，应考虑其防护问题。可先用油布、塑料布或者其他防水布将其遮盖，然后在上面盖上棉被并淋水；也可以考虑筑防水堤等措施。

8.5.6　氧化性物质和有机过氧化物应急处置

不同的氧化性物质和有机过氧化物物态不同，危险特性不同，适用的灭火剂也不同。因此，扑救此类火灾比较复杂，其扑救处置措施：

① 迅速查明着火的氧化性物质和有机过氧化物以及其他燃烧物品的品名、数量、主要危险特性；燃烧范围、火势蔓延途径，能否用水和泡沫扑救等情况。

② 能用水和泡沫扑救时，应尽力切断火势蔓延途径，孤立火区，限制燃烧范围；同时积极抢救受伤及受困人员。

③ 不能用水、泡沫和二氧化碳扑救时，应该用干粉扑救，或用水泥、干砂覆盖。用水泥、干砂覆盖时，应先从着火区域四周特别是下风方向或火势主要蔓延方向覆盖。

应注意大多数氧化性物质和有机过氧化物遇酸会发生化学反应甚至爆炸；活泼金属过氧化物等一些氧化性物质不能用水、泡沫和二氧化碳扑救。

8.5.7　毒害品、腐蚀品应急处置

　　毒害品和腐蚀品对人体都有一定危害。毒害品主要经口或吸入蒸气或通过皮肤接触引起人体中毒。腐蚀品通过皮肤接触使人体形成化学灼伤。毒害品、腐蚀品有些本身能着火，有的本身并不着火，但与其他可燃物品接触后能着火。这类物品发生火灾一般应采取以下基本对策。

　　① 灭火人员必须穿防护服，佩戴防护面具。一般情况下采取全身防护即可，对有特殊要求的物品火灾，应使用专用防护服。考虑到过滤式防毒面具防毒范围的局限性，在扑救毒害品火灾时应尽量使用隔绝式氧气或空气面具。为了在火场上能正确使用和适应，平时应进行严格的适应性训练。

　　② 积极抢救受伤和被困人员，限制燃烧范围。毒害品、腐蚀品火灾极易造成人员伤亡，灭火人员在采取防护措施后，应立即投入寻找和抢救受伤、被困人员的工作，并努力限制燃烧范围。

　　③ 扑救时应尽量使用低压水流或雾状水，避免腐蚀品、毒害品溅出。遇酸类或碱类腐蚀品最好调制相应的中和剂中和。

　　④ 遇毒害品、腐蚀品容器泄漏，在扑灭火势后应采取堵漏措施。腐蚀品需用防腐材料堵漏。

　　⑤ 浓硫酸遇水能放出大量的热，会导致沸腾飞溅，需特别注意防护。扑救浓硫酸与其他可燃物品接触发生的火灾，浓硫酸数量不多时，可用大量低压水快速扑救。如果浓硫酸量很大，应先用二氧化碳、干粉、卤代烷等灭火，然后再把着火物品与浓硫酸分开。

第 9 章

安全风险分级管控与隐患排查治理

9.1 双重预防机制概述

9.1.1 双重预防机制含义与来源

双重预防机制,即安全风险分级管控与隐患排查治理双重预防机制,就是要准确把握安全生产的特点和规律,以风险为核心,坚持超前防范、关口前移,以风险管控为手段,把风险控制在隐患形成之前。并通过隐患排查,及时找出风险控制过程中可能出现的缺失、漏洞,把隐患消灭在事故发生之前。

安全生产"双体系"是由习总书记首先提出来的。2016 年 1 月,习近平同志在中共中央政治局常委会会议上发表重要讲话,对全面加强安全生产工作提出五点明确要求,其中第四点就提出了"必须坚决遏制重特大事故频发势头,对易发重特大事故的行业领域采取风险分级管控、隐患排查治理双重预防性工作机制,推动安全生产关口前移,加强应急救援工作,最大限度减少人员伤亡和财产损失"。李克强总理随后强调,"强化重点行业领域安全治理,加快健全隐患排查治理体系、风险预防控制体系和社会共治体系"。

2016 年 4 月,国务院安委会办公室为认真贯彻落实党中央、国务院决策部署,坚决遏制重特大事故频发势头,印发《标本兼治遏制重特大事故工作指南》(安委办〔2016〕3 号,以下简称《指南》)。同年 10 月,国务院安委会办公室在《指南》的基础上,就构建双重预防机制印发《实施遏制重特大事故工作指南构建双重预防机制的意见》(安委办〔2016〕11 号)。上述两个文件中均提出了构建风险分级管控与隐患排查治理双重预防机制,即为双重预防机制(亦为"双体系建设")的由来。

9.1.2 双重预防机制工作思路

双重预防机制就是构筑防范生产安全事故的两道防火墙。第一道是管风险,以安全风险辨识和管控为基础,从源头上系统辨识风险、分级管控风险,努力把各类风险控制在可接受范围内,杜绝和减少事故隐患;第二道是治隐患,以隐患排查和治理为手段,认真排查风险管控过程中出现的缺失、漏洞和风险控制失效环节，坚决把隐患消灭在事故发生之前。

双重预防机制着眼于安全风险的有效管控，紧盯事故隐患的排查治理，是一个常态化运行的安全生产管理系统，可以有效提升安全生产整体预控能力，夯实遏制重特大事故的工作基础。基于重特大事故的发生机理，从重大危险源、人员暴露和管理的薄弱环节等入手，按照问题导向，坚持重大风险重点管控；针对重特大事故的形成过程，按照目标导向，坚持重大隐患限期治理，有针对性地防范遏制重特大事故的发生。

双重预防机制的特点：超前预防，关口前移；以风险管理为核心，风险管控，隐患排查治理双体系同时运行，重心下移；注重人、机、环、管四个方面，坚持全员参与，抓基层抓基础；由事后处理向事前预防转变，由临时对策向长效机制转变，从源头解决问题。

以风险辨识和分级管控为基础，以隐患排查和治理为手段，把风险控制在隐患前面，从源头系统识别风险、控制风险，并通过隐患排查，及时寻找出风险控制过程中可能出现的缺失、漏洞及风险控制失效环节，把隐患消灭在事故发生之前。

双重预防机制要求全面辨识和排查岗位、企业、区域、行业、城市安全风险和隐患，采用科学方法进行评估与分级，建立安全风险与事故隐患信息管理系统，重点关注重大风险和重大隐患，采取工程、技术、管理等措施有效管控风险和治理隐患。构建形成点、线、面有机结合持续改进的安全风险分级管控和隐患排查治理双重预防性工作机制，推进事故预防工作科学化、智能化，切实提高防范和遏制重特大事故的能力和水平。

9.1.3　双重预防机制目标

传统的安全生产监管模式，基于结果，注重事后处理，单纯以隐患排查进行；而双重预防机制，基于过程，注重事前预防，强化风险分级管控与隐患排查治理双重保障。

构建双重预防机制就是针对安全生产领域"认不清、想不到"的突出问题，强调安全生产的关口前移，从隐患排查治理环节前移到安全风险管控。要强化风险意识，分析事故发生的全链条，抓住关键环节采取预防措施，防范安全风险管控不到位变成事故隐患、隐患未及时被发现和治理演变成事故。

形成有效管控风险、排查隐患、防范和遏制重特大事故的思想意识，推动建立企业安全风险自辨自控、隐患自查自制，政府领导有力、部门监管有效、企业责任落实、社会参与有序的工作格局，促使企业形成常态化运行的工作机制，政府及相关部门进一步明确工作职责，切实提升安全生产整体预控能力，夯实遏制重特大事故的坚实基础。

针对企业类型和特点，制定科学的程序和方法，全面开展安全风险辨识和隐患排查；采用相应的评估方法确定安全风险和隐患等级，从组织、制度、技术、人员能力、应急等方面对安全风险进行有效管控、对隐患进行治理，形成安全风险受控、事故隐患自制的双重预防机制和运行模式。

根据本地区、本行业领域特点，分行业制定安全风险分级管控和隐患排查治理的制度规范，明确安全风险和隐患的类别、评估分级方法和依据。督促指导辖区落实安全生产主体责任，推动建立统一、规范、高效的安全风险分级管控和隐患排查治理双重预防机制，建立科学、高效的安全监管执法制度。提升安全生产整体预控能力，夯实遏制重特大事故基础。形成企业安全风险自辨自控、隐患自查自治，政府领导有力、部门监管有效、企业责任落实、社会参与有序的工作格局。

9.2　风险分级管控体系建设

9.2.1　安全风险辨识

企业应精心组织、策划、收集、处理风险辨识相关资源与信息，确保风险辨识全面、充分。在开展风险辨识与评估前，要做好前期的信息收集与准备，至少包括以下内容：相关法规、政策规定和标准，相关工艺、设施的安全分析报告，试运行方案、操作运行规程及维修、应急处置措施，工艺物料或危险化学品的理化性质说明书，详细的工艺、装置、设备说明书和工艺流程图，本企业及相关行业事故资料等。

9.2.1.1　风险点辨识

风险点是指风险伴随的设施、部位、场所和区域，以及在设施、部位、场所和区域实施的伴随风险的作业活动，或者两者的组合。而风险是介值于不确定性和确定性的属性，这里特指，安全生产在劳动过程中的不确定性或确定性。在安全生产管理中，风险用生产系统事故发生的可能性与事故后果的严重程度给出：

$$R = f\ (F,\ C)$$

其中，R 代表风险；F 代表发生事故的可能性；C 代表发生事故的严重程度。实际风险评估工作中采取的风险矩阵法就是基于此内容来进行评估。

生产过程中的危险和有害因素包括物的不安全状态(物理性危险有害因素,化学性危险有害因素,生物性危险有害因素)、人的不安全行为(心理、生理性危险有害因素,行为性危险有害因素)、管理缺陷(人员安排不当,规章制度缺陷,教育培训不够,安全投入不足)、环境缺陷(照明不当,通风换气差,工作场所堵塞,过量的噪声,粉尘过大,自然因素等)四个方面。

典型的物的不安全状态包括：①装置设备工具的设计不良，包括强度不够、稳定性不好、外型缺陷、外露运动件；缺乏必要的连接装置，防护不良，包括无安全防护装置或防护装置不完善，无接地、绝缘或接地、绝缘不充分；维修不良，包括废旧、疲劳、过期而不更新，出故障未处理，平时维护不善。②物料的不安全状态，包括物理性不安全状态，如高温物、低温物、粉尘与气溶胶等；化学性不安全状态，如易燃易爆性物质、自燃性物质、有毒物质、腐蚀性物质等；生物性不安全状态，如致病微生物、传染病媒介物、致害动物、致害植物。③有害噪声，包括机械性、液体流动性、电磁性。④有害振动，包括机械性、液体流动性、电磁性。⑤电离辐射，包括 X 射线、γ 离子、β 离子、高能电子束等；非电离辐射，包括超高压电场、紫外线等。

典型的人的不安全行为包括：①不安全放置，使机械装置在不安全状态下放置，车辆、物料运输设备的不安全放置，物料、工具、垃圾等的不安全放置；②接近危险场所，包括接近或接触运转中的机械、装置，接触吊货、接近货物下面，进入危险有害场所，登上或接触易倒塌的物体，攀、坐不安全场所；③使安全防护装置失效，包括拆掉、移走安全装置，安全装置调整错误，去掉其他防护物；④对运转的设备、装置清洗、修理、调节，包括对运转中的机械装置等，对带电设备、加压容器、加热物、装有危险物的设备等；⑤制造危险状态，包括货物过载，组装中混有危险物，把规定的东西换成不安全物，临时使用不安全设施；⑥使用保护用具的缺陷，包括不使用保护用具，不穿安全服装，保护用具、服装的选择、使用方法有误等。

作业环境缺陷包括作业场所缺陷和环境因素缺陷，见表9-1。

表 9-1　作业环境缺陷

作业场所缺陷		环境因素缺陷	
1	没有确保通路	1	采光不良或有害光照
2	工作场所间隔不足	2	通风不良或缺氧
3	机械、装置、用具、日常用品配置的缺陷	3	温度过高或过低
4	物体放置的位置不当、物体堆积方式不当	4	压力过高或过低
5	对意外的摆动防范不够	5	湿度不当
6	信号缺陷	6	给排水不良
		7	外部噪声
		8	自然危险源（风、雨、雷、电、野兽、地形等）

安全健康管理缺陷见表9-2。

表 9-2　安全健康管理缺陷

1	安全生产保障不足，包括：安全生产条件不具备；没有安全管理机构或人员；安全生产投入不足；违反法规、标准
2	作用与职责分配不合理，包括：职责划分不清；职责分配相矛盾；授权不清或不妥；报告关系不明确或不正确
3	培训与指导缺陷，包括：没有提供必要的培训；培训计划设计有缺陷；培训目的或目标不明确；培训方法有缺陷；知识更新和再培训不够；缺乏技术指导
4	危险评价与控制不足，包括：未充分识别生产活动中的隐患；未正确评价生产活动中的危险；对重要危险的控制措施不当
5	规章制度与操作规程缺陷，包括：无安全生产规章制度和操作规程；安全生产规章制度和操作规程有缺陷；安全生产规章制度和操作规程不落实
6	人员管理与工作安排不当，包括：人员选择不当，无资质，生理、心理有问题；安全行为受责备，不安全行为被奖励；未提供适当的劳动防护用品；工作安排不合理；未定期对作业人员体检
7	设备与工具管理不当，包括：选择不当，或关于设备的标准不适用；未验收或验收不当；保养不当；维修不当；过度磨损；废旧处理和再次利用不妥；无设备档案或不完全
8	设计不合理，包括：工艺、技术设计不当；设备设计不当，未考虑安全卫生问题；作业场所设计不当；设计不符合人机工效学要求
9	相关方管理缺陷，包括：对设计方、承包商、供应商未进行资格预审；对设计者的设计、承包商的工程、供应商的产品未严格履行验收手续
10	物料管理缺陷，包括：运输方式或运输线路不妥；储存缺陷；包装缺陷；未能正确识别危险物品；使用不当或废弃物料处置不当；缺乏安全卫生的资料（如 MSDS）
11	应急准备与响应不足，包括：未制订应急响应程序或预案；未进行应急培训和演习；应急设施或物资不足；应急预案有缺陷，未评审和修改
12	监控机制不完善，包括：检查频次、方法、内容缺陷；检查记录缺陷；事故、事件报告、调查、分析、处理的缺陷；整改措施未落实，未追踪验证；无安全绩效考核和评估或欠妥

重大风险点主要包括：五种情况：①具有中毒、爆炸、火灾等危险的场所，作业人员在10人以上的；②涉及重大危险源的；③违反法律、法规及国家标准中强制性条款；④发生过死亡、重伤、职业病、重大财产损失事故，或三次及以上轻伤、一般财产损失事故，且现

在发生事故的条件依然存在的；⑤经风险评价确定为最高级别风险的。

9.2.1.2　危险源辨识

危险源是指可能造成人员伤害、健康损害、财产损失、作业环境破坏或其他损失的根源、状态或行为，或者是它们的组合。根据危险源在事故发生、发展中的作用，一般把危险源划分为两大类，即第一类危险源和第二类危险源。第一类危险源是指生产过程中存在的，可能发生意外释放的能量（能源或能量载体）或危险物质，如带电导体、遇水自燃物质、运动的机械、行驶的汽车、压力容器、悬吊物的势能、有毒品、粉尘、噪声等，第一类危险源决定事故后果的严重性；第二类危险源是指导致能量或危险物质的约束和限制措施破坏或失效的各种因素，包括：物的不安全状态、人的不安全行为、环境因素、管理因素。第二类危险源决定事故发生的可能性，第二类危险源出现得越频繁，事故发生的可能性就越大。一起伤亡事故的发生往往是两类危险源共同作用的结果，第一类危险源是伤亡事故发生的能量主体，决定事故发生的严重程度，第二类危险源是第一类危险源造成事故的必要条件，决定事故发生的可能性。危险源的七种类型，包括机械能、电能、热能、化学能、放射能、生物因素、人机工程因素（生理、心理）。

危险源辨识程序可简述为：①选定作业活动；②确定作业场所、活动、设施；③划分作业步骤，将活动分解为若干个相连的工作步骤；④危险源辨识，对每个作业活动危险源进行辨识；⑤确定危险源特性，是否属于直接判定法；⑥危险源汇总，评审辨识的充分性。

危险源辨识的方法较多，常见的主要辨识方法包括：

（1）基本分析法

对于某项作业活动，依据涉及的人员、活动、设备设施、物料，对照危害分类和职业病的分类，确定本项活动中具体的危害。

（2）工作安全分析法（JSA）

工作安全分析是把一项作业活动分解成几个步骤，识别整个作业活动及每一步骤中的危害及危险程度。

（3）安全检查表（SCL）

根据有关标准、规程、规范、国内外事故案例系统分析及研究的结果，结合运行经历，归纳总结所有的危害，确定检查项目并按顺序编制成表，以便进行检查或评审。

（4）预先危险性分析（PHA）

在每项生产活动之前，特别是在设计开始阶段，对系统存在危险类别、出现条件、事故后果等进行概略分析，尽可能评价出潜在的危险性。

（5）事件树分析（ETA）

从一个初始事件开始，按顺序分析事件向前发展中各个环节成功与失败的过程和结果，逐步向结果方面发展，直到达到系统故障或事故。

（6）事故树分析（FTA）

运用逻辑推理对各种系统的危险性进行辨识和评价，不仅能分析出事故的直接原因，而且能深入地揭示出事故的潜在原因。

危险源辨识工作应重点开展重大危险源的辨识。

9.2.2 安全风险等级评定

《企业职工伤亡事故分类》(GB 6441)，综合考虑起因物、引起事故的诱导性原因、致害物、伤害方式等，确定安全风险类别。对不同类别的安全风险，采用相应的风险评估方法确定安全风险等级。安全风险评估过程要突出遏制重特大事故，高度关注暴露人群，聚焦重大危险源、劳动密集型场所、高危作业工序和受影响的人群规模。

GB 6441 将可能导致的事故类型分为以下 20 类：物体打击、车辆伤害、机械伤害、起重伤害、触电、淹溺、火灾、灼烫、高处坠落、坍塌、冒顶片帮、透水、放炮、瓦斯爆炸、火药爆炸、锅炉爆炸、容器爆炸、其他爆炸、中毒和窒息、其他伤害。

安全风险等级从高到低划分为重大风险、较大风险、一般风险和低风险，分别用红、橙、黄、蓝四种颜色标示，实施分级管控。红色，A 级/1 级/极其危险：属于重大风险；橙色，B 级/2 级/高度危险：属于较大风险；黄色，C 级/3 级/显著危险：属于一般风险；蓝色，D 级/4 级/轻度危险：属于低风险，E 级/5 级/稍有危险：属于低风险。要依据安全风险类别和等级建立企业安全风险数据库，绘制企业"红橙黄蓝"四色安全风险空间分布图。其中，重大安全风险应填写清单、汇总造册，按照职责范围报告属地负有安全生产监督管理职责的部门。

安全风险等级的评定可选择风险矩阵分析法（LS）、作业条件危险性分析法（LEC）、风险程度分析法（MES）等方法对风险进行定性、定量评价，根据评价结果按从严、从高的原则判定评价级别。企业在对风险点和各类危险源进行风险评价时，应结合自身可接受风险实际，明确事故（事件）发生的可能性、严重性、风险值的取值标准和评价级别，进行风险评价。

9.2.2.1 风险矩阵分析法（LS）

风险矩阵分析法是一种简单易行的评价作业条件危险性的方法，它给出了两个变量，分别表示危险源导致事故发生的可能性(L)和事故发生后果的严重程度(S)，辨识、评估者需识别出作业活动可能存在的危害，并判定这种危害可能产生的事故后果及产生事故后果的可能性，得出所确定危害的风险。然后依据风险分级标准进行风险分级，并根据不同级别的风险，采取相应的风险控制措施。数学表达式为：

$$R=LS \tag{9-1}$$

式中　R——风险值；

　　　L——发生事故的可能性；

　　　S——发生事故后果的严重程度。

（1）事故发生可能性评定

事故发生可能性（L）分为五个等级，各等级判定准则见表 9-3。确认事故发生的可能性（L）可从两个角度考虑，①固有风险级别：指该危险源如果存在，该危险源导致后果发生的可能性。如：皮带轮无防护罩导致人员机械伤害，固有风险可能性是指如果在没有防护罩的情况下，发生事故的可能性。②现实风险级别：指现场实际状态下，该危险源存在的可能性。如：皮带轮无防护罩这种现象存在的可能性。

表 9-3　事故发生可能性（L）判定准则

等级	说明	描　述
5	极有可能发生	全国范围内发生频率极高
4	很可能发生	全国范围内发生频率较高
3	可能发生	全国范围内发生过，类似区域/行业也偶有发生； 评估范围未发生过，但类似区域/行业发生频率较高
2	较不可能发生	全国范围内未发生过，类似区域/行业偶有发生
1	基本不可能发生	全国范围内未发生过，类似区域/行业也极少发生

（2）事故后果严重程度评定

事故后果严重程度（S）判定准则见表 9-4。

表 9-4　事故后果严重程度（S）判定准则

级别	说明	描　述
5	影响特别重大	造成 30 人以上死亡，或者 100 人以上重伤(包括急性工业中毒)，巨大财产损失，造成极其恶劣的社会舆论和政治影响
4	影响重大	造成 10 人以上 30 人以下死亡，或者 50 人以上 100 人以下重伤(包括急性工业中毒)，严重财产损失，造成恶劣的社会舆论，产生较大的政治影响
3	影响较大	造成 3 人以上 10 人以下死亡，或者 10 人以上 50 人以下重伤(包括急性工业中毒)，需要外部援救才能缓解，较大财产损失或赔偿支付，在一定范围内造成不良的舆论影响，产生一定的政治影响
2	影响一般	造成 3 人以下死亡或 10 人以下重伤，现场处理(第一时间救助)可以立刻缓解事故，中度财产损失，有较小的社会舆论，一般不会产生政治影响
1	影响很小	无伤亡，财产损失轻微，不会造成不良社会舆论和政治影响

注：1. 本表所称"以上"包括本数，所称的"以下"不包括本数；

2. 风险后果中死亡人数、重伤人数的确定是参照《生产安全事故报告和调查处理条例》（国务院令第 493 号）进行描述的；若其他行业/领域对后果严重性有明确分级的，可依据相关规定具体实施。

（3）安全风险等级评定

安全风险等级（R）判定准则见表 9-5。

表 9-5　安全风险等级（R）判定准则

风险值	风险等级	
20～25(重大风险)	A/1 级	极其危险
15～16(较大风险)	B/2 级	高度危险
9～12(一般风险)	C/3 级	显著危险
4～8(低风险)	D/4 级	轻度危险
1～3(低风险)	E/5 级	稍有危险

风险评价指数矩阵见表 9-6。其中，20～25 为不可承受风险；15～16 为高度危险；9～12 为显著危险。

表 9-6　风险评级（风险评价指数矩阵）

风险等级		后果				
		影响特别重大	影响重大	影响较大	影响一般	影响很小
可能性	极有可能发生	25(重大风险)	20(重大风险)	15(较大风险)	10(一般风险)	5(低风险)
	很有可能发生	20(重大风险)	16(较大风险)	12(较大风险)	8(一般风险)	4(低风险)
	可能发生	15(较大风险)	12(较大风险)	9(一般风险)	6(低风险)	3
	较不可能发生	10(一般风险)	8(一般风险)	6(低风险)	4(低风险)	2
	基本不可能发生	5(低风险)	4(低风险)	3	2	1

9.2.2.2　作业条件危险性分析法（LEC）

作业条件危险性分析法，是指对于一个具有潜在危险性的作业条件，K. J. 格雷厄姆和 G. F. 金尼认为，影响危险性的主要因素有 3 个：①发生事故或危险事件的可能性；②暴露于这种危险环境的情况；③事故一旦发生可能产生的后果。用公式来表示则为：

$$D（风险值）=LEC \tag{9-2}$$

式中，L 表示发生事故的可能性大小；E 表示暴露于危险环境的频繁程度；C 表示事故产生后果的严重程度。风险值 D 越大，事件越严重。

（1）事故发生可能性评定

事故事件发生的可能性（L）分为 7 个等级，各等级分数值及判定准则见表 9-7。

表 9-7　事故事件发生的可能性（L）判定准则

分数值	事故发生的可能性	判定方法参考
10	完全可以预料	无控制方法或没有检查,一定会发生事故(每年发生事故 3 次或 3 次以上)
6	相当可能	无本质安全的防护措施,基于人的安全意识要求等措施(每年发生事故 1~2 次)
3	可能,但不经常	采取了硬件的防护措施,但过程仍有可能失控(每两年发生事故 1 次)
1	可能性小,完全意外	采取了可靠的防护措施,过程基本受控,现有条件下 几乎不可能发生安全事故(每三年发生事故 1 次)
0.5	很不可能,可以设想	采取了本质安全的防护措施,过程受控, 但理论上会发生安全事故(每五年发生事故 1 次)
0.2	极不可能	采取了本质安全的防护措施,采用防错法,过程 受控,极不可能发生安全事故(每十年发生事故 1 次)
0.1	实际不可能	本质安全,过程受控,不可能发生安全事故(0 事故)

（2）暴露于危险环境频繁程度评定

暴露于危险环境的频繁程度（E）判定准则见表 9-8。

表 9-8　暴露于危险环境的频繁程度（E）判定准则

分数值	频繁程度	判定方法参考
10	连续暴露	每 1000h 内,暴露的时间≥200h
6	每天工作时间内暴露	每 1000h 内,暴露的时间≥50h
3	每周一次,或偶然暴露	每 1000h 内,暴露的时间≥5h
2	每月暴露一次	每 1000h 内,暴露的时间≥1h
1	每年几次暴露	每 1000h 内,暴露的时间≥0.1h
0.5	非常罕见地暴露	每 1000h 内,暴露的时间≥0.01h

（3）事故后果严重程度评定

发生事故事件偏差产生的后果严重程度（C）判定准则见表 9-9。

表 9-9　发生事故事件偏差产生的后果严重程度（C）判定准则

分数值	法律法规及其他要求	人员伤亡	直接经济损失	停　工	公司形象
100	严重违反法律法规和标准	10 人以上死亡，或 50 人以上重伤	5000 万元以上	公司停产	重大国际、国内影响
40	违反法律法规和标准	3 人以上 10 人以下死亡，或 10 人以上 50 人以下重伤	1000 万元以上	装置停工	行业内、省内影响
15	潜在违反法规和标准	3 人以下死亡，或 10 人以下重伤	100 万元以上	部分装置停工	地区影响
7	不符合上级或行业的安全方针、制度、规定等	丧失劳动力、截肢、骨折、听力丧失、慢性病	10 万元以上	部分设备停工	公司及周边范围
2	不符合公司的安全操作程序、规定	轻微受伤、间歇不舒服	1 万元以上	1 套设备停工	引人关注，不利于基本的安全卫生要求
1	完全符合	无伤亡	1 万元以下	没有停工	形象没有受损

（4）风险等级评定

风险等级判定准则（D）及控制措施见表 9-10。

表 9-10　风险等级判定准则（D）及控制措施

风险值	风险等级		应采取的行动/控制措施	实施期限
>320	A/1 级	极其危险	在采取措施降低危害前，不能继续作业，对改进措施进行评估	立刻
160~320	B/2 级	高度危险	采取紧急措施降低风险，建立运行控制程序，定期检查、测量及评估	立即或近期整改
70~160	C/3 级	显著危险	可考虑建立目标、建立操作规程，加强培训及沟通	2 年内治理
20~70	D/4 级	轻度危险	可考虑建立操作规程、作业指导书，但需定期检查	有条件、有经费时治理
<20	E/5 级	稍有危险	无需采用控制措施，但需保存记录	—

9.2.2.3　风险评价（MES）

风险的定义，指特定危害性事件发生的可能性和后果的结合。人们常常将可能性（L）的大小和后果（S）的严重程度分别用表明相对差距的数值来表示，然后用两者的乘积反映风险程度（R）的大小，即 $R = LS$。

事故发生的可能性（L）：伤害事故和职业病发生的可能性取决于对于危害的控制措施的状态（M）和人体暴露于危害的频繁程度（E_1）；单纯财产损失事故和环境污染事故发生的可能性主要取决于对于危害的控制措施的状态（M）和危害出现的频次（E_2）。

控制措施的状态（M）：对于特定危害引起特定事故而言，无控制措施时发生的可能性较大，有减轻后果的应急措施时发生的可能性较小，有预防措施时发生的可能性最小。

将控制措施的状态（M）、暴露的频繁程度 $[E(E_1\ 或\ E_2)]$、一旦发生事故会造成的损失后果（S）分别分为若干等级，并赋予一定的相应分值。风险程度（R）为三者的乘积。将 R 亦分为若干等级。针对特定的作业条件，恰当选取 M、E、S 的值，$R = LS = MES$，根据相乘后的积确定风险程度（R）的级别。

控制措施的状态（M）的判定准则见表 9-11。

表 9-11　控制措施的状态（M）的判定准则

分数值	控制措施的状态
5	无控制措施
3	有减轻后果的应急措施，如警报系统、个体防护用品
1	有预防措施，如机器防护装置等，但须保证有效

暴露危险状态或危险状态出现频次（E）判定准则见表 9-12。

表 9-12　暴露危险状态或危险状态出现频次（E）判定准则

分数值	E_1（人身伤害和职业病）： 人体暴露于危险的频次	E_2（财产损失和环境污染）： 危险状态出现的频次
10	连续暴露	常态
6	每天工作时间暴露	每天工作时间出现
3	每周一次，或偶然暴露	每周一次，或偶然出现
2	每月一次暴露	每月一次出现
1	每年几次暴露	每年几次出现
0.5	更少的暴露	更少的出现

注：1.8h 不离工作岗位，为"连续暴露"；危险状态常存，为"常态"。

2.8h 内暴露一次至几次，为"每天工作时间暴露"；危险状态出现一次至几次，为"每天工作时间出现"。

事故的可能后果（S）判定准则见表 9-13。

表 9-13　事故的可能后果（S）

分数值	事故的可能后果			
	伤害	职业相关病症	财产损失/万元	环境影响
10	有多人死亡		＞1000	有重大环境影响的不可控排放
8	有一人死亡或 多人永久失能	职业病（多人）	100～1000	有中等环境影响的不可控排放
4	永久失能（一人）	职业病（一人）	10～100	有较轻环境影响的不可控排放
2	需医院治疗，缺工	职业性多发病	1～10	有局部环境影响的可控排放
1	轻微，仅需急救	职业因素引起 的身体不适	＜1	无环境影响

注：表中财产损失一栏的分档赋值，可根据行业和企业的特点进行适当调整。

风险程度（R）的判定准则见表 9-14。

表 9-14　风险程度（R）判定准则

$R-MES$	风险程度（等级）
＞180	一级
90～150	二级
50～80	三级
20～48	四级
≤18	五级

注：风险程度是可能性和后果的二元函数。当用两者的乘积反映风险程度的大小时，从数学上讲，乘积前面应当有一系数。但系数仅是乘积的一个倍数，不影响不同乘积间的比值；也就是说，不影响风险程度的相对比值。因此，为简单起见，将系数取为 1。

9.2.3　安全风险管控

9.2.3.1　风险管控基本要求

风险分级管控应遵循风险越高管控层级越高的原则，对于操作难度大、技术含量高、风险等级高、可能导致严重后果的作业活动应重点进行管控。上一级负责管控的风险，下一级必须同时负责管控，并逐级落实具体措施。风险管控层级可进行增加或合并，企业应根据风险分级管控的基本原则，结合本单位机构设置情况，合理确定各级风险的管控层级。

风险管控应组织有力，制度保障。企业应建立由主要负责人牵头的风险分级管控组织机构，应建立能够保障风险分级管控体系全过程有效运行的管理制度。全员参与，分级负责。企业从基层人员到最高管理者，应参与风险辨识、分析、评价和管控；企业应根据风险级别，确定落实管控措施责任单位的层级；确保风险管控措施持续有效。

风险管控体系应自主建设，持续改进。企业应根据本行业相关领域实施指南，建设符合本企业的风险分级管控体系。自主完成风险分级管控体系的制度设计、文件编制、组织实施和持续改进，独立进行危险源辨识、风险分析、风险信息整理等相关具体工作。

风险管控体系建设应系统规范，融合深化。风险分级管控体系应与安全管理体系紧密结合，应在企业安全生产标准化、职业健康安全管理体系等安全管理体系的基础上，进一步深化风险分级管控，形成一体化的安全管理体系。

风险管控体系建设应注重实际，强化过程。企业应根据自身实际，强化过程管理，制定风险管控体系配套制度，确保体系建设的实效性和实用性。基础薄弱的小微企业，应找准关键风险点，合理确定管控层级，完善控制措施，确保重大风险得到有效管控。

风险管控应激励约束，重在落实。建立完善风险管控目标责任考核制度，形成激励先进、约束落后的工作机制。按照"全员、全过程、全方位"的原则，明确每个岗位辨识风险、落实控制措施的责任，并通过评审、更新，不断完善风险分级管控体系。

9.2.3.2　风险分级管控实施程序

风险分级管控实施程序包括以下几个步骤。①风险点确定，应当遵循"大小适中、便于分类、功能独立、易于管理、范围清晰"的原则。②危险源辨识，识别危险源的存在并确定其分布和特性的过程。③风险评价，选择合适的风险评价方法，如风险矩阵分析法（LS）、作业条件危险性分析法（LEC）等对风险进行定性、定量评价。④风险控制措施，包括工程技术措施、管理措施、培训教育措施、个体防护措施、应急处置措施。⑤风险分级管控，将风险分四级即重大风险、较大风险、一般风险和低风险，分别用红、橙、黄、蓝四色标示，实施分级管控。⑥编制风险分级管控清单，编制企业全部风险点各类风险信息清单，及时更新，并采取风险公告和风险培训对全体员工进行风险告知。

（1）风险点确定

风险点划分应当遵循"大小适中、便于分类、功能独立、易于管理、范围清晰"的原则，工贸企业风险点划分可按照原料、产品储存区域、生产车间或装置、公辅设施等功能分区进行划分，比如××车间、××堆场、污水处理场、锅炉房等。对于规模较大、工艺复杂的系统可按照所包含的设备、设施、装置进一步细分，比如××设备、××工段等。对操作及作业活动等风险点的划分，应当涵盖生产经营全过程所有常规和非常规状态的作业活动。对于高温熔融金属吊运、动火作业、受限空间作业等风险等级高、可能导致严重后果的作业活动应进行重点管控。

风险点排查。工贸企业应组织对生产经营全过程进行风险点排查，风险点排查应按生产（工作）流程的阶段、场所、装置、设施、作业活动或上述几种方法的结合等进行。根据排查形成风险点名称、所在位置、可能导致事故类型及后果、风险等级等内容的基本信息建立风险点统计表。

（2）危险源辨识

危险源辨识的范围应覆盖所有的作业活动和设备设施，包括：规划、设计和建设、投产、运行等阶段，常规和非常规作业活动，事故及潜在的紧急情况，所有进入作业场所人员的活动，原材料、产品的运输和使用过程，作业场所的设施、设备、安全防护用品，工艺、设备、管理、人员等变更，丢弃、废弃、拆除与处置。

（3）风险评价

选择合适的风险评价方法，如风险矩阵分析法（LS）、作业条件危险性分析法（LEC）等对风险进行定性、定量评价。

（4）风险控制措施

风险控制措施包括工程技术措施、管理措施、培训教育措施、个体防护措施及应急处置措施五个方面。

工程控制，即采用本质安全设计，隔离、封闭、关闭、连锁、故障——安全设计减少故障等措施预防、减弱和隔离风险。工程技术措施包括四个方面。①预防，风险不能消除，则努力降低风险，如使用低压电器、安全阀、安全屏护、漏电保护装置、安全电压、熔断器、防爆膜、事故排风装置等；②减弱，在无法消除风险和难以预防的情况下，可采取减少危险、危害的措施，如局部通风排毒装置、降温措施、避雷装置、消除静电装置、减振装置、消声装置等；③隔离，在无法消除、预防、减弱危险、危害的情况下，应将人员与危险、危害因素隔开和将不能共存的物质分开，如遥控作业、安全罩、防护屏、隔离操作室、安全距离等；④联锁，当操作者失误或设备运行一旦达到危险状态时，通过联锁装置终止危险、危害发生。

管理措施，即健全机构，明确职责，建立健全规章制度和操作规程，进行全员培训提高技能和意识，完善作业许可制度，建立监督检查和奖惩机制，制定应急预案并演练等。培训教育措施，安全培训是安全监管工作的重要内容和重要支柱，是安全生产治理体系和治理能力重要举措，是防范遏制重特大事故的源头性、根本性措施。个体防护措施，根据危害因素和危险、危害作业类别配备具有相应防护功能的个人防护用品，作为补充对策。应急处置措施，企业应根据特定风险制定应急预案，配备应急救援物资，定期进行演练，提高风险事故的防范能力。

风险控制措施的选择应考虑可行性、可靠性、先进性、安全性、经济合理性、经营运行情况及可靠的技术保证和服务。作业活动类危险源的控制措施通常从以下方面考虑：制度、操作规程的完备性、管理流程合理性、作业环境可控性、作业对象完好状态及作业人员素质能力等。设备设施类危险源通常采用以下控制措施：安全屏护、报警、联锁、限位、安全泄放等工艺设备本身带有的控制措施和检查、检测、维保等常规的管理措施。不同级别的风险要结合实际采取一种或多种措施进行控制，对于评价出的不可接受风险，应增加补充建议措施并实施，直至风险可以接受。重大风险控制措施需通过工程技术措施和（或）技术改造才能控制的风险，应制定控制该类风险的目标，并为实现目标制定方案。经常性或周期性工作中不可接受风险，不需要通过工程技术措施，但需要制定新的文件或修订文件，文件中应明确规定该种风险的有效控制措施，并在实践中落实这些措施。

制定的控制措施应在实施前予以评审，评审重点关注以下几个问题：风险控制措施是否会导致达到可承受的风险水平；是否产生新的危险源；是否已选定投资效果最佳的解决方案；受影响的人员如何评价风险控制措施的必要性和可行性；风险控制措施是否会被用于实际工作中，并在面对很大的工作任务压力下仍不被忽视。

（5）风险分级管控

实施风险分级管控，应按照风险等级制定对应的风险控制措施，强化不同等级的风险管控责任主体。重大风险，由公司（厂）级、部室（车间级）、班组、岗位管控，应立即整改，不能继续作业，只有当风险降至可接受后，才能开始或继续工作。较大风险，由公司（厂）级、部室（车间级）、班组、岗位管控，应制定建议改进措施进行控制管理。一般风险，由部室（车间级）、班组、岗位管控，需要控制整改。低风险，由班组、岗位管控。

9.2.3.3　编制风险分级管控清单

工贸企业应在开展每一轮风险辨识和评价后，编制包括全部风险点各类风险信息的风险分级管控清单，并按规定及时更新。风险分级管控清单主要分为作业活动风险分级管控和设备设施风险分级管控两类清单。

作业活动风险分级管控清单见表 9-15。

表 9-15　作业活动风险分级管控清单

风险点			作业步骤		危险源或潜在事件	评价级别	风险分级	可能发生的事故类型及后果	管控措施					管控层级	责任单位	责任人	备注
编号	类型	名称	序号	名称					工程技术措施	管理措施	培训教育措施	个体防护措施	应急处置措施				
1	操作及作业活动		1														
			2														
			3														
			4														
			5														

设备设施风险分级管控清单见表 9-16。

表 9-16　设备设施风险分级管控清单

风险点			检查项目		标准	评价级别	风险分级	不符合标准情况及后果	管控措施					管控层级	责任单位	责任人	备注
编号	类型	名称	序号	名称					工程技术措施	管理措施	培训教育措施	个体防护措施	应急处置措施				
1	设施、部位、场所、区域		1														
			2														
			3														
			4														
			5														

9.2.3.4　绘制安全风险分布图

绘制安全风险四色分布图。根据风险评估结果，将生产设施、作业场所等区域存在的不同等级风险，使用红、橙、黄、蓝四种颜色标示在总平面布置图或地理坐标图中，实施风险分级管控。安全风险四色分布图如彩色插页图 9-1 所示。

绘制作业安全风险比较图。部分作业活动、生产工序和关键任务的不同行业，由于其风险等级难以在平面布置图中标示，要利用统计分析的方法，采取柱状图、曲线图或饼状图等，将企业不同的作业或各地区不同的行业的风险按照从高到低的顺序标示出来，突出工作重心。

绘制区域整体安全风险图。对于一个地区、一个城市要综合分析下一级行政区域的整体风险等级，逐级绘制街镇、县区和城市等各层级的区域整体风险图，确定监管重点。

9.2.4　风险分级管控常态化

坚持 PDCA（Plan/Do/Check/Action）原则，实现风险点确定，危险源辨识，风险评价（风险分级、控制措施），实施分级管控，检查纠正，评审改进，风险点确定的动态循环。

通过风险分级管控体系建设，企业各个方面都应有所改进。每一轮危险源辨识和风险评价后，应使原有管控措施得到改进，或者通过增加新的管控措施提高安全可靠性。重大风险场所、部位的警示标识得到保持和完善。涉及重大风险部位的作业、属于重大风险的作业建立专人监护制度。员工对所从事岗位的风险有更充分的认识，安全技能和应急处置能力进一步提高。保证风险控制措施持续有效的制度得到改进和完善，风险管控能力得到加强。根据改进的风险控制措施，完善隐患排查项目清单，使隐患排查工作更有针对性。

企业应每年对风险分级管控体系进行系统性评审或更新，根据非常规作业活动、新增功能性区域、装置或设施以及其他变更情况等适时开展危险源辨识和风险评价。

风险信息应在以下情况下更新：①职业安全健康方针变化；②发生事故、事件后；③主要原辅材料、施工工艺发生较大变化；④生产场所、施工阶段发生变化或工程项目发生变化，风险信息不能完全覆盖，应根据变化补充辨识；⑤内审、外审、管理评审的要求；⑥法律、法规、标准及相关要求发生变化；⑦职业安全健康方针变化。

对于文件管理应完整保存体现风险管控过程的记录资料，分类建档管理，具体包括：风险管控制度、风险分级管控清单、风险点台账、危险源辨识与风险评价表。

9.2.5　实施安全风险公告警示

企业要建立完善安全风险公告制度，并加强风险教育和技能培训，根据风险分级管控清单将设备设施、作业活动及工艺操作过程中存在的风险及应采取的措施通过培训方式告知各岗位人员及相关方，使其掌握规避风险的措施并落实到位。要在醒目位置和重点区域分别设置安全风险公告栏，制作岗位安全风险告知卡，标明主要安全风险、可能引发的事故隐患类别、事故后果、管控措施、应急措施及报告方式等内容。对存在重大安全风险的工作场所和岗位，要设置明显警示标志，并强化危险源监测和预警。

企业应建立安全风险公告制度以实施风险公告，在醒目位置和重点区域分别设置安全风险公告栏，制作岗位安全风险告知卡，标明主要安全风险、可能引发事故隐患类别、事故后果、管控措施、应急措施及报告方式等内容。对存在重大安全风险的工作场所和岗位，要设置明显警示标志，并强化危险源监测和预警。风险点（较大危险因素）安全警示告知牌及岗位安全风险警示告知牌如表 9-17、表 9-18 所示。

表 9-17　风险点安全警示告知牌

风险点(较大危险因素)安全警示告知牌			
场所/环节/部位名称			
风险点(较大危险因素名称)			
可能导致事故类型			
主要风险控制措施			
序号	主要控制措施	序号	主要控制措施
主要安全标志			

表 9-18　岗位安全风险警示告知牌

车间		岗位	
主要危险源			
潜在事故及职业伤害类型与控制措施	(1)		
异常状况应急处置			
安全防护提示			

9.3　隐患排查治理体系建设

　　事故隐患是指企业违反安全生产、职业卫生法律、法规、规章、标准、规程和管理制度的规定，或者因其他因素在生产经营活动中存在可能导致事故发生或导致事故后果扩大的物的危险状态、人的不安全行为和管理上的缺陷。隐患排查是指企业组织安全生产管理人员、工程技术人员、岗位员工以及其他相关人员依据国家法律法规、标准和企业管理制度，采取一定的方式和方法，对照风险分级管控措施的有效落实情况，对本单位的事故隐患进行排查的工作过程。隐患治理是指消除或控制隐患的活动或过程。

　　风险管控措施失效或弱化极易形成隐患，酿成事故，因此，企业应建立完善隐患排查治理体系。企业要建立完善隐患排查治理制度，制定符合企业实际的隐患排查治理清单，明确和细化隐患排查的事项、内容和频次，并将责任逐一分解落实，推动全员参与自主排查隐患，尤其要强化对存在重大风险的场所、环节、部位的隐患排查。企业开展隐患排查治理工作要通过与政府部门互联互通的隐患排查治理信息系统，全过程记录报告隐患排查治理情况。企业对于排查发现的重大事故隐患，应当在向负有安全生产监督管理职责的部门报告的同时，制定并实施严格的隐患治理方案，做到责任、措施、资金、时限和预案"五落实"，实现隐患排查治理的闭环管理。事故隐患整治过程中无法保证安全的，应停产停业或者停止使用相关设施设备，及时撤出相关作业人员，必要时向当地人民政府提出申请，配合疏散可能受到影响的周边人员。

9.3.1　隐患排查治理基本要求

　　应根据企业实际情况建立由企业主要负责人或分管负责人牵头的组织领导机构，建立能够保障隐患排查治理体系全过程有效运行的管理制度。

隐患排查治理应全员参与，重在治理。从企业基层操作人员到最高管理层，都应当参与隐患排查治理；企业应当根据隐患级别，确定相应的治理责任单位和人员；隐患排查治理应当以确保隐患得到治理为工作目标。

隐患排查治理应系统规范，融合深化。应在安全标准化等管理体系的基础上，改进隐患排查治理制度，形成一体化管理体系，使隐患排查治理贯彻于生产经营活动全过程，成为企业各层级、各岗位日常工作的重要组成部分。

隐患排查治理应激励约束，重在落实。应建立隐患排查治理目标责任考核机制，形成激励先进、约束落后的鲜明导向，企业应明确每一个岗位都有排查隐患、落实治理措施的责任，同时应配套制定奖惩制度。

9.3.2 隐患排查治理实施程序

隐患排查治理工作包括以下内容。首先，编制排查清单，企业应依据确定的各类风险的全部控制措施和基础安全管理要求，编制包含全部应该排查的项目清单。隐患排查项目清单包括生产现场类隐患排查清单和基础管理类隐患排查清单。其次，制定排查计划。企业应根据生产运行特点，制定隐患排查计划，明确各类型隐患排查的排查时间、排查目的、排查要求、排查范围、组织级别及排查人员等。再次，组织实施隐患排查。最后，进行隐患治理。隐患治理应坚持分级治理、分类实施、边排查边治理的原则，对排查出的隐患，企业应按照职责分工实施监控治理，形成闭环。

编制排查清单应以各类风险点为基本单元，依据风险分级管控体系中各风险点的控制措施和标准、规程要求，编制该排查单元的排查清单，至少应包括：①生产现场类隐患排查清单（与风险点对应的设备设施和作业名称、排查内容、排查标准、排查方法、排查周期）；②基础管理类隐患排查清单（基础管理名称、排查内容、排查标准、排查方法、排查周期）。隐患排查治理清单如表9-19和表9-20所示。

表9-19 ××隐患排查治理清单

×××单元 　　　　　　　　　　　　　　　　　　　　　　　　　　　　　编号：

排查范围	（场所/环节/部位名称）
排查事项	
隐患等级	
责任主体	
排查周期	
排查情况	
采取整改措施	
整改时限	
整改完成时间	
整改确认部门/负责人	
备注：	

表 9-20　隐患排查治理记录样表

检查区域		检查类型		检查时间	
检查人员					
检查记录					
序号	检查区域	发现问题	责任部门	处置措施	时间要求

　　组织实施隐患排查。隐患排查类型：主要包括日常隐患排查、综合性隐患排查、专业性隐患排查、专项或季节性隐患排查、专家诊断性检查和企业各级负责人履职检查等。排查要求：隐患排查应做到全面覆盖、责任到人，定期排查与日常管理相结合，专业排查与综合排查相结合，一般排查与重点排查相结合。企业应根据自身组织架构确定不同的排查组织级别和频次。排查组织级别一般包括公司级、部门级、车间级、班组级。企业应根据法律、法规要求，结合企业生产工艺特点，确定隐患排查类型的周期。通常，日常排查根据实际情况确定，综合性排查公司级每季度一次，车间级每月一次，专项排查每半年一次，季节性排查应根据季节性特点每季度一次，假日排查应在重大活动及节假日前进行一次隐患排查。

　　实施隐患治理。按照隐患排查治理要求，企业内各相关层级的部门和单位对照隐患排查清单进行隐患排查，填写隐患排查记录，根据排查出的隐患类别，提出治理建议，一般应包含：针对排查出的每项隐患，明确治理责任单位和主要责任人；经排查评估后，提出初步整改或处置建议；依据隐患治理难易程度或严重程度，确定隐患治理期限。隐患治理实行分级治理、分类实施的原则，主要包括岗位纠正、班组治理、车间治理、部门治理、公司治理等。隐患治理应做到方法科学、资金到位、治理及时有效、责任到人、按时完成；能立即整改的隐患必须立即整改，无法立即整改的隐患，治理前要研究制定防范措施，落实监控责任，防止隐患发展为事故。对于一般事故隐患，根据隐患治理的分级，由企业各级（公司、车间、部门、班组等）负责人或者有关人员负责组织整改，整改情况要安排专人进行确认。

　　（1）隐患治理流程

　　① 通报隐患信息。隐患排查结束，将隐患名称、存在位置、不符合状况、隐患等级、治理期限及治理建议等信息进行通报，通报方式根据企业实际情况确定。

　　② 下发隐患整改通知。对于当场不能立即整改的，应下达隐患整改通知，按照管控层级下发至隐患所在位置责任部门或者责任人进行整改，隐患整改通知应包含隐患描述、隐患等级、建议整改措施、治理责任单位和主要责任人、治理期限等内容。

　　③ 实施隐患治理。隐患存在单位在实施隐患治理前应当对隐患存在的原因进行分析，参考治理建议制定可靠的治理措施和应急措施或预案，估算整改资金并按规定时限落实整改。

　　④ 治理情况反馈。隐患存在单位在规定的期限内将治理完成情况反馈至隐患整改通知下发部门验收，未能及时整改完成的应说明原因与整改通知下发部门协同解决。

　　⑤ 验收。按照"谁排查谁验收"的原则，隐患排查组织部门应当对隐患整改效果组织验收并出具验收意见。

　　（2）重大隐患的治理

　　① 隐患评估。经判定属于重大事故隐患的，企业应当及时组织评估，并编制事故隐患

评估报告书。评估报告书应包括隐患的类别、影响范围和风险程度以及对事故隐患的监控措施、治理方式、治理期限的建议等内容。

② 治理方案。企业应根据评估报告书制定重大事故隐患治理方案，并将治理方案报告给当地县（市、区）人民政府负有安全生产监督管理职责的部门。治理方案应包括以下内容：a. 治理的目标和任务；b. 采取的方法和措施；c. 经费和物资的落实；d. 负责治理的机构和人员；e. 治理的时限和要求；f. 防止整改期间发生事故的安全措施。

③ 治理实施。企业应当按照隐患整改通知和治理方案对重大事故隐患进行治理，治理资金从安全费用支出，治理时应当采取严密的防范、监控措施防止事故发生。

重大事故隐患治理前或者治理过程中，无法保证生产安全的，企业应当暂时停产、停业或者停止使用。隐患治理完成后，应根据隐患级别组织相关人员对治理情况进行验收并出具验收意见，实现闭环管理，并建立隐患排查治理台账。重大事故隐患治理工作结束后，企业应组织对治理情况进行复查评估，并将隐患治理结果向当地县（市、区）人民政府负有安全生产监督管理职责的部门报告。

9.3.3　隐患排查治理常态化

通过隐患排查治理体系建设，企业各方面应有所改进。对隐患频率较高的风险重新进行评价、分级，并制定完善的控制措施，使生产安全事故明显减少。建立事故隐患排查治理组织机构，健全事故隐患排查制度，落实隐患排查治理责任。依据有关法律法规、技术标准、规程要求结合企业各类风险点的管控措施编制完整的隐患排查项目清单。制定完整的、可执行的排查计划并有效落实，形成完整的体现隐患排查全过程的记录资料。隐患治理及时，保证整改措施、资金、时限、责任、预案"五到位"，实现闭环管理。重大事故隐患编制评估报告书及治理方案并实施治理，治理方案和治理结果上报当地人民政府负有安全生产监督管理职责的部门。

企业应适时和定期对隐患排查治理体系运行情况进行评审，以确保其持续适宜性、充分性和有效性。评审应包括体系改进的可能性和对体系进行修改的需求。评审每年应不少于一次，当发生下述情况更新时应及时组织评审，并保存评审记录。根据以下情况对隐患排查治理体系的影响，及时更新隐患排查治理的范围、隐患等级和类别、隐患信息等内容，主要包括：①法律法规及标准规程变化或更新；②政府规范性文件提出新要求；③企业组织机构及安全管理机制发生变化；④企业生产工艺发生变化、设备设施增减、使用原辅材料变化等；⑤企业自身提出更高要求；⑥事故事件、紧急情况或应急预案演练结果反馈的需求；⑦其他情形出现应当进行评审。

应完整保存体现隐患排查过程的记录资料，并分类建档管理，建档资料应包括：①隐患排查治理制度；②隐患排查治理台账；③隐患排查项目清单。重大事故隐患排查、评估记录，隐患整改复查验收记录等，应单独建档管理。

9.4　双重预防体系实施程序与构建框架

风险是一种客观存在，意味着损失的可能性及严重性，隐患是风险管控失效后的结果；风险要加强管控，使其处于可控状态；隐患要强化治理，直至彻底消除。换言之，风险是因主题的客观属性而必然存在，不可消除，只能管控，企业能做的是排查治理隐患，使风险回归到可控的范围内。

事故隐患是指物的不安全状态、人的不安全行为、管理上的缺陷。它是引发事故的直接原因。隐患可以是一种状态、可以是一种行为、可以是一种缺陷。安全风险指可能导致人员伤亡或财产损失的危险源或各种危险有害因素。安全风险具有客观存在性和可认知性，要强调固有风险，采取管控措施降低风险；事故隐患主要来源于风险管控的薄弱环节，要强调过程管理，通过全面排查发现隐患，通过及时治理消除隐患。但两者也有关联，事故隐患来源于安全风险的管控失效或弱化，安全风险得到有效管控就会不出现或少出现隐患。

风险分级管控和隐患排查治理，作为安全系统管理的两个核心要求，在职业健康安全管理体系、安全生产标准化建设中均有明确要求，并作为其基础关键环节存在。其核心理念也是运用 PDCA 模式与过程方法，系统地进行风险点识别、风险评估与管控措施的确定，并对各个过程制定规则、原则，进行过程控制并持续改进。

9.4.1　双重预防机制工作构建原则

双重预防机制构建工作应遵循以下原则：

① 风险优先原则。以风险管控为主线，把全面辨识评估风险和严格管控风险作为安全生产的第一道防线，构建基于风险、系统化、规范化的双重预防机制。

② 系统性原则。通过辨识风险，排查隐患，并落实风险管控和隐患治理责任，实现安全风险辨识、评估、分级、管控和事故隐患排查、整改、消除的闭环管理。

③ 全员参与原则。将双重预防机制建设各项工作责任分解落实到企业的各层级领导、各业务部门和每个具体工作岗位，确保责任明确。

④ 坚持持续改进原则。持续进行风险分级管控与更新完善，持续开展隐患排查治理，实现双重预防机制不断深入、深化，促使机制建设水平不断提升。

9.4.2　双重预防机制的实施程序

开展双重预防体系工作，主要的流程为筹备、风险分级管控、隐患排查治理、培训和考核。

① 筹备阶段。需成立由主要负责人负责的非临时专门机构，要包括主要负责人、安全管理人员、分管负责人及其他人员。实现全员参与、全岗位覆盖、全过程管控、全时段落实，完善责任制，并建立具体流程和方案。

② 实施风险分级管控。企业组织对生产经营单位全过程进行风险点排查，建立风险点台账，为风险分析做好准备。选择合适的风险评价方法，如风险矩阵分析法（LS）和作业条件危险性分析法（LEC）等确定风险等级。对于重大风险的判定要实事求是，不能因为怕麻烦而随意降低风险等级，减少管控措施。根据已经确定的风险点清单和风险等级，采取管控措施。

③ 隐患排查治理。企业根据生产运行的特点，制定符合自身实际的隐患排查计划。执行隐患排查，编制隐患排查清单，确定一般事故隐患和重大事故隐患。进行隐患治理，一定

要采取闭环管理。

④ 培训和考核。企业要根据"双体系"建设成果对从业人员进行必要的培训。另外，企业至少每两年对"双体系"进行一次系统性评审，根据变化情况做出相应的更新。在更新后，要及时进行对外对内的沟通，对从业人员进行相应的教育培训，使从业人员了解信息的变化。企业对全体员工开展有针对性的培训，主要的内容包括：a. 双重预防机制建设相关法规、文件、标准；b. 双重预防机制建设的技巧；c. 风险管理理论、风险辨识评估方法；d. 风险点分级管控原则、方法；e. 重大风险管理措施。

9.4.3　双重预防机制常态化

（1）全面开展安全风险辨识

针对本企业类型和特点，制定科学的安全风险辨识程序和方法，全面开展安全风险辨识。企业要组织专家和全体员工，采取安全绩效奖惩等有效措施，全方位、全过程辨识生产工艺、设备设施、作业环境、人员行为和管理体系等方面存在的安全风险，做到系统、全面、无遗漏，并持续更新完善。

（2）科学评定安全风险等级

对辨识出的安全风险进行分类梳理，综合考虑起因物、引起事故的诱导性原因、致害物、伤害方式等，确定安全风险类别。对不同类别的安全风险，采用相应的风险评估方法确定安全风险等级。安全风险等级从高到低划分为重大风险、较大风险、一般风险和低风险，分别用红、橙、黄、蓝四种颜色标示。重大安全风险应填写清单、汇总造册，报告属地职责部门。依据安全风险类别和等级建立企业安全风险数据库，绘制企业"红橙黄蓝"四色安全风险空间分布图。

（3）有效管控安全风险

根据风险评估的结果，针对风险特点，从组织、制度、技术、应急等方面对安全风险进行有效管控。要通过隔离危险源、采取技术手段、实施个体防护、设置监控设施等措施，达到回避、降低和监测风险的目的。要对安全风险分级、分层、分类、分专业进行管理，逐一落实企业、车间、班组和岗位的管控责任，强化对重大危险源和存在重大安全风险的生产经营系统、生产区域、岗位的重点管控。高度关注运营状况和危险源变化后的风险状况，动态评估、调整风险等级和管控措施，确保安全风险始终处于受控范围内。

（4）实施安全风险公告警示

企业要建立完善安全风险公告制度，并加强风险教育和技能培训，确保管理层和每名员工都掌握安全风险的基本情况及防范、应急措施。要在醒目位置和重点区域分别设置安全风险公告栏，制作岗位安全风险告知卡，标明主要安全风险、可能引发事故隐患类别、事故后果、管控措施、应急措施及报告方式等内容。对存在重大安全风险的工作场所和岗位，要设置明显警示标志，并强化危险源监测和预警。

（5）建立完善隐患排查治理体系

风险管控措施失效或弱化极易形成隐患，酿成事故。企业要建立完善隐患排查治理制度，制定符合企业实际的隐患排查治理清单，明确和细化隐患排查的事项、内容和频次，并将责任逐一分解落实，推动全员参与自主排查隐患，尤其要强化对存在重大风险的场所、环节、部位的隐患排查。要通过与政府部门互联互通的隐患排查治理信息系统，全过程记录报告隐患排查治理情况。对于排查发现的重大事故隐患，应当在向负有安全生产监督管理职责的部门报告的同时，制定并实施严格的隐患治理方案，做到责任、措施、资金、时限和预案"五落实"，实现隐患排查治理的闭环管理。事故隐患整治过程中无法保证安全的，应停产停业或者停止使用相关设施设备，及时撤出相关作业人员，必要时向当地人民政府提出申请，配合疏散可能受到影响的周边人员。

安全风险分级管控体系和隐患排查治理体系不是两个平行的体系，更不是互相割裂的"两张皮"，二者必须实现有机的融合。要定期开展风险辨识，加强变更管理，定期更新安全风险清单、事故隐患清单和安全风险图，使之符合本单位实际，满足工作需要。要对双重预防机制运行情况进行定期评估，及时发现问题和偏差，修订完善制度规定，保障双重预防机制的持续改进。要从源头上管控高风险项目的准入，持续完善重大风险管控措施和重大隐患治理方案，保障应急联动机制的有效运行，确保双重预防机制常态化运行。

附　　录

附录 A　我国危险化学品相关法律法规及部门规章等文件清单

序号	法律
1	中华人民共和国安全生产法
2	中华人民共和国消防法
3	中华人民共和国职业病防治法
4	中华人民共和国道路交通安全法
5	中华人民共和国特种设备安全法
6	中华人民共和国矿山安全法
7	中华人民共和国石油天然气管道保护法
8	中华人民共和国突发事件应对法
9	中华人民共和国城乡规划法
10	中华人民共和国劳动法
行政法规	
11	监控化学品管理条例(国务院令〔1995〕190 号)
12	建设项目环境保护管理条例(国务院令〔1998〕253 号)
13	安全生产许可证条例(国务院令〔2004〕397 号)
14	易制毒化学品管理条例(国务院令〔2005〕445 号)
15	生产安全事故报告和调查处理条例(国务院令〔2007〕493 号)
16	国务院关于修改《特种设备安全监察条例》的决定(国务院令〔2009〕549 号)
17	国务院关于修改《工商保险条例》的决定(国务院令〔2010〕586 号)
18	危险化学品安全管理条例(国务院令〔2011〕591 号)
19	国务院办公厅关于印发危险化学品安全综合治理方案的通知(国办发〔2016〕88 号)
20	国务院安委会关于印发《全国安全生产专项整治三年行动计划》的通知(安委〔2020〕3 号)
部门规章	
21	劳动防护用品监督管理规定(安监总局令〔2005〕1 号)
22	生产经营单位安全培训规定(安监总局令〔2005〕3 号)
23	《生产安全事故报告和调查处理条例》罚款处罚暂行规定(安监总局令〔2007〕13 号)
24	安全生产违法行为行政处罚办法(安监总局令〔2007〕15 号)
25	安全生产事故隐患排查治理暂行规定(安监总局令〔2008〕16 号)
26	生产安全事故应急预案管理办法(应急管理部令〔2019〕2 号)
27	建设项目安全设施"三同时"监督管理暂行办法(安监总局令〔2010〕36 号)

续表

序号	法律
28	危险化学品重大危险源监督管理暂行规定(安监总局令〔2011〕40 号)
29	危险化学品生产企业安全生产许可证实施办法(安监总局令〔2011〕41 号)
30	危险化学品输送管道安全管理规定(安监总局令〔2011〕43 号)
31	危险化学品建设项目安全监督管理办法(安监总局令〔2012〕45 号)
32	工作场所职业卫生监督管理规定(安监总局令〔2012〕47 号)
33	职业病危害项目申报办法(安监总局令〔2012〕48 号)
34	危险化学品登记管理办法(安监总局令〔2012〕53 号)
35	危险化学品经营许可证管理办法(安监总局令〔2012〕55 号)
36	危险化学品安全使用许可证实施办法(安监总局令〔2012〕57 号)
37	化学品物理危险性鉴别与分类管理办法(安监总局令〔2013〕60 号)
38	化工(危险化学品)企业保障生产安全十条规定(安监总局令〔2013〕64 号)
39	严防企业粉尘爆炸五条规定(安监总局令〔2014〕68 号)
40	有限空间安全作业五条规定(安监总局令〔2014〕69 号)
41	企业安全生产风险公告六条规定(安监总局令〔2014〕70 号)
42	国家安全监管总局关于修改《〈生产安全事故报告和调查处理条例〉罚款处罚暂行规定》等四部规章的决定(安监总局令〔2015〕77 号)
43	国家安全监管总局关于废止和修改危险化学品等领域七部规章的决定(安监总局令〔2015〕79 号)
44	国家安全监管总局关于废止和修改劳动防护用品和安全培训等领域十部规章的决定(安监总局令〔2015〕80 号)
45	油气罐区防火防爆十条规定(安监总局令〔2015〕84 号)
46	易制爆危险化学品名录(2017 版)(公安部)
规范性文件	
47	国家安全监管总局关于公布首批重点监控的危险化工工艺目录的通知(安监总管三〔2009〕116 号)
48	国家安全监管总局关于印发危险化学品从业单位安全生产标准化评审标准的通知(安监总局令〔2011〕93 号)
49	国家安全监管总局关于公布首批重点监管的危险化学品安全措施和应急处置原则的通知(安监总厅管三〔2011〕142 号)
50	关于开展提升危险化学品领域本质安全水平专项行动的通知(安监总管三〔2012〕87 号)
51	危险化学品企业事故隐患排查治理实施导则(安监总管三〔2012〕103 号)
52	国家安全监管总局关于危险化学品经营许可有关事项的通知(安监总厅管三函〔2012〕179 号)
53	国家安全监管总局关于公布第二批重点监管危险化工工艺目录和调整首批重点监管危险化工工艺中部分典型工艺的通知(安监总管三〔2013〕3 号)
54	国家安全监管总局关于公布第二批重点监管危险化学品名录的通知(安监总管三〔2013〕12 号)
55	国家安全监管总局住房城乡建设部关于进一步加强危险化学品建设项目安全设计管理的通知(安监总管三〔2013〕76 号)
56	国家安全监管总局关于加强化工过程安全管理的指导意见(安监总管三〔2013〕88 号)
57	国家安全监管总局关于进一步加强罐区安全管理的通知(安监总管三〔2014〕68 号)
58	国家安全监管总局关于印发《化工(危险化学品)企业安全检查重点指导目录》的通知(安监总管三〔2012〕87 号)
59	国家安全监管总局办公厅关于印发用人单位劳动防护用品管理规范的通知(安监总厅安健〔2015〕124 号)
60	国家安全监管总局办公厅关于印发危险化学品目录(2015 版)实施指南(试行)的通知(安监总厅管三〔2015〕80 号)
61	应急管理部关于印发《化工园区安全风险排查治理导则(试行)》和《危险化学品企业安全风险隐患排查治理导则》的通知(应急〔2019〕78 号)

附录 B　常见的危险货物运输包装及包装组合代号

表 B.1　常见的危险货物运输包装

包装号	包装组合型式		包装组合代号	适用货类	包装件限制质量	备注
	外包装	内包装				
1 甲 乙 丙 丁	闭口钢桶： 钢板厚 1.50mm 钢板厚 1.25mm 钢板厚 1.00mm 钢板厚＞0.50～ 0.75mm		$1A_1$	液体货物	每桶净质量不超过： 250kg 200kg 100kg 200kg(一次性使用)	灌满腐蚀性物品钢桶内壁应涂镀防腐层
2 甲 乙 丙 丁 戊	中开口钢桶： 钢板厚 1.25mm 钢板厚 1.00mm 钢板厚 0.75mm 钢板厚 0.50mm 钢桶或镀锡薄钢板桶(罐)	塑料袋或多层牛皮纸袋	$1A_25H_4$ $1A_25M_1$ $1A_25M_2$ $1A_2$ $1N_2$ $3N_2$	固体、粉状及晶体状货物稠黏状、胶状货物	每桶净质量不超过： 250kg 150kg 100kg 50kg 或 20kg 50kg 或 20kg	
3 甲 乙 丙 丁	全开口钢桶： 钢板厚 1.25mm 钢板厚 1.00mm 钢板厚 0.75mm 钢板厚 0.50mm	塑料袋或多层牛皮纸袋	$1A_35H_4$ $1A_35M_1$ $1A_35M_3$ $1A_3$	固体、粉状及晶体状货物	每桶净质量不超过： 250kg 150kg 100kg 50kg	
4 甲 乙	钢塑复合桶： 钢板厚 1.25mm 钢板厚 1.00mm		$6HA_1$	腐蚀性液体货物	每桶净质量不超过： 200kg 50kg 或 100kg	
5	闭口铝桶： 铝板厚＞2mm		$1B_1$	液体货物	每桶净质量不超过:200kg	
6	纤维板桶 胶合板桶 硬纸板桶	塑料袋或多层牛皮纸袋	$1F5H_4$ $1F5M_1$ $1D5H_4$ $1D5M_1$ $1C5H_4$ $1G5M_1$	固体、粉状及晶体状货物	每桶净质量不超过:30kg	
7	闭口塑料桶		$1H_1$	腐蚀性液体货物	每桶净质量不超过:35kg	
8	全开口塑料桶	塑料袋或多层牛皮纸袋	$1H_35H_4$ $1H_35M_1$	固体、粉状及晶体状货物	每桶净质量不超过:50kg	
9	满板木箱	塑料袋 多层牛皮袋	$4C_15H_4$ $4C_15M_1$	固体、粉状及晶体状货物	每桶净质量不超过:50kg	
10	满板木箱	1. 中层金属桶内装： 螺纹口玻璃瓶 塑料瓶 塑料袋 2. 中层金属罐内装： 螺纹口玻璃瓶 塑料瓶 塑料袋	$4C_11N_39P_1$ $4C_11N_39H$ $4C_11N_35H_4$ $4C_13N_39P_1$ $4C_13N_39H$ $4C_13N_35H$	强氧化剂 过氧化物 氯化钠,氯化钾货物	每箱净质量不超过 20kg。 箱内:每瓶净质量不超过 1kg,每袋净质量不超过 2kg	

包装号	包装组合型式		包装组合代号	适用货类	包装件限制质量	备注
	外包装	内包装				
		3. 中层塑料桶内装： 螺纹口玻璃瓶 塑料瓶 塑料袋 4. 中层塑料罐内装： 螺纹口玻璃瓶 塑料瓶 塑料袋	$4C_1H_39P_1$ $4C_1H_39H$ $4C_1H_35H_4$ $4C_13H_39P_1$ $4C_13H_39H$ $4C_13H_35H_4$			
11	满板木箱	螺纹口或磨砂口玻璃瓶	$4C_19P_1$	液体强酸货物	每箱净质量不超过20kg。 箱内：每箱净质量0.5~5kg	
12	满板木箱	1. 螺纹口玻璃瓶 2. 金属盖压口玻璃瓶 3. 塑料瓶 4. 金属桶(罐)	$4C_19P_1$ $4C_19P_1$ $4C_19H$ $4C_11N$ $4C_13N$	液体、固体粉状及晶体状货物	每箱净质量不超过20kg。 箱内：每瓶、桶(罐)净质量不超过1kg	
13	满板木箱	安瓿瓶外加瓦楞纸套或塑料气泡垫,再装入纸盒	$4C_1G9P_3$ $4C_1H9P_3$	气体、液体货物	每箱净质量不超过10kg。 箱内：每瓶净质量不超过0.25kg	
14	满板木箱或半花格木箱	耐酸坛或陶瓷瓶	$4C_19P_2$ $4C_39P_2$	液体强酸货物	1. 坛装每箱净质量不超过50kg 2. 瓶装每箱净质量不超过30kg	
15	满板木箱或半花格木箱	玻璃瓶或塑料桶	$4C_11H_3$ $4C_19P_1$ $4C_31H_1$ $4C_39P_1$	液体酸性货物	1. 瓶装每箱净质量不超过30kg,每瓶不超过25kg； 2. 桶装每箱净质量不超过40kg,每桶不超过20kg	
16	花格木箱	薄钢板桶或镀锡薄钢板桶(罐)	$4C_41A_2$ $4C_41N$ $4C_43N$	稠黏状、胶状货物如：油漆	1. 每箱净质量不超过50kg； 2. 每桶(罐)净质量不超过20kg	
17	花格木箱	金属桶(罐)或塑料桶,桶内衬塑料袋	$4C_41N5H_4$ $4C_43N5H_4$ $4C_41H_25H_4$	固体、粉状及晶体状货物	每箱净质量不超过20kg	
18	满底板花格木箱	螺纹口玻璃瓶、塑料瓶或镀锡薄钢板桶(罐)	$4C_29P_1$ $4C_29H$ $4C_21N$ $4C_23N$	稠黏状、胶状及粉状货物	每箱净质量不超过20kg。 箱内：每瓶、桶(罐)净质量不超过1kg	
19	纤维板箱 锯末板箱 刨花板箱	螺纹口玻璃瓶、塑料瓶或镀锡薄钢板桶(罐)	$4F9P_1$ $4F9H$ $4F1N$ $4F3N$	固体、粉状及晶体状货物 稠黏状、胶状货物	每箱净质量不超过20kg。 箱内：每瓶净质量不超过1kg；每桶(罐)净质量不超过4kg	

包装号	包装组合型式 外包装	包装组合型式 内包装	包装组合代号	适用货类	包装件限制质量	备注
20	钙塑板箱	螺纹口玻璃瓶 塑料瓶 复合塑料瓶 金属桶(罐),镀锡薄钢板桶或金属软管再装入纸盒	$4G_39P_1$ $4G_39H$ $4G_23N$ $4G_35N4M$	液体农药,稠黏状、胶状货物	每箱净质量不超过20kg 箱内:每桶(罐)、瓶、管不超过1kg	
21	钙塑板箱	双层塑料袋或多层牛皮纸袋	$4G_35H_4$ $4G_35M_1$	固体、粉状农药	每箱净质量不超过20kg 箱内:每袋净质量不超过5kg	
22	瓦楞纸箱	金属桶(罐) 镀锡薄钢板桶 金属软管	$4G_11N$ $4G_13N$ $4G_15N$	稠黏状、胶状货物	每箱净质量不超过20kg 箱内:每桶(罐)、管不超过1kg	
23	瓦楞纸箱	塑料瓶 复合塑料瓶 双层塑料袋 多层牛皮纸袋	$4G_19H$ $4G_16H9$ $4G_15H_4$ $4G_15M_1$	粉状农药	每箱净质量不超过20kg 箱内:每瓶不超过1kg;每袋不超过5kg	
24	以柳、藤、竹等材料编制的笼、篓、筐	螺纹口玻璃瓶 塑料瓶 镀锡薄钢板桶(罐)	$8K9P_1$ $8K9H$ $8K3N$ $8K1N$	低毒液体或粉状农药,稠黏状、胶状货物,油纸制品和油麻丝	每笼、篓、筐质量不超过20kg;油漆类每桶(罐)净质量不超过5kg;每瓶不超过1kg	
25	塑料编织袋	塑料袋	$5H_15H_4$	粉状、块状货物	每袋净质量不超过50kg	
26	复合塑料编织袋		$6HL5$	块状、粉状及晶体状货物	每袋净质量25～50kg	
27	麻袋	塑料袋	$5L_15H_4$	固体货物	每袋净质量不超过100kg	

表 B.2 常见包装组合代号

序号	包装名称	代号	序号	包装名称	代号
1	闭口钢桶	$1A_1$	16	瓦楞纸箱	$4G_1$
2	中开口钢桶	$1A_2$	17	硬纸板箱	$4G_2$
3	全开口钢桶	$1A_3$	18	钙塑板箱	$4G_3$
4	闭口金属桶	$1N_1$	19	普通型编织袋	$5L_1$
5	全开口金属罐	$3N_3$	20	复合塑料编织袋	$6HL5$
6	闭口铝桶	$1B_1$	21	普通型塑料编织袋	$5H_1$
7	中开口铝罐	$3B_2$	22	防撒漏型塑料编织袋	$5H_2$
8	闭口塑料桶	$1H_1$	23	防水型塑料编织袋	$5H_3$
9	全开口塑料桶	$1H_3$	24	塑料袋	$5H_4$
10	闭口塑料罐	$3H_1$	25	普通型纸袋	$5M_1$
11	全开口塑料罐	$3H_3$	26	防水型纸袋	$5M_3$
12	满板木箱	$4C_1$	27	玻璃瓶	$9P_1$
13	满底板花格木箱	$4C_2$	28	陶瓷坛	$9P_2$
14	半花格木箱	$4C_3$	29	安瓿瓶	$9P_3$
15	花格木箱	$4C_4$			

附录 C 危险化学品安全技术说明书示例（氢氧化钾）

为了说明编写方法，下面以氢氧化钾的安全技术说明书进行具体说明，但该示例并不是编写样本，仅提供参考。

危险化学品安全技术说明书（氢氧化钾）

第一部分 化学品及企业标识

中文名：氢氧化钾；苛性钾

英文名：Potassium Hydroxide

分子量：56.11

分子式：KOH

企业名称：xxxx

地址：xxxx

邮政编码：xxxx

电话：xxxx

应急咨询单位：xxxx

应急咨询电话：xxxx

技术说明书编码：xxxx

生效日期：   年   月   日

第二部分 危险性概述

危险性类别：第 8.2 类，碱性腐蚀品。

侵入途径：吸入、食入、皮肤接触。

健康危害：本品具有强腐蚀性。粉末刺激眼睛和呼吸道，腐蚀鼻中隔；皮肤和眼睛直接接触可引起灼伤；误服可造成消化道灼伤，黏膜糜烂、出血，休克，食入量大时会出现呕吐、腹泻和胃疼等症状。慢性影响，长期接触，除短期影响的症状外还会出现消化障碍。

第三部分 成分/组成信息

主要成分：固体氢氧化钾 90%～95%，液体氢氧化钾 30%～48%。

CAS 号：1310-58-3

化学类别：无机碱

第四部分 急救措施

皮肤接触：立即脱去污染的衣物，用大量流动清水冲洗，至少 15min。就医。

眼睛接触：提起眼睑，用大量流动清水或生理盐水彻底冲洗，至少 15min。就医。

吸入：迅速脱离现场到空气新鲜处。保持呼吸道畅通。如呼吸困难，给氧气。如呼吸停止，立即进行人工呼吸。就医。

食入：误服者用水漱口，给饮牛奶或蛋清。就医。

第五部分 消防措施

危险特性：不燃物质，能与一些活性金属粉末发生反应，放出氢气。遇氰化物能产生剧毒的氰化氢气体。与碱发生中和反应，并放出大量的热。具有较强的腐蚀性。

灭火方法：消防人员必须佩戴氧气呼吸器、穿全身防护服。用碱性物质如碳酸氢钠、碳酸钠、消石灰等中和。也可用大量水扑救。

第六部分　泄漏应急处理

应急处理：迅速撤离泄漏污染区人员到安全区，并进行隔离，严格限制出入。建议应急处理人员戴自给正压式呼吸器，穿防酸碱工作服。不要直接接触泄漏物。尽可能切断泄漏源。防止进入下水道、排洪沟等限制性空间。

小量泄漏：用砂土、干燥石灰或苏打灰混合。也可以用大量水冲洗，洗水稀释后排入废水系统。

大量泄漏：构筑围堤或挖坑收容；用泵转移到槽车或专用收集器内，回收或运至废物处理场所处理。

第七部分　操作处置与储存

操作处置注意事项：密闭操作，加强通风。操作人员必须经过培训，严格遵守操作规程。建议操作人员佩戴自吸式过滤式防毒面具，戴化学安全防护眼镜，穿防毒渗透工作服，戴橡胶耐酸手套，远离火种、热源。工作场所严禁吸烟。

储存注意事项：储存于阴凉、干燥、通风良好的仓库。应与碱类、金属粉末、卤素（氟、氯、溴）、易燃或可燃物等分开存放。不可混储混运。搬时要轻装轻卸，防止包装及容器损坏。分装和搬运作业要注意个人防护。运输按规定线路行驶。

第八部分　暴露控制/个体防护

最高容许浓度：

中国（MAC）15mg/m³；

美国 TLV-TWA OSHA 5ppm，7.5mg/m³（上限值）；

美国 TLV-STEL ACGIH 5ppm，7.5mg/m³。

监测方法：硫氰酸汞比色法。

工程控制：密闭操作，注意通风。尽可能机械化、自动化。提供安全淋浴和洗眼设备。

呼吸系统防护：可能接触其烟雾时，佩戴自吸式过滤式防毒面具（全面罩）或空气呼吸器。紧急事态抢救或撤离时，建议佩戴氧气呼吸器。

眼睛防护：佩戴化学安全防护眼镜。

身体防护：穿橡胶耐酸碱服。

手防护：佩戴橡胶耐酸碱手套。

其他防护：工作现场禁止吸烟、进食和饮水。工作毕，淋浴更衣。单独存放被毒物污染的衣服，洗后备用。保持良好的卫生习惯。

第九部分　理化特性

外观与性状：无色或微黄色发烟液体，有刺鼻的酸味。

熔点（℃）：−114.8（纯）。

沸点（℃）：108.6（20%）。

饱和蒸气压（kPa）：30.66（21℃）。

相对密度（水=1）：1.20。

相对密度（空气=1）：1.26。

溶解性：与水混溶、溶于碱液。

主要用途：重要的无机化学品，广泛用于染料、医药、食品、印染、皮革、冶金等行业。

第十部分　稳定性和反应活性

稳定性：稳定

聚合危害：不聚合

禁忌物：碱类、胺类、碱金属、易燃和可燃物。

燃烧（分解）产物：氯化氢。

第十一部分　毒理学资料

急性中毒：—

亚急性和慢性毒性：—

致突变性：—

第十二部分　生态学资料

生态学资料：该物质对环境有危害，应特别注意对水体和土壤的污染。

第十三部分　废弃处置

废弃物性质：危险废物

废弃方法：用碱液、石灰水中和，生成氯化钠和氯化钙，用水稀释后排入下水道。

第十四部分　运输信息

中国危规编号：82002。

UN 编号：1813。

包装标志：腐蚀品。

包装分类：Ⅱ类包装。

包装方法：小开口钢桶；螺纹口玻璃瓶，铁盖压口玻璃瓶、塑料瓶、编织袋或金属桶（罐）外木板箱。

运输注意事项：液体苛性钾可用不锈钢槽车、船舶、塑料桶包装运输。储存于阴凉、干燥、通风良好的仓库，应与碱类、金属粉末、卤素（氟、氯、溴）、易燃或可燃物等分开存放，不可混储混运。搬时要轻装轻卸，防止包装及容器损坏，分装和搬运作业要注意个人防护。运输按规定线路行驶，需贴"腐蚀标签"，航空、铁路限量运输。

第十五部分　法规信息

《危险化学品安全管理条例》（2013 年 12 月 4 日实施）、《工作场所安全使用化学品规定》等法规，针对危险化学品的安全生产、使用、储存、运输、装卸等方面均做了相应规定；《危险货物分类和品名编号》（GB 6944—2012），将其划分为第 8 类，腐蚀性物质。

第十六部分　其他信息

　　　　　　　　填表时间：　　　　　填表部门：　　　　　审核人：

附录 D　工矿商贸行业涉及危险化学品及危害性统计

行业分类	门类	大类	类别名称	涉及的典型危险化学品	主要安全风险
建材	C	30	非金属矿物制品业	（1）三氧化二砷、氟化氢等作为澄清剂，高锰酸钾、重铬酸钾等作为着色剂	中毒、腐蚀、火灾
				（2）使用天然气、煤气等作为燃料	火灾、爆炸、中毒
冶金	C	31	黑色金属冶炼和压延加工业	冶炼过程涉及一氧化碳、盐酸、氧气、氢气、氩气、氮气、电石等	火灾、爆炸、中毒、腐蚀

续表

行业分类	门类	大类	类别名称	涉及的典型危险化学品	主要安全风险
有色	C	32	有色金属冶炼和压延加工业	(1)冶炼焙烧过程涉及一氧化碳、二氧化硫、氯气、氮气、砷化氢等	火灾、爆炸、中毒、腐蚀
				(2)部分贵金属提取使用氰化钠	中毒
				(3)镁、锂和镁铝粉等	火灾、粉尘爆炸
				(4)萃取剂磺化煤油等	火灾
				(5)硫酸、盐酸、氢氧化钠等作为浸出剂	腐蚀
机械	C	33	金属制品业	(1)焊接使用乙炔、氧气、丙烷	火灾、爆炸
				(2)金属器件电镀使用氰化钾、硫酸、盐酸等	中毒、腐蚀
				(3)金属漆稀释剂使用甲苯、二甲苯等	火灾、爆炸、中毒
				(4)金属表面抛光产生镁铝粉等	火灾、粉尘爆炸
				(5)表面清洗使用松香水、天拿水等	火灾、爆炸、中毒
				(6)金属热处理使用液氨、氢气、丙烷等	火灾、爆炸、中毒
		34	通用设备制造业	(1)焊接使用乙炔、氧气、丙烷	火灾、爆炸
				(2)金属漆稀释剂使用甲苯、二甲苯等	火灾、爆炸、中毒
				(3)金属表面抛光产生镁铝粉等	火灾、粉尘爆炸
				(4)表面清洗使用松香水、天拿水等	火灾、爆炸、中毒
				(5)金属热处理使用液氨、氢气、丙烷等	火灾、爆炸、中毒
		35	专用设备制造业	(1)焊接使用乙炔、氧气、丙烷	火灾、爆炸
				(2)金属漆稀释剂使用甲苯、二甲苯等	火灾、爆炸、中毒
				(3)金属表面抛光产生镁铝粉等	火灾、粉尘爆炸
				(4)表面清洗使用松香水、天拿水等	火灾、爆炸、中毒
				(5)金属热处理使用液氨、氢气、丙烷等	火灾、爆炸、中毒
		36	汽车制造业	(1)焊接使用乙炔、氧气、丙烷	火灾、爆炸
				(2)金属漆稀释剂使用甲苯、二甲苯等	火灾、爆炸、中毒
				(3)金属表面抛光产生镁铝粉等	火灾、粉尘爆炸
				(4)表面清洗使用松香水、天拿水等	火灾、爆炸、中毒
				(5)金属热处理使用液氨、氢气、丙烷等	火灾、爆炸、中毒
		37	铁路、船舶、航空航天和其他运输设备制造业	(1)焊接使用乙炔、氧气、丙烷	火灾、爆炸
				(2)金属漆稀释剂使用甲苯、二甲苯等	火灾、爆炸、中毒
				(3)金属表面抛光产生镁铝粉等	火灾、粉尘爆炸
				(4)表面清洗使用松香水、天拿水等	火灾、爆炸、中毒
				(5)金属热处理使用液氨、氢气、丙烷等	火灾、爆炸、中毒
		38	电气机械和器材制造业	(1)电池制造使用硫酸、硫酸铅、氢气、甲醇、锂等	爆炸、火灾、腐蚀、中毒
				(2)照明器具使用砷化镓、汞等有毒物质	中毒
		39	计算机、通信和其他电子设备制造业	(1)氢氟酸用于集成电路板制造	中毒、腐蚀
				(2)金属器件电镀使用氰化钾、硫酸、盐酸、铬酐(三氧化铬)等	中毒、腐蚀
				(3)电子元件焊接过程使用松香水、天拿水等	火灾、爆炸、中毒
		40	仪器仪表制造业	(1)焊接使用乙炔、氧气、丙烷	火灾、爆炸
				(2)金属漆稀释剂使用甲苯、二甲苯等	火灾、爆炸、中毒
		43	金属制品、机械和设备修理业	(1)焊接使用乙炔、氧气、丙烷	火灾、爆炸
				(2)金属漆稀释剂使用甲苯、二甲苯等	火灾、爆炸、中毒
轻工	C	13	农副食品加工业	(1)谷物研磨、熏蒸、浸泡、蛋白沉淀等过程中使用磷化铝、磷化氢、盐酸、氢氧化钠等	中毒、腐蚀、粉尘爆炸、火灾
				(2)饲料加工使用亚硒酸钠、氢氧化钠等作为饲料添加剂	中毒、腐蚀

行业分类	门类	大类	类别名称	涉及的典型危险化学品	主要安全风险
轻工	C	13	农副食品加工业	(3)植物油加工使用正己烷、环己烷等易燃液体作浸出剂,使用氢氧化钠去除游离脂肪酸。生产氢化植物油使用氢气	火灾、爆炸、腐蚀
				(4)制糖使用亚硫酸、二氧化硫、磷酸、五氧化二磷等作为糖类的清净剂,在硫漂工艺使用硫黄	腐蚀、中毒、火灾
				(5)屠宰、水产品使用液氨作冷冻剂,使用食用亚硝酸钠、硝酸钠进行腌制	中毒、火灾、爆炸
				(6)鱼油生产涉及氢氧化钠等	腐蚀
				(7)使用二氧化氯等作为消毒剂	中毒
				(8)使用氢氧化钠、氢氧化钾等用于水果碱液去皮工艺	腐蚀
				(9)使用亚硫酸加速淀粉颗粒释放,涉及硫黄燃烧生产二氧化硫、加水生成亚硫酸的过程	中毒、腐蚀、火灾
				(10)脱毛使用液化石油气	火灾、爆炸
		14	食品制造业	(1)使用液氨作为冷冻剂,亚硝酸盐作为防腐剂	中毒、火灾、爆炸
				(2)方便食品制造使用液氨等作为冷冻剂	中毒、火灾、爆炸
				(3)盐加工使用碘酸钾等	火灾、爆炸
				(4)味精制造过程中使用硫化钠作为除铁剂	中毒、腐蚀
				(5)制醋过程使用乙醇溶液作为速酿醋原料	火灾、爆炸、中毒
				(6)使用无水乙醇进行萃取提纯	火灾、爆炸、中毒
				(7)酱油酿造、食用油生产使用正己烷、环己烷等易燃液体作为浸出剂	火灾、爆炸、中毒
				(8)食品腌制产生硫化氢等	中毒
				(9)淀粉生产使用亚硫酸	中毒
		15	酒、饮料和精制茶制造业	(1)酒类制造过程中产生乙醇等	火灾、爆炸、中毒
				(2)饮料制作过程中使用二氧化碳	物理爆炸、窒息
				(3)使用液氨作为冷冻剂	中毒、火灾、爆炸
				(4)使用氢氧化钠、硝酸、过氧乙酸等清洗、消毒设备	中毒、腐蚀
		19	皮革、毛皮、羽毛及其制品和制鞋业	(1)脱毛使用硫化钠	中毒、腐蚀
				(2)鞣制使用甲醛	中毒、爆炸、火灾
				(3)浸酸工艺使用甲酸	腐蚀、爆炸、火灾
				(4)制鞋使用溶剂油、丙酮作为胶黏剂的稀释剂	火灾、爆炸、中毒
		20	木材加工和木、竹、藤、棕、草制品业	(1)使用溶剂油、丙酮作为胶黏剂的稀释剂	火灾、爆炸、中毒
				(2)表面漆使用溶剂油	火灾、爆炸、中毒
		21	家具制造业	(1)油漆使用二甲苯、溶剂油等稀释剂	火灾、爆炸、中毒
				(2)焊接使用乙炔、氧气	火灾、爆炸
		22	造纸和纸制品业	(1)染色过程中使用硫化钠等作为染色剂	中毒、腐蚀
				(2)硼酸等作为改性剂	腐蚀
				(3)漂白剂,如:氯气、次氯酸钠、二氧化氯、过氧化氢、氧气等	中毒、腐蚀、火灾、爆炸
				(4)废液提取使用甲醇	火灾、爆炸
		23	印刷和记录媒介复制业	印刷使用油墨	火灾、中毒
		24	文教、工美、体育和娱乐用品制造业	(1)焊接使用乙炔、氧气	爆炸、火灾
				(2)电镀使用氰化钾、盐酸等	中毒、腐蚀
				(3)涂料使用硝基漆(主要成分为硝化纤维素)	火灾
		29	橡胶和塑料制品业	使用煤焦油、丙烯腈、丁二烯、松焦油、苯基硫醇、硫黄等	火灾、爆炸、中毒

续表

行业分类	门类	大类	类别名称	涉及的典型危险化学品	主要安全风险
纺织	C	17	纺织业	(1)棉纺用三氯乙烯、甲苯等	火灾、中毒
				(2)毛纺使用重铬酸钾、甲酸、氢氧化钠、燃气等	火灾、爆炸、中毒、腐蚀
				(3)化纤纺丝工序使用联苯醚	中毒、火灾
				(4)针织类涂层复合布使用乙酸乙酯、丁酮、环己酮、甲苯等	火灾、爆炸、中毒
				(5)印染使用氢氧化钠、双氧水、连二亚硫酸钠、次氯酸钠溶液、N,N-二甲基甲酰胺、甲苯、硫化钠、丙酮、乙酸乙酯等	火灾、爆炸、中毒、腐蚀
商贸	F	51	批发业	(1)盐酸、氢氧化钠、乙醇、氯乙烯、硝铵炸药、硝化棉、油漆、溶剂油等,硝酸铵等化肥,速灭磷等农药,氧气、乙醇等医用品,乙醇、丙酮等实验室用化学品	爆炸、火灾、中毒、腐蚀
				(2)冷冻涉及液氨等	中毒、火灾、爆炸
		52	零售业	盐酸、氢氧化钠、乙醇、硝铵炸药、氯乙烯、油漆、溶剂油等危险化学品,硝酸铵等化肥,速灭磷等农药,医用氧气、酒精等,乙醇、丙酮等实验室用化学品	爆炸、火灾、中毒、腐蚀
	G	59	仓储业	盐酸、氢氧化钠、硝铵炸药、硝化棉、液氨、乙醇等化学品,硝酸铵等化肥,储粮害虫防治使用磷化铝等农药,以及各种专用化学品的仓储	爆炸、火灾、中毒、腐蚀
	H	61	住宿业	取暖涉及天然气、煤气等	火灾、爆炸、中毒
		62	餐饮业	烹饪使用天然气、液化石油气、二甲醚、酒精、煤气等	火灾、爆炸、中毒

附录 E 危险化学品安全使用许可适用行业目录（2013 年版）

大类	中类	小类	详细说明
化学原料和化学制品制造业	基础化学原料制造	无机酸制造	
		无机碱制造	主要指纯碱的生产活动
		无机盐制造	
		有机化学原料制造	
	肥料制造	氮肥制造	指矿物氮肥及用化学方法制成含有作物营养元素氮的化肥的生产活动
		磷肥制造	指以磷矿石为主要原料,用化学或物理方法制成含有作物营养元素磷的化肥的生产活动
	农药制造	化学农药制造	指化学农药原药,以及经过机械粉碎、混合或稀释制成粉状、乳状和水状的化学农药制剂的生产活动
	涂料、油墨、颜料及类似产品制造	涂料制造	指在天然树脂或合成树脂中加入颜料、溶剂和辅助材料,经加工后制成的覆盖材料的生产活动
		染料制造	指有机合成、植物性或动物性色料,以及有机颜料的生产活动
	合成材料制造	初级形态的塑料及合成树脂制造	也称初级塑料或原状塑料的生产活动,包括通用塑料、工程塑料、功能高分子塑料的制造
		合成橡胶制造	指人造橡胶或合成橡胶及高分子弹性体的生产活动
		合成纤维单(聚)体的制造	指以石油、天然气、煤等为主要原料,用有机合成的方法制成合成纤维单体或聚合体的生产活动

续表

大类	中类	小类	详细说明
化学原料和化学制品制造业	专用化学产品制造	化学试剂和助剂制造	指各种化学试剂、催化剂及专用助剂的生产活动
		专项化学用品制造	指水处理化学品、造纸化学品、皮革化学品、油脂化学品、油田化学品、生物工程化学品、日化产品专用化学品等产品的生产活动
		林产化学产品制造	指以林产品为原料,经过化学和物理加工方法生产产品的活动
		环境污染处理专用药剂材料制造	指对水污染、空气污染、固体废物等污染物处理所专用的化学药剂及材料的制造
	日用化学产品制造	香精、香料制造	指具有香气和香味,用于调配香精的物质——香料的生产,以及以多种天然香料和合成香料为主要原料,并与其他辅料一起按合理的配方和工艺调配制得的具有一定香型的复杂混合物,主要用于各类加香产品中的香精的生产活动
医药制造业	化学药品原料药制造	化学药品原料药制造	指供进一步加工药品制剂所需的原料药生产活动
化学纤维制造业	纤维素纤维原料及纤维制造	化纤浆粕制造	指纺织生产用粘胶纤维的基本原料生产活动
	合成纤维制造	锦纶纤维制造	也称聚酰胺纤维制造,指由尼龙66盐和聚己内酰胺为主要原料生产合成纤维的活动
		涤纶纤维制造	也称聚酯纤维制造,指以聚对苯二甲酸乙二醇酯(简称聚酯)为原料生产合成纤维的活动。
		腈纶纤维制造	也称聚丙烯腈纤维制造,指以丙烯腈为主要原料(含丙烯腈85%以上)生产合成纤维的活动。
		维纶纤维制造	也称聚乙烯醇纤维制造,指以聚乙烯醇为主要原料生产合成纤维的活动
		丙纶纤维制造	也称聚丙烯纤维制造,指以聚丙烯为主要原料生产合成纤维的活动
		氨纶纤维制造	也称聚氨酯纤维制造,指以聚氨基甲酸酯为主要原料生产合成纤维的活动

附录 F 危险化学品使用量的数量标准

序号	化学品名称	别名	最低年设计使用量/(t/a)	CAS 号
1	氯	液氯、氯气	180	7782-50-5
2	氨	液氨、氨气	360	7664-41-7
3	液化石油气		1800	68476-85-7
4	硫化氢		180	7783-06-4
5	甲烷、天然气		1800	74-82-8(甲烷)
6	原油		180000	
7	汽油(含甲醇汽油、乙醇汽油)、石脑油		7300	8006-61-9(汽油)
8	氢	氢气	180	1333-74-0
9	苯(含粗苯)		1800	71-43-2
10	碳酰氯	光气	11	75-44-5
11	二氧化硫		730	7446-09-5
12	一氧化碳		360	630-08-0

序号	化学品名称	别名	最低年设计使用量/(t/a)	CAS 号
13	甲醇	木醇、木精	18000	67-56-1
14	丙烯腈	氰基乙烯、乙烯基氰	1800	107-13-1
15	环氧乙烷	氧化乙烯	360	75-21-8
16	乙炔	电石气	40	74-86-2
17	氟化氢、氢氟酸		40	7664-39-3
18	氯乙烯		1800	75-01-4
19	甲苯	甲基苯、苯基甲烷	18000	108-88-3
20	氰化氢、氢氰酸		40	74-90-8
21	乙烯		1800	74-85-1
22	三氯化磷		7300	7719-12-2
23	硝基苯		1800	98-95-3
24	苯乙烯		18000	100-42-5
25	环氧丙烷		360	75-56-9
26	一氯甲烷		1800	74-87-3
27	1,3-丁二烯		180	106-99-0
28	硫酸二甲酯		1800	77-78-1
29	氰化钠		1800	143-33-9
30	1-丙烯、丙烯		360	115-07-1
31	苯胺		1800	62-53-3
32	甲醚		1800	115-10-6
33	丙烯醛、2-丙烯醛		730	107-02-8
34	氯苯		180000	108-90-7
35	乙酸乙烯酯		36000	108-05-4
36	二甲胺		360	124-40-3
37	苯酚	石炭酸	2700	108-95-2
38	四氯化钛		2700	7550-45-0
39	甲苯二异氰酸酯	TDI	3600	584-84-9
40	过氧乙酸	过乙酸、过醋酸	360	79-21-0
41	六氯环戊二烯		1800	77-47-4
42	二硫化碳		1800	75-15-0
43	乙烷		360	74-84-0
44	环氧氯丙烷	3-氯-1,2-环氧丙烷	730	106-89-8
45	丙酮氰醇	2-甲基-2-羟基丙腈	730	75-86-5
46	磷化氢	膦	40	7803-51-2
47	氯甲基甲醚		1800	107-30-2
48	三氟化硼		180	7637-07-2
49	烯丙胺	3-氨基丙烯	730	107-11-9
50	异氰酸甲酯	甲基异氰酸酯	30	624-83-9
51	甲基叔丁基醚		36000	1634-04-4
52	乙酸乙酯		18000	141-78-6
53	丙烯酸		180000	79-10-7
54	硝酸铵		180	6484-52-2
55	三氧化硫	硫酸酐	2700	7446-11-9
56	三氯甲烷	氯仿	1800	67-66-3
57	甲基肼		1800	60-34-4
58	一甲胺		180	74-89-5
59	乙醛		360	75-07-0
60	氯甲酸三氯甲酯	双光气	22	503-38-8
61	二(三氯甲基)碳酸酯	三光气	33	32315-10-9

序号	化学品名称	别名	最低年设计使用量/(t/a)	CAS 号
62	2,2'-偶氮-二-(2,4-二甲基戊腈)	偶氮二异庚腈	18000	4419-11-8
63	2,2'-偶氮二异丁腈		18000	78-67-1
64	氯酸钠		3600	7775-9-9
65	氯酸钾		3600	3811-4-9
66	过氧化甲乙酮		360	1338-23-4
67	过氧化(二)苯甲酰		1800	94-36-0
68	硝化纤维素		360	9004-70-0
69	硝酸胍		7200	506-93-4
70	高氯酸铵	过氯酸铵	7200	7790-98-9
71	过氧化苯甲酸叔丁酯	过氧化叔丁基苯甲酸酯	1800	614-45-9
72	N,N'-二亚硝基五亚甲基四胺	发泡剂 H	18000	101-25-7
73	硝基胍		1800	556-88-7
74	硝化甘油		36	55-63-0
75	乙醚	二乙(基)醚	360	60-29-7

注：1. 企业需要取得安全使用许可的危险化学品的使用数量，由企业使用危险化学品的最低设计使用量和实际使用量的较大值确定。

2. "CAS 号"是指美国化学文摘社对化学品的唯一登记号。

附录 G　重点监管的危险化学品名录

表 G.1　首批重点监管的危险化学品名录

序号	化学品名称	别名	CAS 号
1	氯	液氯、氯气	7782-50-5
2	氨	液氨、氨气	7664-41-7
3	液化石油气		68476-85-7
4	硫化氢		7783-06-4
5	甲烷、天然气		74-82-8(甲烷)
6	原油		
7	汽油(含甲醇汽油、乙醇汽油)、石脑油		8006-61-9(汽油)
8	氢	氢气	1333-74-0
9	苯(含粗苯)		71-43-2
10	碳酰氯	光气	75-44-5
11	二氧化硫		7446-09-5
12	一氧化碳		630-08-0
13	甲醇	木醇、木精	67-56-1
14	丙烯腈	氰基乙烯;乙烯基氰	107-13-1
15	环氧乙烷	氧化乙烯	75-21-8
16	乙炔	电石气	74-86-2
17	氟化氢、氢氟酸		7664-39-3
18	氯乙烯		75-01-4
19	甲苯	甲基苯、苯基甲烷	108-88-3
20	氰化氢、氢氰酸		74-90-8
21	乙烯		74-85-1
22	三氯化磷		7719-12-2

续表

序号	化学品名称	别名	CAS 号
23	硝基苯		98-95-3
24	苯乙烯		100-42-5
25	环氧丙烷		75-56-9
26	一氯甲烷		74-87-3
27	1,3-丁二烯		106-99-0
28	硫酸二甲酯		77-78-1
29	氰化钠		143-33-9
30	1-丙烯、丙烯		115-07-1
31	苯胺		62-53-3
32	甲醚		115-10-6
33	丙烯醛、2-丙烯醛		107-02-8
34	氯苯		108-90-7
35	乙酸乙烯酯		108-05-4
36	二甲胺		124-40-3
37	苯酚	石炭酸	108-95-2
38	四氯化钛		7550-45-0
39	甲苯二异氰酸酯	TDI	584-84-9
40	过氧乙酸	过乙酸、过醋酸	79-21-0
41	六氯环戊二烯		77-47-4
42	二硫化碳		75-15-0
43	乙烷		74-84-0
44	环氧氯丙烷	3-氯-1,2-环氧丙烷	106-89-8
45	丙酮氰醇	2-甲基-2-羟基丙腈	75-86-5
46	磷化氢	膦	7803-51-2
47	氯甲基甲醚		107-30-2
48	三氟化硼		7637-07-2
49	烯丙胺	3-氨基丙烯	107-11-9
50	异氰酸甲酯	甲基异氰酸酯	624-83-9
51	甲基叔丁基醚		1634-04-4
52	乙酸乙酯		141-78-6
53	丙烯酸		79-10-7
54	硝酸铵		6484-52-2
55	三氧化硫	硫酸酐	7446-11-9
56	三氯甲烷	氯仿	67-66-3
57	甲基肼		60-34-4
58	一甲胺		74-89-5
59	乙醛		75-07-0
60	氯甲酸三氯甲酯	双光气	503-38-8

表 G. 2 第二批重点监管的危险化学品名录

序号	化学品品名	CAS 号
1	氯酸钠	7775-9-9
2	氯酸钾	3811-4-9
3	过氧化甲乙酮	1338-23-4
4	过氧化(二)苯甲酰	94-36-0
5	硝化纤维素	9004-70-0
6	硝酸胍	506-93-4
7	高氯酸铵	7790-98-9
8	过氧化苯甲酸叔丁酯	614-45-9

续表

序号	化学品品名	CAS 号
9	N,N'-二亚硝基五亚甲基四胺	101-25-7
10	硝基胍	556-88-7
11	2,2'-偶氮二异丁腈	78-67-1
12	2,2'-偶氮-二-(2,4-二甲基戊腈)(即偶氮二异庚腈)	4419-11-8
13	硝化甘油	55-63-0
14	乙醚	60-29-7

附录 H 危险化学品名称、类别及其临界量

表 H.1 危险化学品名称及其临界量

序号	危险化学品名称和说明	别名	CAS 号	临界量/t
1	氨	液氨;氨气	7664-41-7	10
2	二氟化氧	一氧化二氟	7783-41-7	1
3	二氧化氮		10102-44-0	1
4	二氧化硫	亚硫酸酐	7446-09-5	20
5	氟		7782-41-4	1
6	碳酰氯	光气	75-44-5	0.3
7	环氧乙烷	氧化乙烯	75-21-8	10
8	甲醛(含量>90%)	蚁醛	50-00-0	5
9	磷化氢	磷化三氢;膦	7803-51-2	1
10	硫化氢		7783-06-4	5
11	氯化氢(无水)		7647-01-0	20
12	氯	液氯;氯气	7780-50-5	5
13	煤气(CO,CO 和 H$_2$,CH$_4$ 的混合物等)			20
14	砷化氢	砷化三氢;胂	7784-42-1	1
15	锑化氢	三氢化锑;锑化三氢	7803-52-3	1
16	硒化氢		778.-07-5	1
17	溴甲烷	甲基溴	74-83-9	10
18	丙酮氰醇	丙酮合氰化氢;2-羟基异丁腈;氰丙醇	75-86-5	20
19	丙烯醛	烯丙醛;败脂醛	107-02-8	20
20	氟化氢		7664-39-3	1
21	1-氯-2,3-环氧丙烷	环氧氯丙烷;3-氯-1,2-环氧丙烷	106-89-8	20
22	3-溴-1,2-环氧丙烷	环氧溴丙烷;溴甲基环氧乙烷;表溴醇	3132-64-7	20
23	甲苯二异氰酸酯	二异氰酸甲苯酯;TDI	26471-62-5	100
24	一氯化硫	氯化硫	10025-67-9	1
25	氰化氢	无水氢氰酸	74-90-8	1
26	三氧化硫	硫酸酐	7446-11-9	75
27	3-氨基丙烯	烯丙胺	107-11-9	20
28	溴	溴素	7726-95-6	20
29	乙撑亚胺	吖丙啶;1-氮杂环丙烷;氮丙啶	151-56-4	20
30	异氰酸甲酯	甲基异氰酸酯	624-83-9	0.75
31	叠氮化钡	叠氮钡	18810-58-7	0.5
32	叠氮化铅		13424-46-9	0.5
33	雷汞	二雷酸汞;雷酸汞	628-86-4	0.5
34	三硝基苯甲醚	三硝基茴香醚	28653-16-9	5
35	2,4,6-三硝基甲苯	梯恩梯;TNT	118-96-7	5

续表

序号	危险化学品名称和说明	别名	CAS 号	临界量/t
36	硝化甘油	硝化丙三醇;甘油三硝酸酯	55-63-0	1
37	硝化纤维素[干的或含水(或乙醇)<25%]			1
38	硝化纤维素(未改型的,或增塑的,含增塑剂<18%)	硝化棉	9004-70-0	1
39	硝化纤维素(含乙醇≥25%)			10
40	硝化纤维素(含氮≤12.6%)			50
41	硝化纤维素(含水≥25%)			50
42	硝化纤维素溶液(含氮量≤12.6%,含硝化纤维素≤55%)	硝化棉溶液	9004-70-0	50
43	硝酸铵(含可燃物>0.2%,包括以碳计算的任何有机物,但不包括任何其他添加剂)		6484-52-2	5
44	硝酸铵(含可燃物≤0.2%)		6484-52-2	5
45	硝酸铵肥料(含可燃物≤0.4%)			200
46	硝酸钾		7757-79-1	1000
47	1,3-丁二烯	联乙烯	106-99-0	5
48	二甲醚	甲醚	115-10-6	50
49	甲烷,天然气		74-82-8(甲烷) 8006-14-2 (天然气)	50
50	氯乙烯	乙烯基氯	75-01-4	50
51	氢	氢气	1333-74-0	5
52	液化石油气(含丙烷、丁烷及其混合物)	石油气(液化的)	68476-85-7 74-98-6(丙烷) 106-97-8(丁烷)	50
53	一甲胺	氨基甲烷;甲胺	74-89-5	5
54	乙炔	电石气	74-86-2	1
55	乙烯		74-85-1	5
56	氧(压缩的或液化的)	液氧;氧气	7782-44-7	200
57	苯	纯苯	71-43-2	50
58	苯乙烯	乙烯苯	100-42-5	500
59	丙酮	二甲基酮	67-64-1	500
60	2-丙烯腈	丙烯腈;乙烯基氰;氰基乙烯	107-13-1	50
61	二硫化碳		75-15-0	50
62	环己烷	六氢化苯	110-82-7	500
63	1,2-环氧丙烷	氧化丙烯;甲基环氧乙烷	75-56-9	10
64	甲苯	甲基苯;苯基甲烷	108-88-3	500
65	甲醇	木醇;木精	67-56-1	5000
66	汽油(乙醇汽油、甲醇汽油)		86290-81-5 (汽油)	2000
67	乙醇	酒精	64-17-5	5000
68	乙醚	二乙基醚	60-29-7	10
69	乙酸乙酯	醋酸乙酯	141-78-6	500
70	正己烷	己烷	110-54-3	500
71	过乙酸	过醋酸;过氧乙酸;乙酰过氧化氢	79-21-0	10
72	过氧化甲基乙基酮(10%<有效氧含量≤10.7%,含A型稀释剂≥48%)		1338-23-4	10
73	白磷	黄磷	12185-10-3	50
74	烷基铝	三烷基铝		1
75	戊硼烷	五硼烷	19624-22-7	1

续表

序号	危险化学品名称和说明	别名	CAS 号	临界量/t
76	过氧化钾	—	17014-71-0	20
77	过氧化钠	双氧化钠；二氧化钠	1313-60-6	20
78	氯酸钾	—	3811-04-9	100
79	氯酸钠	—	7775-09-9	100
80	发烟硝酸	—	52583-42-3	20
81	硝酸(发红烟的除外,含硝酸>70%)	—	7697-37-2	100
82	硝酸胍	硝酸亚氨脲	506-93-4	50
83	碳化钙	电石	75-20-7	100
84	钾	金属钾	7440-09-7	1
85	钠	金属钠	7440-23-5	10

表 H.2　未在表 H.1 中列举的危险化学品类别及其临界量

类别	符号	危险性分类及说明	临界量/t
健康危害	J(健康危害性符号)	—	—
急性毒性	J1	类别 1,所有暴露途径,气体	5
	J2	类别 1,所有暴露途径,固体、液体	50
	J3	类别 2、类别 3,所有暴露途径,气体	50
	J4	类别 2、类别 3,吸入途径,液体(沸点≤35℃)	50
	J5	类别 2,所有暴露途径,液体(除 J4 外)、固体	500
物理危险	W(物理危险性符号)	—	—
爆炸物	W1.1	不稳定爆炸物 1.1 项爆炸物	1
	W1.2	1.2、1.3、1.5、1.6 项爆炸物	10
	W1.3	1.4 项爆炸物	50
易燃气体	W2	类别 1 和类别 2	10
气溶胶	W3	类别 1 和类别 2	150(净重)
氧化性气体	W4	类别 1	50
易燃液体	W5.1	类别 1 类别 2 和 3,工作温度高于沸点	10
	W5.2	类别 2 和 3,具有引发重大事故的特殊工艺条件,包括危险化工工艺、爆炸极限范围或附近操作、操作压力大于 1.6MPa 等	50
	W5.3	不属于 W5.1 或 W5.2 的其他类别 2	1000
	W5.4	不属于 W5.1 或 W5.2 的其他类别 3	5000
自反应物质和混合物	W6.1	A 型和 B 型自反应物质和混合物	10
	W6.2	C 型、D 型、E 型自反应物质和混合物	50
有机过氧化物	W7.1	A 型和 B 型有机过氧化物	10
	W7.2	C 型、D 型、E 型、F 型有机过氧化物	50
自燃液体和自燃固体	W8	类别 1 自燃液体 类别 1 自燃固体	50
氧化性固体和液体	W9.1	类别 1	50
	W9.2	类别 2,类别 3	200
易燃固体	W10	类别 1 易燃固体	200
遇水放出易燃气体的物质和混合物	W11	类别 1 和类别 2	200

附录 I　危险化学品重大危险源辨识校正系数 β 和 α 的取值

在表 I.1 范围内的危险化学品，其 β 值按表 I.1 确定；未在表 I.1 范围内的危险化学品，其 β 值按表 I.2 确定。

表 I.1　毒性气体校正系数 β 取值表

名称	校正系数 β	名称	校正系数 β
一氧化碳	2	硫化氢	5
二氧化碳	2	氟化氢	5
氨	2	二氧化氮	10
环氧乙烷	2	氰化氢	10
氯化氢	3	碳酰氯	20
溴甲烷	3	磷化氢	20
氯	4	异氰酸甲酯	20

表 I.2　未在表 I.1 中列举的危险化学品校正系数 β 取值表

类别	符号	β 校正系数	类别	符号	β 校正系数
急性毒性	J1	4	易燃液体	W5.1	1.5
	J2	1		W5.2	1
	J3	2		W5.3	1
	J4	2		W5.4	1
	J5	1	自反应物质和混合物	W6.1	1.5
爆炸物	W1.1	2		W6.2	1
	W1.2	2	有机过氧化物	W7.1	1.5
	W1.3	2		W7.2	1
易燃气体	W2	1.5	自燃液体和自燃固体	W8	1
气溶胶	W3	1	氧化性固体和液体	W9.1	1
氧化性气体	W4	1		W9.2	1
			易燃固体	W10	1
			遇水放出易燃气体的物质和混合物	W11	1

表 I.3　暴露人员校正系数 α 取值表

厂外可能暴露人员数量	校正系数 α
100 人以上	2.0
50～99 人	1.5
30～49 人	1.2
1～29 人	1.0
0 人	0.5

参考文献

[1] 应急管理部办公厅关于修订《冶金有色建材机械轻工纺织烟草商贸行业安全监管分类标准（试行）》的通知（应急厅〔2019〕17号）.

[2] GB/T 4754—2017. 国民经济行业分类.

[3] 国务院关于进一步加强安全生产工作的决定（国发〔2004〕2号）.

[4] GB/T 33000—2016. 企业安全生产标准化基本规范.

[5] 中共中央国务院关于推进安全生产领域改革发展的意见（中发〔2016〕32号）.

[6] 国务院安委会办公室关于印发《标本兼治遏制重特大事故工作指南》的通知（安委办〔2016〕3号）.

[7] 实施遏制重特大事故工作指南构建双重预防机制的意见（安委办〔2016〕11号）.

[8] 国务院安委会办公室关于建立安全隐患排查治理体系的通知（安委办〔2012〕1号）.

[9] 国家统计局,国务院第四次全国经济普查领导小组办公室. 第四次全国经济普查公报. 2019-11-20.

[10] 中华人民共和国安全生产法.

[11] 宋永吉. 危险化学品安全管理基础知识. 北京：化学工业出版社, 2015.

[12] 危险化学品安全管理条例（中华人民共和国国务院令第344号公布, 中华人民共和国国务院令第591号、第645号修正）.

[13] 中华人民共和国危险化学品安全法（草案征求意见稿）（应急厅函〔2020〕4号）.

[14] 危险化学品目录（2015版）（国家安全监管总局等10部门公告2015年第5号）.

[15] 国家统计局关于印发《统计上大中小微型企业划分办法（2017）》的通知（国统字〔2017〕213号）.

[16] GB/T 20000.1—2014. 标准化工作指南 第1部分：标准化和相关活动的通用术语.

[17] 国务院安全生产委员会关于印发《国务院安全生产委员会成员单位安全生产工作职责分工》的通知（安委〔2015〕5号）.

[18] 应急管理部关于印发《化工园区安全风险排查治理导则（试行）》和《危险化学品企业安全风险隐患排查治理导则》的通知（应急〔2019〕78号）.

[19] 王小辉, 赵淑楠. 危险化学品安全技术与管理. 北京：化学工业出版社, 2016.

[20] GB 13690—2009. 化学品分类和危险性公示 通则.

[21] GB/T 30000—2013. 化学品分类和标签规范（2~29部分）.

[22] 全球化学品统一分类和标签制度. 第4修订版. 2011.

[23] 关于危险货物运输的建议书 试验和标准手册, 第5修订版, 2011.

[24] GB/T 21789—2008. 石油产品和其他液体闪点的测定 阿贝尔闭口杯法.

[25] GB/T 7534—2004. 工业用挥发性有机液体 沸程的测定.

[26] GB/T 21618—2008. 危险品 易燃固体燃烧速率试验方法.

[27] 万旺军, 韩晶, 徐福伟. 浙江出口危险货物包装产业现状及技术性贸易措施对策研究. 中国标准化, 2015.

[28] 董新蕾, 王建中, 操群, 樊庆军. 浅析进出口危险化学品及其包装检验新规实施中存在的问题及工作建议. 对外经贸, 2013.

[29] 《联合国关于危险货物运输的建议书》

[30] 陈泮峰, 李光. 危险化学品包装综述. 上海包装, 2017.

[31] 蒋军成. 危险化学品安全技术与管理:第3版. 北京：化学工业出版社, 2015.

[32] 张荣, 张晓东. 危险化学品安全技术. 北京：化学工业出版社, 2009.

[33] 孙道兴. 危险化学品安全技术与管理. 北京：中国纺织出版社, 2011.

[34] 蒋军成. 化工安全. 北京：机械工业出版社, 2011.

[35] 王德堂, 孙玉叶. 化工安全生产技术. 天津：天津大学出版社, 2009.

[36] 苏龙华，蒋清民．危险化学品安全管理．北京：化学工业出版社，2011.

[37] 张述伟．化工单元操作及工艺过程实践．大连：大连理工大学出版社，2015.

[38] 孙玉叶．化工安全技术与职业健康：第2版．北京：化学工业出版社，2015.

[39] 陈卫红．职业危害与职业健康安全管理．北京：化学工业出版社，2006.

[40] 田莉瑛．化工工艺基础．北京：化学工业出版社，2013.

[41] 中国石油化工集团公司安全环保局．石油化工安全技术．北京：中国石化出版社，2013.

[42] GB 12463—2009．危险货物运输包装通用技术条件．

[43] GB 190—2009．危险货物包装标志．

[44] 中华人民共和国进出口商品检验法．

[45] GB/T 15098—2008．危险货物运输包装类别划分方法．

[46] GB 6944—2012．危险货物分类和品名编号．

[47] GB/T 191—2008．包装储运图示标志．

[48] 国际海运危险货物规则（IMDG）．

[49] GB 15258—2009．化学品安全标签编写规定．

[50] HG/T 20519—2009．化工工艺设计施工图内容和深度统一规定．

[51] HG/T 20646.2—1999．化工装置管道材料设计工程规定．

[52] 道路危险货物运输管理规定（交通运输部令2019年第42号）．

[53] JT/T 617—2018．危险货物道路运输规则．

[54] TSG R0005—2011．移动式压力容器安全技术监察规程．

[55] 道路运输车辆技术管理规定（交通运输部令2016年第1号）．

[56] GB 13392—2005．道路运输危险货物车辆标志．

[57] TSG 23—2021．气瓶安全技术规程．

[58] 张广华．危险化学品生产安全技术与管理．北京：中国石化出版社，2004.

[59] 张爱红．危险化学品道路运输安全保障管理对策研究[D]．西安：长安大学，2011.

[60] GB 15603—1995．常用化学危险品贮存通则．

[61] GB 50016—2014．建筑设计防火规范．

[62] 危险化学品建设项目安全设施目录（试行）（国家安全生产监督管理总局2007年225号令）．

[63] GB 50058—2014．爆炸危险环境电力装置设计规范．

[64] GB/T 7144—2016．气瓶颜色标志．

[65] GB 50160—2008．石油化工企业设计防火标准（2018年版）．

[66] GB 50074—2014．石油库设计规范．

[67] GB 12158—2006．防止静电事故通用导则．

[68] GB/T 50493—2019．石油化工可燃气体和有毒气体检测报警设计标准．

[69] GB 50348—2018．安全防范工程技术标准．

[70] AQ 3018—2008．危险化学品储罐区作业安全通则．

[71] GB 2894—2008．安全标志及其使用导则．

[72] GB/T 16483—2008．化学品安全技术说明书 内容和项目顺序．

[73] GB 39800.1～39800.4—2020．个体防护装备配备规范．

[74] AQ/T 9002—2006．生产经营单位安全生产事故应急预案编制导则．

[75] GB 50351—2014．储罐区防火堤设计规范．

[76] GB 17914—2013．易燃易爆性商品储存养护技术条件．

[77] GB 17915—3013．腐蚀性商品储存养护技术条件．

[78] GB 17916—2013．毒害性商品储存养护技术条件．

[79] 王罗春，何德文，赵由才．危险化学品废物的处理．北京：化学工业出版社，2005.

[80] 何家禧，林琳，李刚．职业病危害识别评价与工程控制技术．贵阳：贵州科技出版社，2007.

[81] 袁昌明，张晓冬，章保东．工业防毒技术．北京：冶金工业出版社，2006.

[82] 杨晶．工业危险废物分布特点及处理研究．现代工业经济和信息化，2017，20（7）：40-42.

[83] 邓四化，孙军，徐俊，等．论危险废物的处理处置技术．科技综述，2017（2）：58-64.

[84] 蒋学先．浅论我国危险废物处理处置技术现状．金属材料与冶金工程，2009，37（4）：57-60.

[85] 胡文涛，张金流．危险废物处理与处置现状综述．安徽农业科学，2014，42（34）：12386-12388.

[86] 兰永辉，杨雪，陈芳，等．工业危险固体废弃物处理处置状况综述．广东化工，2013，40（12）：82-84.

[87] 马少雄．浅谈危险废物的处理与处置．科技风，2019（12）：113-114.

[88] 成娟，田智勇，高朋朋等．危险废弃物危害及处理处置．资源节约与环保，2019，48（2）：67-68.

[89] 顾文．危险废物处理现状及处理方法分析．绿色科技，2019（10）：129-130.

[90] 申晨．危险废物的处理处置技术．能源与节能，2019（4）：88-89.

[91] 章鹏飞，李敏，吴明，等．我国危险废物处置技术浅谈．能源与环境，2019（4）：22-24.

[92] GB 18218—2018．危险化学品重大危险源辨识．

[93] GB 17681—1999．易燃易爆罐区安全监控预警系统验收技术要求．

[94] AQ 3036—2010．危险化学品重大危险源 罐区现场安全监控装备设置规范．

[95] GB/T 45001—2020．职业健康安全管理体系 要求及使用指南．

[96] GB 30077—2013．危险化学品单位应急救援物资配备要求．

[97] GB/T 4968—2008．火灾分类．

[98] GB 50140—2005．建筑灭火器配置设计规范．

[99] GB 4351.1—2005．手提式灭火器 第1部分：性能和结构要求．

[100] 危险化学品重大危险源监督管理暂行规定（国家安全生产监督管理总局令第40号令）．

[101] 广东省安全生产委员会办公室关于印发《广东省安全生产领域风险点危险源排查管控工作指南》的通知（粤安办〔2016〕126号）．

[102] 虎志宏．浅谈如何正确构建双重预防体系．中小企业管理与科技（中旬刊），2019（1）：47-48,51.

[103] 陈修超，李正．构建风险管控和隐患排查治理双重预防机制的新做法[C].兰州：第六届国内外水泥行业安全生产技术交流会，2019：96-98.

[104] 朱良，姜春光，付勇，王亮亮．企业"两个管控体系"建设与运行研究．安全，2019，40（1）：58-61.

[105] 双重预防机制安全管理系统．中国安全生产科学技术，2018，14（11）：2.

[106] 袁广玉，江虹．构建安全生产双重预防机制建议．中国安全生产，2019，14（2）：40-41.

[107] 李树清，颜智，段瑜．风险矩阵法在危险有害因素分级中的应用．中国安全科学学报，2010，20（4）：83-87.

[108] 葛及，郭迪．基于风险矩阵法的化工企业综合安全评价模型及其应用．安全与环境学报，2016，16（5）：21-24.

[109] 朱启超，匡兴华，沈永平．风险矩阵方法与应用述评．中国工程科学，2003（1）：89-94.

[110] 王庆慧，刘鹏，王丹枫．安全检查表对作业条件危险性分析方法修正的研究．中国安全生产科学技术，2013，9（8）：125-129.

[111] 蒋漳河，王良旺．基于改进LEC法的危化企业静电点燃危险评价．工业安全与环保，2020，46（1）：24-27.

[112] 蔡鹏，元少平，郭燕群，罗衡，毛炼，刘兴华．基于LEC评价的FPSO安全风险分级评估．中国石油和化工标准与质量，2020，40（1）：3-4.

[113] 宋大成．风险评价方法——MES法．中国职业安全卫生管理体系认证，2002（5）：34-35.

[114] 宋永吉．危险化学品安全管理基础知识．北京：化学工业出版社，2016.．

[115] 国家安全监管总局关于印发《危险化学品安全生产"十三五"规划》的通知（安监总管三〔2017〕102号）．

[116] GB/T 13861—2009．生产过程危险有害因素分类与代码．

[117] 危险化学品安全使用许可证实施办法．

[118] 危险化学品安全使用许可适用行业目录（2013年版）．

[119] 危险化学品使用量的数量标准（2013年版）．

[120] AQ 3013—2008．危险化学品从业单位安全标准化通用规范．

[121] GB/T 33000—2016．企业安全生产标准化基本规范．

[122] GB 30871—2014．化学品生产单位特殊作业安全规范．

[123] 特种作业人员安全技术培训考核管理规定（国家安全生产监督管理总局令第30号）．

[124] AQ 3047—2013．化学品作业场所安全警示标志规范．

[125] 应急管理部危险化学品安全监督管理司，中国化学品安全协会．全国化工和危险化学品典型事故案例汇编（2017

年）. 2018.

[126] GB 50072—2021. 冷库设计标准.

[127] GB 28009—2011. 冷库安全规程.

[128] AQ 7015—2018. 氨制冷企业安全规范.

[129] GBZ 2. 1—2019. 工作场所有害因素职业接触限值.

[130] GB 2890—2009. 呼吸防护 自吸过滤式防毒面具.

[131] 涉氨制冷企业液氨使用专项治理技术指导书（试行）（管四函〔2013〕28号）.

[132] GBZ 14—2015. 职业性急性氨中毒的诊断.

[133] GB 50236—2011. 现场设备、工业管道焊接工程施工规范.

[134] GB 7692—2012. 涂装作业安全规程 涂漆前处理工艺安全及其通风净化.

[135] GB 6514—2008. 涂装作业安全规程 涂漆工艺安全及其通风净化.

[136] GB 14444—2006. 涂装作业安全规程 喷漆室安全技术规定.

[137] GB 14443—2007. 涂装作业安全规程 涂层烘干室安全技术规定.

[138] GB 12367—2006. 涂装作业安全规程 静电喷漆工艺安全.

[139] GB 16297—1996. 大气污染物综合排放标准.

[140] GB 20101—2006. 涂装作业安全规程 有机废气净化装置安全技术规定.

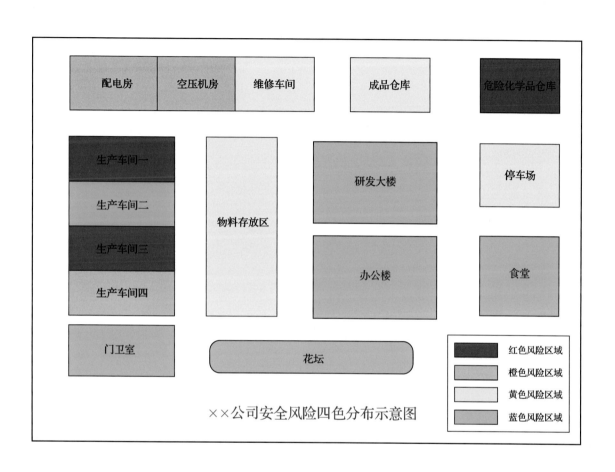

图9-1 安全风险四色分布示意图